# 科技史笔记·飞天之道

张浩◎编著

杜特专◎审校

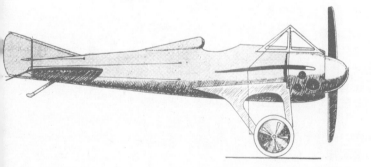

电子工业出版社·

**Publishing House of Electronics Industry**

北京·BEIJING

**图书在版编目（CIP）数据**

科技史笔记.飞天之道 / 张皓编著 . —北京：电子工业出版社，2024.6

ISBN 978-7-121-47907-6

Ⅰ.①科… Ⅱ.①张… Ⅲ.①科学技术－技术史－世界 ②航天－普及读物

Ⅳ.① N091 ② V4-49

中国国家版本馆 CIP 数据核字（2024）第 102250 号

责任编辑：张 昭　特约编辑：马 婧
印　　刷：北京宝隆世纪印刷有限公司
装　　订：北京宝隆世纪印刷有限公司
出版发行：电子工业出版社
　　　　　北京市海淀区万寿路 173 信箱　邮编：100036
开　　本：720×1000　1/16　印张：25　字数：380 千字
版　　次：2024 年 6 月第 1 版
印　　次：2024 年 6 月第 1 次印刷
定　　价：99.00 元

凡所购买电子工业出版社图书有缺损问题，请向购买书店调换。若书店售缺，请与本社发行部联系，联系及邮购电话：(010) 88254888，88258888。

质量投诉请发邮件至 zlts@phei.com.cn，盗版侵权举报请发邮件至 dbqq@phei.com.cn。

本书咨询联系方式：(010) 88254210，influence@phei.com.cn，微信：yingxianglibook。

# 《科技史笔记·飞天之道》
# 赞　誉

**孙长征**

清华大学电子工程系教授，博士生导师，电磁场课程主讲教师

相信不少读者与我一样，从小就有一个飞天梦，知道早在莱特兄弟发明飞机之前，达·芬奇就曾设计了充满魔幻色彩的扑翼机，而在飞机尚未成为天空霸主之时，巨大的飞艇曾是承载人类飞天梦想的神器。同时，相信很多读者也如我一样曾为我国第一位飞机设计师冯如的事迹而感动，并为歼-20和轰-6K的横空出世而欢欣鼓舞。张皓的新作《科技史笔记·飞天之道》通过生动的描述和精美的插图，回顾了人类探索飞天之道的艰辛历程，介绍了每一次技术创新的来之不易，让我们对航空先驱的贡献肃然起敬，并对航天技术的未来发展充满期待。

**荀利军**

中国科学院大学教授，就职于中国科学院国家天文台，《中国国家天文》杂志执行总编

《科技史笔记·飞天之道》是一本探索人类征服天空的历史之作。作者张皓以严谨的态度，细致地追溯了从最早的飞行尝试到现代航空技术的演进。本书讲述的不仅是飞行器的技术演变历史，还是一首关于人类智慧与勇气的赞歌。从莱特兄弟的飞机到齐柏林飞艇的辉煌与衰落，再到现代航空工业的崛起，张皓带领读者深入解析技术革新背后的

科学原理和历史条件。作者用生动的叙述将技术细节与历史进程完美融合，无论航空技术的专业人士还是对飞行充满憧憬的普通读者，都能从这本书中获得启发和享受。

王大鹏
中国科普研究所副研究员，中国科普作家协会理事

一飞冲天一直以来都是人类的梦想。也许东非大草原上的第一批智人就曾遥想着畅游寰宇，但是把梦想变成现实需要一次次的探索和磨砺，期间有剑走偏锋式的百折不挠，更有柳暗花明般的茅塞顿开。《科技史笔记·飞天之道》这本书则向读者详实地描述了人类在打造"翅膀"过程中那些值得铭记的人和事。

尔欣中
博士生导师，就职于云南大学中国西南天文研究所，主要研究方向为宇宙学。业余时间从事科普书籍翻译，主要参与翻译的作品有《星际穿越》《一想到还有 95% 的问题留给人类，我就放心了》《那些古怪又让人忧心的问题又来了》等

人类对于天空的向往由来已久，然而真正能够驾驭飞行只是近代才实现的事情。飞机的发明和制造不仅是人类对动物的仿生，还是由于空气动力学发展的推动。更重要的是，得益于发动机的发明和进步。发动机的发明是人类机械工业史上的一个巅峰。这本《科技史笔记·飞天之道》为我们展示了历史上绝顶聪明的工程师们是如何利用人类的科学知识来征服天空的，期间所经受的困难、误解甚至嘲笑，令人感慨。

我们常说，了解历史才能更好地展望未来，我相信人类的未来一定是浩瀚的宇宙。希望我们都能从本书讲述的航空发展史中得到启发和灵感，早日实现飞向遥远太空的梦想。

# PREFACE 序言

在科技的进化树上，大自然设置了无数道测试题，检验着人类文明的等级。飞行便是其中的一道大题。

在莱特兄弟的飞机跟跄起飞之前，人类已经解出了数道引以为傲的测试题——铁路横跨大洲、汽轮竞渡大洋、电报信达四方、电灯点亮黑夜……上述成就让人们不禁心生疑问，飞行这个与人类文明几乎一样久远的梦想，为什么实现得这么晚？

更有意思的是，大自然甚至早已将答案写满了天空——昆虫、鸟类还有与人类同样是哺乳动物的蝙蝠都能自由飞行。我想也许这就是飞行难题的困难之处，即使有了答案，看懂它也需要下一番苦功。

借助阿基米德在浴缸中的灵光乍现，孟格菲兄弟的热气球和查尔斯的氢气球先后载人升上天空。在飞行问题的第一个答案中，人类没有遵循自然的启示，而是走出了一条自己的路。

与达·芬奇构想的复杂扑翼装置相比，浮空器作为飞行问题的一条"简单路径"首先登上历史舞台，但简单的背后充满艰险。

首先是气球的可操控性问题，这让气球进化为飞艇。然后是更大的难题——动力。人力被迅速证明不可行，而铁路工程师吉法德的蒸汽飞艇、蒂桑迪耶兄弟和雷纳德的电力飞艇都是昙花一现，困于自身技术的"基因缺陷"——功重比无法取得更大的发展。

勒诺瓦带着动力技术的新物种——内燃机及时出现，还要感谢奥托公司的"优秀员工"戴姆勒和迈巴赫，两人没有追寻老板奥托设下的与蒸汽机在固定领域一决高下的目标，而是勇敢地与其分道扬镳去发展用于移动领域的更紧凑的高速内燃机。

在内燃机的帮助下，桑托斯·杜蒙驾驶飞艇绕飞埃菲尔铁塔，斩获多伊奇大奖。飞艇终于将操控和动力两道难题一举拿下，但桑托斯·杜蒙的飞艇实用化道路依然没有走通。

几乎与此同时，天命之年的齐柏林开始创业。运用新材料铝，齐柏林打造出了他理想中的"空中火车"——硬式飞艇。创业维艰，飞艇在博登湖起飞后，齐柏林迎来三连败，但他并未气馁，最终开创了世界第一家航空公司，向世人证明了飞艇的实用性。第一次世界大战中，齐柏林飞艇更是作为"秘密武器"被投入战场，"战略轰炸"被写入军事教科书。战后齐柏林飞艇重回民用领域。正当"飞行的旅馆"惊艳世人之时，"兴登堡号"的大火却让世人的惊羡转为惊恐，飞艇的前途被彻底葬送，科技史上多了一大悬案。

我们再来看看飞行的"困难路径"——飞机。

中国人的古老智慧"水无常形"暗示了流体力学的复杂性，而且飞行实验有着极高的试错成本，因此在科学理论建立之前，造出"比空气重的飞行器"难说不是痴人说梦。

流体力学最初基于伽利略对抛体问题的研究，之后牛顿、马略特和惠更斯各自独立发现流体中固体受力的"平方律"，接着几大数学家相继出手，丹尼尔·伯努利提出了以自己名字命名的原理，达朗贝尔写出了连续性方程，而欧拉建立了以"场观点"研究流体的方法——"欧拉法"，最终流体万象归一到纳维–斯托克斯方程之中。只要解出此方程，流体的行为就尽在掌握。可惜，非线性微分方程至今仍是世界性难题，在缺乏高性能计算机的情况下，当时的人们虽手握高超理论却无法应用。

理论的窘境被实验派科学家破解。文丘里和皮托各自发明了测量流速的原理和仪器，罗宾斯和斯米顿则分别用悬臂机开始了空气动力学的直接实验。通过悬臂机实验，凯利总结出"四力模型"，将气动力分为两股力，升力平衡重力，而阻力由推力克服。不仅如此，凯利没有纸上谈兵，他自制了三架滑翔机验证自己的模型。于是，"比空气重的飞行器"的原理由此奠基。

可惜凯利后继无人，基本的空气动力学问题还没有搞清楚，人们便急于走入"动力歧途"。亨森和斯特林费罗的"空中蒸汽马车"停留于图纸，空留一台制造精良的闪蒸蒸汽机。马克沁的飞机只能称为"大型升力实验装置"。阿德尔的"风神"借助地面效应才能起飞，飞行降为贴地"大跳"，威名扫地。

最终，德国"飞人"李林达尔重回凯利路线，理论加实验研发改进滑翔机，但在千百次成功滑翔后，李林达尔猝然陨落，离动力飞行只差一步。他关于滑翔机翼面的空气动力学实验成为后人的起点，其中就包括莱特兄弟。

站在巨人肩膀上，莱特兄弟三年多飞机研发结出硕果：提出了三轴控制原理、发现了展弦比效应、建立了螺旋桨理论、发明了机翼翘曲技术、解决了反向偏航问题，还利用粗糙的风洞装置做了系统性的实验对各种翼型进行评测。

厚积薄发，一飞冲天。莱特兄弟欧洲之旅更是技惊四座，让大洋彼岸的同行输得心服口服。虽然飞机第一发明人之名尚存争议，但其在空气动力学与飞机制造上的双重贡献的确前无古人。

莱特兄弟成功之后陷入专利大战，欧洲飞机研发急起直追，先行者诅咒又一次上演。V8发动机之父勒瓦瓦瑟尔打造出第一个专业航空发动机品牌，安扎尼成就布莱里奥飞越英吉利海峡，塞甘兄弟另辟蹊径，在贝切罗承力蒙皮机身结构的加持下，旋转气缸助力飞机时速首破百英里大关。

第一次世界大战中，飞机更是从辅助一路打到主力，在令人眼花缭乱的王牌传奇空战中，世界见证了第三军的诞生。

王牌虽强，但决定战局的是其背后的航空工业。德国自身资源受限，走上精专之路，梅赛德斯直列水冷发动机性能可靠。意大利飞机虽弱但发动机颇有创新，菲亚特双气门设计对功率提高功不可没。法国"西-苏"V8发动机超越旋转气缸发动机，成为第一次世界大战中的"量产之王"。英国豪车公司"罗-罗"战时初涉航空，凭借"猛禽系列"三款发动机技惊四座，一举奠定其在航空界的地位。而航空首发国美国知耻后勇，从仿造开始，开发出了自己的V12"自由"发动机，并从汽车流水线借来他山之石，使得美国航空制造业实现了标准化，孕育了一场复兴。

本书聚焦飞行器的起源和早期发展，展现人类最古老的梦想以及人类科技最浪漫的成就的实现过程，正如书名所示，希望能为大家提供一部关于人类飞行"道路"和"道理"的双面科技史。

张皓

# Montgolfier's Balloon.
## Fauxbourg St. Antoine

# CONTENTS 目录

# CONTENTS 目录

# CONTENTS 目录

第1章

大气之舟

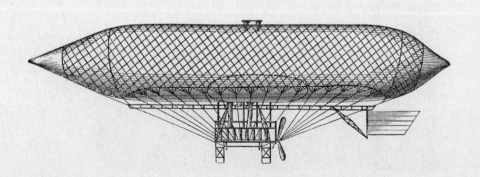

人类飞行的梦想与人类文明的历史一样悠久。每一种文明都有自己关于飞行的神话和传说，它们是自然观察与人类想象的化合物，比如像骑马一样骑乘鸟类，或者驯服龙和狮鹫等并不存在的神奇动物，或者利用自身就有升空趋势的物体，比如我们中国人常说的腾云驾雾。

　　在这些故事的激励下，无数人勇敢地投入到飞行实践中。可悲的是，在无数次确定无疑的跌落后，这些飞行先驱者的命运大多没有善终，而他们收获的名声长久以来甚至与那些追求长生不老之人和炼金术士们一样糟糕。

　　科学知识的匮乏是这一切悲剧的根源。

## 1.1 / 铜球浮空，拉纳的"飞船"是否只是异想天开？

虽然大气是人类生存不可或缺之物，但在科学革命之前，我们对其组成与性质几乎一无所知。直到1643年，伽利略·伽利雷（Galileo Galilei，1564—1642）和他的学生托里拆利经过大量认真设计的实验，才终于向世人揭示出一个简单的事实——大气具有重量。尽管其密度约只有水的八百分之一，但这种看似微不足道的重量累积了100千米之后形成了巨大的大气压，它使得吸管和活塞水泵可以工作。

对于这个事实，没有一个实验能像马德堡半球实验那样让人们记忆深刻，不过有一位意大利神父却从中看到了不一样的东西。

这位名叫弗朗切斯科·拉纳（Francesco Lana，1631—1687）的神父开始从另一个角度思考大气具有重量的事实。他认为大气的性质与水类似，而在水中，一个低于其密度的木块可以上浮，这就意味着，一个密度低于空气的物体可以在大气中上浮，照此推论下去就是利用此种物体能制造出可以浮在空中的飞船。

不过其中依然有一个困难，当时没人知道任何一种比空气轻的物质。但得益于托里拆利等人的实验，拉纳神父想出了一个绕过此困难的方法——利用真空。真空显然比空气更轻，因此不需要物质本身的密度低于空气，只需要包裹真空的容器的平均密度低于空气即可。

1670年，拉纳神父给出了自己的飞船设计（见图1-1）。

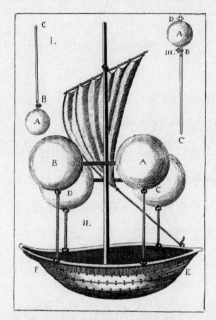

图1-1 拉纳设计的飞船（约1670年）

飞船的主体是一艘小帆船，由4个抽成真空的巨大铜球壳作为浮子提供升力。

如果仅从这幅图出发，我们很容易将其归为异想天开，但仔细看过拉纳的论述之后就能发现，这个方案其实并没有看上去那么荒诞。因为拉纳不仅是一名神父，还做过布雷西亚大学的数学和物理学教授，他不仅给出了设想，还对自己的设计进行了必要的论证和计算。

拉纳指出，尽管铜的密度远高于空气，但是只要球壳的厚度不变，那么随着半径的增加，球壳的重量按照平方关系增加，而球体的体积则按照立方关系增加，即浮力的增长大于重力。因此，只要足够大，真空球壳的平均密度就会小于空气。

在拉纳的设计中，浮子的直径为7.5米，结合古老的阿基米德浮力定律，他正确地算出浮子排开空气的质量为285千克。他设计的球壳质量为180千克，因此4个浮子就有420千克的载重能力，这足以带动一艘轻便的小艇以及6名乘客。他甚至颇有预见地指出，这种飞船一旦制造出来，就会在战争中派上大用场。

可惜拉纳一生也没能将自己的飞船造出来，甚至连造出一个浮子的尝试都没成功。这位神父将失败的原因归结为上帝。他说："上帝不允许这样的机器被制造出来，因为没有一座城市能从高空扔下的铁块、火球和炸弹中幸免于难。"

不过真正阻止拉纳神父造出飞船的并不是上帝，而是空气本身。拉纳在利用真空产生浮力时忽略了一个重要问题，那就是大气压力，而这也是马德堡半球实验最明显的启示。虽说球壳结构的确如他所说具有鸡蛋壳那种优异的抗压性，但不难算出他的 180 千克铜球壳厚度仅有 0.1 毫米。在 1 个大气压下，整个球壳表面积上的压力约有 17885000 牛顿，如此脆弱的薄壳结构是完全支持不住的。

尽管拉纳的努力归于失败，但他却完成了前人没能实现的进步——第一次把科学计算引入了飞行器设计中，因此后人尊称他为"航空学之父"。而这一年（1670 年）距离艾萨克·牛顿（Isaac Newton，1643—1727）发表《自然哲学中的数学原理》还有 17 年。

其实在当时众多飞行器的设想中，拉纳给出的"浮空"路线只能算是小众，而模仿鸟类的那种扑翼机（Ornithopter）才是主流。比如大名鼎鼎的达·芬奇（Leonardo da Vinci，1452—1519）手稿中就出现了几种扑翼机的设计图（见图 1-2 和图 1-3）。

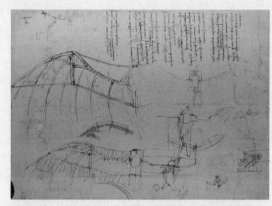

图 1-2　达·芬奇的飞行器设计图手稿（约 1488 年）

没有确切的资料显示达·芬奇曾经制造过这些飞行器，但可以肯定的是，尽管鸟类飞行是我们最常见的景象，但在所有人类飞行的技术路线中，

图 1-3　后人制造的达·芬奇飞行器实物模型

扑翼机是最困难的一种。所以这个领域的天才如达·芬奇恐怕也逃脱不了失败的命运。

　　相对来说，"浮空"路线所用到的原理要简单得多，只需要找到一种更轻的气体充入一个薄壁容器，利用内部气体的压力抵消外界的大气压，拉纳浮子的制造性困难就烟消云散了。即使如此，"浮空"路线直到100多年后才由法国的一对兄弟走通。

　　孟格菲兄弟（Joseph-Michel Montgolfier, 1740—1810; Jacques-Étienne Montgolfier, 1745—1799）诞生于一个富裕的造纸商家庭。哥哥约瑟夫很早就对飞行产生了兴趣。据说1771年的时候，他曾使用降落伞装置从自家房顶上跳下来。后来兄弟两人从空中飘浮的云朵中得到启发，尝试将水蒸气充入一个容器。水蒸气的密度的确低于空气，但是它有一个严重问题，就是遇冷会凝结。因此，两人的实验毫无悬念地失败了。

　　1776年，两人得知了一种新的密度很低的气体。这种由活泼金属和酸反应得到的气体名为氢气，它最初由英国人卡文迪许在10年前发现。曾经有人将氢气吹入肥皂泡中，这种肥皂泡显示出了快速升空的能力。可惜的是，孟格菲兄弟使用纸袋来收集氢气，而氢气则通过纸张上的孔隙很快逸散了出去。两人的实验再次失败。

　　又过了6年，兄弟两人终于找到了另外一种密度低于空气的物质。据哥哥约瑟夫后来讲述，他是从火堆上升的青烟中得到的启发。其实约瑟夫当初并没有弄懂烟气升空的真正原因，他以为燃烧产生的烟是一种很轻的特殊气体，他还将其命名为"孟格菲气"。这就解释了为什么在早期的热气球实验中孟格菲兄弟的做法显得有些笨拙。兄弟两人是在地面上架起火堆对气球下方的空气加热的。他们认为，一旦气球收集到足够的"孟格菲气"，它就会浮起，这种浮力的获得像氢气球一样是一劳永逸的。

实际上根本不存在什么"孟格菲气"，比空气密度小的气体就是加热后的空气本身。寻找了这么久更轻的气体，真是远在天边，近在眼前。兄弟两人应该不知道早在1500多年前中国人就发现了这个事实，并且发明出了孔明灯。孔明灯最初作为军事信号使用，后来流传开来成为一种祝福仪式。这种自带一小团燃料升空的纸盒一般在夜晚放飞，只要火苗不熄灭，它们就能一直飘浮在空中。

像兄弟两人的那种加热方式，一旦气球升起热量，供给就中断了。随着气球的上升，内部空气逐渐冷却，密度变大，气球便会下降。可以预料，这种热气球的飞行时间不会太长。不过这一点并不要紧，因为孟格菲兄弟已经想到了一个同样可以惊艳世人的方案——造一个超大的热气球。

这个热气球直径将近11米，体积达到了793立方米，自重为227千克。气球的球身使用麻布做基底，并用胶水将3层纸糊在内表面上防止漏气。球身由4块带状布料围成，它们之间使用了1800枚扣子进行连接。为了对经向进行加固，两人还在气球外面罩上了一张粗绳编织的渔网。

1783年6月4日，兄弟两人在阿诺奈市（Annonay）进行了第一次公开展示。他们搭建了一个摆放气球的台子，在下面点燃了羊毛和干草，不久气球就开始浮起。此时两侧有人用绳索拉拽，达到足够的浮力后，兄弟两人释放了热气球。这个热气球一下子就飘到了超过1000米高的空中，然后随风飘了2000米才最终落下。整个滞空时间达到了10分钟。

孟格菲兄弟成功的消息很快传到了巴黎，他们获准在巴黎进行热气球演示。一位壁纸大亨马上找到他们，开始合作制造更大的热气球。不过这一次，兄弟两人有了更大的野心——他们要将人类送上天空。

# 1.2 / 阿基米德的遗产，热气球与氢气球谁先升空？

正当孟格菲兄弟准备用热气球惊艳巴黎人的时候，一位竞争者加入了这场冲向天空的竞赛。

> 雅克·查尔斯（Jacques Charles，1746—1823），是巴黎科学院的一名科学家。如果要列出当时最懂"气"的科学家，查尔斯一定榜上有名。因为关于理想气体的盖吕萨克定律（压强一定时，气体的体积和温度成正比）就出自他手，可惜查尔斯没有发表自己的成果。盖吕萨克本人也把这项功劳归于查尔斯，这造成了有关气体的两个定律叫法上的一些混乱，不过这些都是20年后的事了。

非常懂"气"的查尔斯在听说了孟格菲兄弟的实验后，马上就明白了气球升空的真正奥秘——大气的浮力。于是查尔斯宣称自己也能实现气球升空，在逐渐升温的气球热的感召下，他几天之中就筹集到了1万法郎。但是查尔斯没有追随孟格菲兄弟的道路，而是将目光重新聚焦在了氢气上。

从产生浮力的效果上看，氢气有着绝对的优势。在常温常压下，氢气的密度为$0.0815kg/m^3$，而空气从常温常压加热到100℃时的密度只下降了约20%（这里可以使用盖吕萨克定律简单计算出来），为$0.96\ kg/m^3$，两者对比足足差了1个数量级。所以对于同样质量的一团气体，氢气球体积更大，因此浮力也更大，或者承载同样的重物时，氢气球可以做得更小。

孟格菲兄弟当然也明白这一点，但是任何事物都有正反面。氢气虽轻但其泄漏也比空气快得多，要在困住氢气的同时控制住气囊的自重可不是一件容易的事情，他们兄弟俩就曾在这上面栽过跟头。

这里我们又一次看到，在创造一个实用物品这件事上，发现原理并给出设计只是迈出了一小步，在随后的制造过程中还有无数艰难险阻，首当其冲的就是材料。

在气囊漏气的困难面前，查尔斯请来了两位工程师帮手——罗伯特兄弟（Anne-Jean Robert，1758—1820；Nicolas-Louis Robert，1760—1820）。

罗伯特兄弟手中有一件孟格菲兄弟并不知晓的秘密武器，那就是一种当时只有少数人才知道的新材料——橡胶。不仅如此，他们还掌握着一项将橡胶层做薄的工艺。两人用松节油将橡胶溶解，然后将油漆状的溶液刷在丝绸上，这样就做成了气密性和韧性都很高的气囊。

第二步就是向气囊中充入氢气。尽管查尔斯设计的气球并不大，直径为3.6米，体积为25立方米，但当时氢气只能在实验室中制备，其产量以毫升计量，要生产几十立方米的氢气，没有现成的设备可以用。在实验了几次后，罗伯特兄弟终于找到了一种简单的制气方案。

原理依然是稀硫酸与铁的反应。他们找来了一个盛酒的密封橡木桶作为反应容器，底部装上铁屑，然后倒入硫酸。桶盖上有两个开孔，一个用来盛倒反应物，另一个接上一根皮管为气囊充气（见图1-4）。不过实际操作远没有说上去那么简单。稀硫酸与铁的反应是一个放热反应，大规模反应产生了大量的热，这些热量导致硫酸蒸气混入气囊。由于硫酸具有腐蚀性，因此必须尽快从气囊中将其清除。由于产生的氢气携带着大量的热，必须给气囊喷水降温，否则气囊上的铜阀门会烫得无法触碰。在消耗了远多于理想化学配比的铁和稀硫酸后（四分之一吨的硫酸和半吨的铁屑），充气终于完成了。

图1-4 查尔斯和罗伯特兄弟为气球制备氢气

1783年8月27日,查尔斯进行了一次盛大的氢气球升空表演。他放飞氢气球的地点是战神广场,即现在埃菲尔铁塔的所在地。聚集观看的巴黎市民达到了30万名之多,当时巴黎城区人口也就60万左右,实属万人空巷。围观的观众中有美国国父富兰克林。

在松开保险绳的2分钟后,氢气球就上升到了450米的高度。接着它持续飞行了45分钟,并降落在了21千米外的巴黎郊外。可惜这第一只氢气球并没有得到善待,当地的农民误以为从天而降的气球是魔鬼的使徒,用手边的农具将其打了个稀巴烂。

与此同时,孟格菲兄弟也已经抵达巴黎,而他们的热气球升空展示预定在凡尔赛宫举行。为了给国王和大臣以及见多识广的巴黎市民留下深刻印象,他们制造出一只蓝底上绘有烫金图案的华丽热气球。可惜他们的运气同样不好,一场暴风雨把刚造好的气球浇坏了。

为了能按预定计划升空,他们又加班赶制出了一个新气球。新气球直径为12.5米,总高度达到了17.4米,体积约为1062立方米。经过仔细计算,这个气球产生的浮力减去自重后还有315千克。

为保险起见,9月19日的热气球升空展示中并没有载人,而是搭乘了三名动物乘客——一只羊、一只鸭子和一只公鸡。动物装在一个笼子中然后挂在热气球下方。这三种动物的选择并不是随意的，它反映出了兄弟俩一种基本的科学实验精神。羊在当时被认为与人的解剖结构很相近；鸭子会飞因此它应该不会对高度有不良反应；公鸡是作为鸭子的对照组出现的，因为公鸡并不会飞，因此可以检测高度对它的影响。

起飞并不顺利。由于没有足够的压舱物，热气球刚腾空就被一阵突如其来的风吹歪了（见图1-5）。这种姿态造成了热空气从气球底部逃出，减弱了气球的浮力。气球在飞行了3.2千米后着陆。巴黎天文台的两名科学家估算气球的最大高度在440～460米，这个高度比兄弟两人在阿诺奈市的展示中低了不少。而且飞行时间也只有8分钟，比预计的20分钟短很多。

不过这些数据在此次飞行中并不是重点，"乘客"的状态才是人们最关心的。气球降落后人们检查乘客时发现，鸭

图1-5　孟格菲兄弟搭载了动物乘客的热气球在凡尔赛宫升空（1783年9月19日）

子和羊依然活蹦乱跳，公鸡似乎受了伤，不过后来发现这个伤并不是由于升高导致的，而是被羊踩到了，可谓有惊无险。

动物升空展示大获成功，法国国王龙颜大悦，当即发给孟格菲兄弟一份特别津贴，巴黎科学院也肯定了两人对科学和艺术的杰出贡献并发放了一笔奖金。有了这次的成功做基础，两人开始着手准备更大的载人热

气球。

此时一个关键问题摆在了他们眼前，谁来做热气球升空的第一人？

孟格菲兄弟本来准备亲自上场，但遭到了家里人的极力阻挠。此时一名军官弗朗索瓦·L.达朗德斯（François L. d'Arlandes，1742—1809）自告奋勇。孟格菲兄弟思考再三，最后同意为他搭配一名年轻的科学家让-弗朗索瓦·皮拉特·德·罗齐尔（Jean-Francois Pilâtre de Rozier，1754—1785），让两人同时升空。

> 这位名叫罗齐尔的年轻人绝不是一个安静坐在书桌前的木讷书虫。他个性大胆而张扬，喜欢公开演讲并进行危险的实验，比如用自己的肺吸入大量氢气来验证其对人体健康的影响。他还发明了一个为清洁臭水沟的工人设计的呼吸器，有点像今天的潜水装备，一根呼吸管连着一个空气瓶。为测试这个装置的有效性，他穿上橡胶衣，戴上自己的呼吸器跳入了巴黎最臭的污水沟中，并在里面待了34分钟，直到空气瓶中空气耗尽。

目睹了孟格菲兄弟的热气球在阿诺奈成功升空后，罗齐尔就成了气球的狂热爱好者，他曾公开声称自己愿意变成一只长着翅膀的豚鼠。本来法国国王建议先让两名死囚试飞，但是罗齐尔却成功劝说国王人类第一次升空的荣耀不能归于囚犯，这让国王只好听从了他的意见。

一个多月后，为载人准备的新气球造好了。它的直径为14米，体积达到了1700立方米，相比之前动物乘坐的那个大了60%。与今天的热气球不同，这个气球的载人结构并不是一个用绳索悬挂的吊篮，而是在气球底部的一圈环廊。环廊的中间设置有火盆和燃料，可以通过火苗大小控制飞行高度。这个结构的好处是火苗被完全罩住，热空气的损失很小。但是缺点也很明显，为了使重量分布均匀，两名驾驶者必须站在环廊的两端，他们彼此看不到对方，只能通过一个人为设置的窥视孔与对方保持联系（见图1-6）。

图1-6　孟格菲兄弟的第一个载人热气球（1783年），注意气球底部环廊上的两个小人

1783年11月21日，就在一切准备就绪之际，巴黎的天气为这场人类的壮举添加了一段小插曲。一阵风突然袭来，气囊被保险绳刮开了一个口子。好在围观的群众及时伸出了援手，男人们帮忙拉稳气囊，而女人们则掏出针线包将裂口重新缝好。

　　下午两点钟天气转好，罗齐尔和达朗德斯终于顺利升空。气球沿着塞纳河飞行了一段时间，然后就离开城区向郊区飞去。最终气球安全降落到距离出发点近9千米的地方，整个行程持续了20～25分钟，最大高度为900多米。其实气球上的燃料足够再飞四五倍长的时间，但两人由于紧张还是提前降落了。放到今天这肯定是一段惬意的旅程，但毕竟是首次飞行，两人必须时刻注意添加燃料并检查气囊有无损坏，无暇欣赏美景也情有可原。

　　富兰克林和一票贵宾在自家露台上观赏到了这一壮举。据说当场有人问富兰克林："气球这东西到底有什么用？"富兰克林便说了那个著名的反问句："一个刚出生的婴儿又有什么用呢？"半个世纪后，法拉第用同样的反问回答了英国首相对于电磁感应这一新发现有何用处的质疑。

# 1.3 / 竞飞英吉利海峡，第一次空难是怎么发生的?

在热气球阵营欢天喜地地庆祝之时，另一边的氢气球阵营也在紧锣密鼓地准备着。

尽管丢掉了第一次载人飞行的殊荣，但对于氢气球阵营来说这并非一件坏事。人类对于飞行的渴望悠久而强烈，孟格菲兄弟的成功绝非冲淡了这份渴望，相反它彻底引爆了巴黎人对于飞行的热情，以至于查尔斯和罗伯特兄弟甚至可以采取最简单粗暴的方式来收回气球研发和制造的成本——卖参观票。

不过热气球载人飞行成功并不意味着氢气球载人飞行也能成功，虽然两者在利用大气浮力的原理上是相同的。如果仅从浮力的产生来看，氢气球有着明显的优势，按理说应该更容易成功，但氢气球载人飞行却有着自己特有的困难，首当其冲的就是高度控制。

热气球的上升需要持续加热空气，当加热停止后，随着气囊中的空气冷却，气球就会逐渐降低高度并最终落回地面。所以从高度控制的角度来看，热气球在本质上是安全的。

而一只氢气球无须提供任何能量就会自己不断上升，直到其算上负重后的平均密度等于周围大气的密度为止，这种最终滞留在高空的平衡较为危险。而且这还是一种理想情况，因为随着海拔升高大气压力是逐渐降低的，因此在上升过程中气囊是不断膨胀的（假设内部气体温度不变）。比如在5500米的高度，大气压力只有海平面上的一

半，这意味着气球的体积要增大一倍。而气囊材料（当时用的是具有橡胶涂层的丝绸）能承受的膨胀是很有限的，这种膨胀如果不加控制，不等气球升到预定高度，气囊就会被撑破。

更不利的是，载人气球的体积很大，其表面吸收阳光后，阳光会加热内部气体，会进一步加剧气体膨胀。上述两种效应加在一起，搞不好就是球毁人亡。而热气球没有这样的问题，因为热气球的下部是开口的，气囊内的热空气与外界大气始终保持压强一致。

为此查尔斯首先在氢气球的下方设置了一段逐渐变细的颈部，这个颈部的末端是一个直径约十几厘米的开口。为了避免氢气的逸出，这个开口在地面上时是系住的，而在上升过程中由气球操纵者握住，根据需要可随时放气。同时查尔斯还在气球顶部设置了一个放气阀，使用拉绳进行控制。当需要气球下降时，利用顶部放气阀可以更有效地放出氢气（氢气的密度比空气小），而且这个阀还兼具安全阀的作用，当气球上升过快时，可以打开此阀实现快速放气。

其次，查尔斯在氢气球上设置了很多沙袋作为压舱物。这样，通过放气阀与沙袋的配合就能实现简单的高度控制——当需要下降时就放出氢气，而需要上升时就抛下沙袋。在落地过程中沙袋更是不可或缺。为了使落地尽量平缓，最好将气球在接触地面之前的速度降为零，为此就必须抛出沙袋进行最后的减速。

最后，在载人空间的设计上查尔斯发明了更为接近现代的形式——吊舱，即将载人舱用绳索悬挂在气球的下方。为了让气球均匀承受吊舱的重量，查尔斯设计了一张网罩在气球的上半部分，网的边缘有多根绳索用以悬挂吊舱。悬挂式的设计可以减小因气囊被风吹拂产生的晃动，使乘坐体验更加平稳。而查尔斯的吊舱的外形也非常别致，它是一艘贡多拉（Gondola）小船。为了控制降落地点，查尔斯还在吊舱中放了一个小型的船锚。直到今天，西方依然将气球的吊舱称为贡多拉。

最终的载人氢气球气囊直径为 9 米, 总容积达到了 396 立方米, 比无人的时候大了一个数量级。在没有现代工业设备的情况下, 生产如此大量的氢气很棘手。为此, 查尔斯和罗伯特兄弟特意找来了当时顶尖的化学专家来帮忙调配酸的浓度以及与铁屑的比例。虽然没有留下明确的姓名记录, 但这位专家很可能就是大名鼎鼎的拉瓦锡。在连续工作了三天三夜后, 气囊终于被顺利充满。

1783 年 12 月 1 日, 一切准备就绪, 这比孟格菲兄弟的热气球升空仅仅落后了 10 天。气球升空的地点设在杜伊勒里宫广场, 据称这一次聚集了 40 万人, 人数比上一次在战神广场上表演无人升空时有增无减。

实验俨然成了盛典。友人们甚至送上了毛毯和香槟, 于是查尔斯带着水银温度计、气压计、望远镜、地图和法国人那无可救药的浪漫在万众瞩目之下登上了吊舱。与他同行的还有罗伯特兄弟之一, 他们是气球制造的功臣, 理应享此荣耀。

在升空之前, 查尔斯亮出了自己的另外一项发明——测风气球。由于气球没有动力, 到空中后只能随风飘流, 因此要预测气球的航线掌握风向风力的信息很关键。查尔斯已经意识到高空中的风向风力与地面并不一致, 因此就设计了一只直径为 1.8 米的小氢气球去探路。尽管属于竞争关系, 但放飞测风气球的荣誉查尔斯还是交给了在场的孟格菲兄弟。

当从测风气球那里得到了必要的气象信息后, 查尔斯与罗伯特开始了升空。离地之时查尔斯不忘打开香槟并向周围的观众举杯致意。广场上顿时一片欢腾, 两人也是紧张感全无 (见图 1-7)。

他们很快升到了 550 米的高度, 第一次飞行的查尔斯激动之情喷涌而出:"大地已经与我们无关, 此刻我们归属于天空! ……如此宁静, 如此浩瀚, 如此震撼的景象……目睹此种奇观, 得是多么愚不可及之人才会阻挡科学前进的脚步!"

图1-7 首次氢气球载人飞行（1783年）

两人飞行了2小时之久，最终降落在离起飞点36千米的地方。看到有人竟然从天而降，当地的农民纷纷过来围观，而查尔斯招呼大家帮忙拉住气球，罗伯特则顺利出了吊舱。此时太阳已经落山了，但查尔斯决定抓紧时间再飞一次。

由于减少了一名乘客，气球一下子获得了几百牛顿的浮力，这一次查尔斯快速浮升到了3000米的高度。在此过程中，查尔斯尽显科学家本色，做了不少大气参数的测量工作，并有幸欣赏到了第二次日落。接着，他又飞行了大约40分钟，并在5千米外的地方降落。

也许是第二次升空过快造成了耳痛这种不愉快的经历，也许仅仅是个人兴趣转移，查尔斯之后再也没登上过气球。不过为了纪念他的贡献，人们像称热气球为孟格菲气球一样，称氢气球为查尔斯气球。

无独有偶，第一次乘坐热气球升空的军官达朗德斯后来也没有再次乘坐气球。不过也有人因此爱上了气球飞行，比如达朗德斯的搭档、科学家罗齐尔。目睹查尔斯的氢气球成功载人飞行后，他给自己定下了下一个要挑战的目标——飞越加来海峡（英吉利海峡的最窄处，英国人称之为多佛尔海峡）。

对于气球的类型，罗齐尔有自己的考虑。氢气球能产生的浮力更大，但是下降必须依靠放气，这种方式是不可逆的。相比之下，热气球对于浮力更可控，只要调节火焰即可，但是这样需要携带大量的燃料，增加了气球的自重，而本来热气球产生的浮力就比较小。于是罗齐尔想到可以将两种技术结合起来使用以取长补短，这样他就发明了混合式气球（见图1-8）。

正当罗齐尔积极制造自己的新式气球时，他被一个法国同胞抢先一步，此人名叫让-皮埃尔·布朗夏尔（Jean-Pierre Blanchard，1753—1809）。与罗齐尔类似，在1783年目

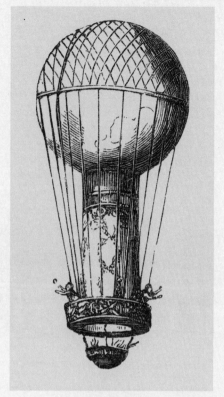

图1-8 罗齐尔的混合式气球（1785年），它的上部是一个氢气球，而下部是一个圆柱形的热气球，热气球的火盆悬挂在下方

睹了孟格菲兄弟与查尔斯的成功后，布朗夏尔也成为一个气球发烧友。他开始周游各地进行气球升空表演，并在1784年10月16日在英国成功升空，这使得他成为第二位在英国起飞的人，第一位是意大利人维琴佐·卢纳尔迪（Vicenzo Lunardi，1759—1806）。

1785年1月7日，布朗夏尔与一名美国医生乘坐氢气球从英国多佛尔出发开始飞越英吉利海峡，这名美国医生也是他的资助者。飞越英吉利海峡期间他们两人遇到了气球浮力不足的问题，当抛下了所有压舱物后气球依然还在下坠，于是他们又将仪器、行李和食物统统扔下，甚至最后连身上的衣服也脱下扔了出去。最终在两个半小时后，他们有惊无险地降落在

了法国加来市（见图1-9）。

加来市政府为两人举办了庆祝仪式，并将他们的气球买下，还修了一座纪念碑。法国国王也接见了他们，并发给他们一大笔奖金。布朗夏尔一战成名，后来他开启了职业气球飞行生涯，并成为在比利时、德国、荷兰和波兰升空的第一人。

眼见布朗夏尔名利双收，罗齐尔坐不住了。他的氢气球加热气球的混合式技术的确可以更好地控制高度，但是他在另一个重要问题上考虑不周，

图1-9　布朗夏尔乘气球飞越英吉利海峡（1785年）

那就是安全性。氢气非常易燃，而在它下方设置一个使用明火加热的热气球无疑大大增加了事故发生风险。

1785年6月15日，罗齐尔从法国加来这边起飞向英国方向飞去，但一阵风将他的气球推了回来。人们看到罗齐尔的气球在大约450米的高度上悬浮，突然上方的氢气球着火，接着整个气球坠向地面。于是罗齐尔成为第一个死于空难的人。

# 1.4 / 可操控性的尝试，如何驾驶气球飞行？

在人类改造世界与理解世界之间存在很多有趣的不对称。一些事情不难办到，比如扔出一架纸飞机或踢出一脚弧线球，但要正确解释它们的飞行原理却并非易事。另外一些事物则不难理解，比如气球升空，但当真正动手去制造一个载人气球时，事情马上就变得复杂起来，尤其是当你需要考虑从起飞到降落的全部过程细节时。

罗齐尔的空难在以悲剧的方式向世人展示氢气球危险性的同时，也暴露出气球载人飞行的另外一个问题——缺乏有效的操控手段。即使他的气球没有爆炸，但只要天公不作美不给出合适的风向，罗齐尔依然无法实现飞越英吉利海峡的壮举。因此从气球诞生之初，人们就已经开始试图改变它随风飘流的命运。

首先就是高度控制。

前面我们已经分析过，相比热气球，氢气球在高度控制方面有一个棘手的问题。热气球的气囊是与大气相通的，而氢气球的气囊是封闭的，后者在上升过程中或者吸收阳光辐射后都会发生膨胀，必须能及时地给气囊放气。但这样做有两个缺点：

▶ 第一

用金属和酸反应制造出的氢气很贵，白白放掉很可惜；

▶第二

当时还没有压缩气瓶，空中是无法给气囊补气的，因此放掉气的气球只能通过抛掉压舱物来重新升高，而压舱物则占用着气球宝贵的有效载荷。

有什么办法能解决上述矛盾吗？

法国人缪尼埃（Jean Baptiste Meusnier，1754—1793）给出了一个巧妙的设计。这位曾与拉瓦锡一起研究分解水来生产氢气的法国科学院院士发明了内置气囊（Ballonnet）。内置气囊就是一个独立的小气球，它设置在主氢气气囊的内部，拥有自己的放气阀，不过里面充的是普通空气。这个内置气囊的使用过程如下：升空之前将内置气囊部分充气，然后将主氢气气囊充满。升空后，氢气膨胀向外撑主气囊的同时向内压缩内置气囊，此时只需打开阀门放掉内置气囊中的空气就能释放主气囊内的压力。而当氢气收缩时，可以通过鼓风机向空气气囊鼓风，从而维持主气囊的外部形状不变（见图1-10）。

缪尼埃甚至还给出了内置气囊的第二个妙用。如果内置气囊可以承受一定的压力，那么使用鼓风机就能向气囊内充入压缩空气。由于压缩空气的密度高于周围的空气，这就相当于拿空气做了压舱物。这是一个很大的优势，空气是随手可取的，而扔出去的沙袋是捡不回来的。

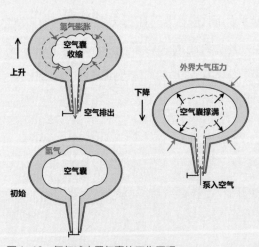

图1-10 氢气球内置气囊的工作原理

1784年，罗伯特兄弟将缪尼埃的想法付诸了实践。可惜的是，虽然内置空气囊的设计很好，但这次实验却出了问题。在升空过程中，一阵气流引起了气球的剧烈颠簸，空气囊与主氢气囊之间的固定绳被挣断。到处乱滚的空气囊不仅无法放气，还将主氢气囊的排气阀堵住了。之后气球快速上升到了4800米的高空，此时主氢气囊膨胀过大已经超过了材料的极限，幸亏乘客手疾眼快用佩刀割出了一条3米长的口子放气才避免了气囊被撑破的风险。不过这个临时的放气口明显大了很多，之后气球下降的速度过快，他们又不得不扔掉大量的压舱物才把速度稳下来，好在最终是有惊无险。

与高度控制相比，使气球沿着给定的方向行进这件事更具挑战性。

一个很自然的想法是将在空中飘流的气球与船舶进行类比，从而得出可以借用船桨来进行气球推进以及进行方向控制的结论。之前提过的第一个在英国乘坐气球成功升空的卢纳尔迪就是这个想法的实践者。他设计了一个单向过风的百叶窗式桨板，这些"窗叶"在划桨时关闭，而在收桨时因气流的作用自动打开以减小阻力（见图1-11和图1-12）。

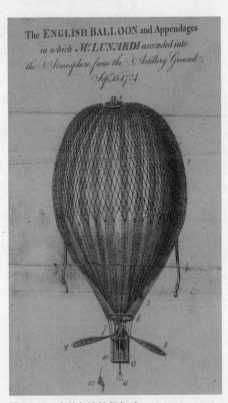

图1-11 卢纳尔迪的氢气球

图1-12 卢纳尔迪设计的单向过风的桨板（1784年）

成功飞越英吉利海峡的布朗夏尔也试图使用桨板推进气球，他的桨板是伞形的（见图1-13），这样就实现了向前与向后两个方向的空气阻力不同。

图1-13　布朗夏尔的伞形桨板设计（1784年）

类比的确可以带来解决问题的思路，人类经常从大自然中借鉴好的设计。如果只是单纯地模仿而不去探究背后的原理，就免不了会掉入陷阱。

在空中飘着的气球与在水面浮着的船舶有一个很大的不同，那就是气球处在大气这单一流体中，而船舶处于水与空气两种流体的界面上。划船桨的有效性在于划桨时桨板没入水中进行推进，而收桨时桨板是从空气中返回的。水的密度比空气高了3个数量级，因此水对桨板的作用力也大得多，这使我们可以用一支面积很小的桨得到相当不错的推力。

理论上，划动空气也能产生足够的推力，但前提是必须使用桨面很大的桨，考虑到当时的结构材料主要是木头，这种桨的自重必然不轻。即使可以划动这样一支笨重的木桨，其大部分能量也都浪费在克服自重上了。而卢纳尔迪和布朗夏尔的实践也证明了人力划桨在气球控制上毫无作用。

孟格菲兄弟对此倒是有着明智的认识，他们认为即使用上多名划桨手也只能让气球的前进速度最高达到每小时8千米，而这个速度不过是今天2级风速的标准（6～11千米/时）。

在这个问题上，发明内置气囊的缪尼埃再次显示出了惊人的预见性。

早在1784年呈交给法国科学院的报告中，他就给出了用螺旋桨进行气球推进的方案。不仅如此，他还意识到了气球形状对于减小空气阻力的重要作用，因此将球形气囊变成了椭球形。今天我们把这样的气球称为飞艇。

缪尼埃设计的飞艇尺寸巨大，它的气囊长轴为79.2米，短轴是长轴的一半，总容积达到了惊人的65000立方米！作为对比，第一次载人升空的查尔斯氢气球直径为9米，总容积只有约400立方米。为了推动这艘飞艇，缪尼埃为其配置了3个巨大的螺旋桨。这三个螺旋桨相互独立，一字排布在吊舱与气囊之间。同时他还在吊舱后面配备了一个艉舵用来控制方向（见图1-14、图1-15和图1-16）。

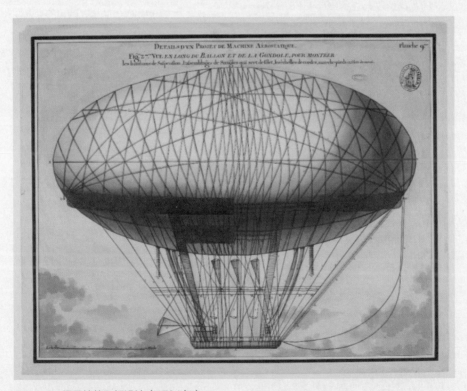

图1-14　缪尼埃的飞艇设计（1784年）

图1-15 缪尼埃飞艇的螺旋桨主轴和链条传动机构

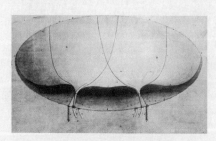

图1-16 缪尼埃飞艇的内置气囊结构

显然，巴黎科学院被缪尼埃飞艇的规模惊到了。在这个瓦特蒸汽机尚属新鲜事物的年代，没有人试图去建造这样一艘能在空中飞行的庞然大物。

公平地说，缪尼埃并非一味求大夺人眼球，之所以设计成这样，是因为在驱动螺旋桨的动力方面他没什么选择。在缪尼埃的飞艇设计中，转动螺旋桨需要使用80个人力。为了将这80个人送上天空，飞艇必须提供相应的浮力。理论上缪尼埃的飞艇气囊可产生约666400牛顿的浮力（1000米高度处），但根据缪尼埃的设计，其气囊和吊舱自重有61吨，有效载荷剩下7吨，承载80个人虽说够用，但也不算特别富裕了。

更可怜的是，80个人看起来很多，但他们的做功能力其实非常有限。今天我们已经清楚地知道人类输出功的能力很弱，专业自行车运动员的输出能力大约在400瓦，而普通人的持续做功能力很少能超过300瓦。如果按照后面这个数字计算，那么80个人力即使一点损失没有，最大的输出功率不过24千瓦（约32.75马力），而一台家用小轿车发动机的输出功率可以轻松达到这个数字的3～4倍。

那么进一步增加人手呢？答案是很不划算。

人力作为发动机除了动力很弱，还有一个更大的缺点就是功重比低。所谓功重比就是发动机输出功率与自身质量的比值。假设一个人体重为70千克，做功能力为300瓦，那么他的功重比为4.3瓦/千克。而现在典型的小轿车的发动机自重为100千克，输出功率为90千瓦，功重比为900瓦/千克。两者的差距是两个数量级。

功重比低下的一个严重问题是，为增加功率而增加的自重需要更大的气囊容积来平衡，这就造成了飞艇尺寸的进一步增大。因此要想控制飞艇的尺寸并有效地驱动，必须有功重比较高的发动机。可惜的是，当时的瓦特蒸汽机并不能达到这个要求，它的功重比甚至比人类的还要低。

所以不难理解，在孟格菲兄弟和查尔斯等人引发的短暂气球热过后，载人气球的发展停滞了。气球的应用转向了表演，它成为乡间的一种娱乐形式，或者为节日和典礼装点门面。

# 1.5 蒸汽机上天，铁路工程师是如何实现动力飞行的？

　　尽管高功重比发动机的缺乏是浮空器发展停滞的最主要原因，但在得出这个结论之前，还有一个更基本的问题需要回答，那就是为什么可操控浮空器必须使用发动机驱动？

　　的确，同样是风力驱动的帆船已经在人类交通史上存在了至少六千年之久。而且帆船有着一项重要的能力，那就是除了能在很大的角度进行方向调整，在纵帆的帮助下它甚至还可以进行逆风航行。因此很自然地，在同帆船进行类比之后，很多发明家设想用帆来进行气球操控（见图1-17）。

图1-17　借助风帆进行气球操控，气球下方拖曳的绳子是用来控制气球高度的稳绳

法国气球家欧内斯特·佩坦（Ernest Petin，1812—1878）将用帆操控气球的想法发展到了同缪尼埃一样令人吃惊的地步。他设计了一艘巨大的飞艇，号称可以乘坐 3000 人。这艘飞艇由 4 个巨大的球形气囊提供浮力。气囊一字排开，下方悬挂着一个同样巨大的平台。平台两端设置两面三角帆进行方向控制（见图 1-18）。

一个值得注意的地方是佩坦对于飞艇可操控性的设计不仅体现在水平方向上，也体现在垂直方向上。他希望利用气动力来控制飞艇的升降，而不是之前采用的扔下压舱物和放气的方式。为此，他将平台中间镂空，并设置了数个平行的斜面，组成了一个类似百叶窗的结构。斜面的作用类似机翼，在迎风角度为正时它们能够提供升力，从而使得飞艇爬升。当迎风角度为负时，它们则会使飞艇下降。

图 1-18　佩坦的巨型飞艇（想象图）

利用风帆进行飞艇操控非常符合直觉，不过可惜的是这又是简单类比带来的一个陷阱，举一个极限情况的例子就不难理解这一点。假设气球在均匀的风中达到了匀速飞行，它的飞行方向与风速一致，而速度也与风速相同。此时站在气球上的人感觉不到有风，而对于地面上的观察者来说，风与帆一起运动，两者相对静止。所以无论在气球上设置何种帆，帆面都是瘪的，帆起不到任何作用。（实际上，由于受到空气阻力的影响，气球飘流的速度要比风速低一点，但两者的方向相同。）

那么帆船又是如何做到偏离风向甚至逆风行驶的呢？我们不在这里展开详细分析，只提一点，其关键在于帆船处于两种流体的界面上这一事实。帆船之所以可以偏离风向一个角度，是因为下方的水与风的流速不同，而水中的船舵则提供了一个足以平衡帆上风力的侧向力。由于水的密度比空气高了3个数量级，因此用较小的舵面就能实现有效的方向控制。而在悬空的气球上，无法找到这样一个"额外的"侧向力，因此就需要有一台发动机驱动螺旋桨去"造出"这个力。

可能是察觉到仅依靠风力并不能满足飞艇的动力需求，佩坦为自己的飞艇增加了螺旋桨驱动装置，不过对于用什么转动螺旋桨，他只是含糊其词地说"人力或者其他机械方式"。难怪他的设想无人资助。佩坦的窘境正是自孟格菲兄弟和查尔斯以来所有浮空器发明家的缩影。

在等待了漫长的半个多世纪后，随着发动机技术的发展，浮空器才终于迎来了曙光。

1851年，法国铁路工程师亨利·吉法德（Henri Giffard，1825—1882）造出了一台小巧的蒸汽机，尽管它的输出功率只有3马力（约2205瓦），但其自重很轻，不过100磅（约45千克），算上配套的立式锅炉一共也只有350磅（约160千克）。其功重比约为11瓦/千克，是人力的2倍多。

一年后,吉法德将蒸汽机装到了一艘飞艇上(见图1-19)。这艘飞艇的气囊为纺锤形,长为44米,中部直径为12米,容积为2500立方米。气囊下方悬挂有一根非常结实的水平长杆,杆长20米,吉法德借用船舶术语称其为"龙骨"。龙骨的作用是"承上启下",它上系气囊,下挂吊舱,并且它的一头还有一个三角形的垂直尾舵用来控制方向。蒸汽机放置在吊舱中,而螺旋桨则探出在外。这支螺旋桨有三片桨叶,直径为3.4米,转速是每分钟110转。

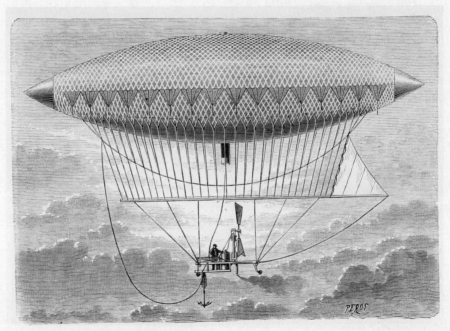

图1-19　吉法德的蒸汽动力飞艇(1852年)

值得一提的是,吉法德注意到了氢气的安全问题。在易燃易爆的氢气球下方使用烧煤的锅炉是一项危险之举,于是他用金属丝网将炉膛的进口罩住,就像安全矿灯上的做法一样。同时他还将蒸汽机锅炉的排烟口设置为向下排烟,避免烟气中的火星引燃上方气囊可能泄漏出来的氢气(见图1-20)。

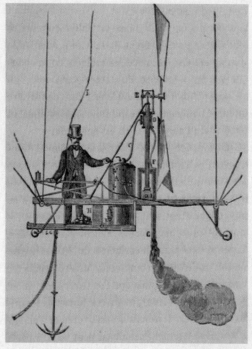

图1-20 吉法德飞艇的蒸汽机，注意其倒置的排烟管

1852年9月24日，吉法德独自驾驶着自己的飞艇从巴黎起飞，并在28千米外安全降落，平均时速8千米。尽管这个速度毫不起眼，但它却是第一个可操控的动力飞行器创造的速度纪录。在空中，吉法德用这艘飞艇轻松完成了转弯动作，但是没能实现顶风飞行，因为蒸汽机的动力不足，要不然他应该能驾驶着飞艇返航。

三年后的1855年，吉法德制造了第二艘飞艇（见图1-21）。这艘飞艇的气囊容积增大到了3200立方米，不过它使用的还是第一艘飞艇的发动机。鉴于之前实验感觉动力不足，吉法德这次采取的办法是减小飞艇阻力，因此他把飞艇的气囊做得更加细长，中部直径略微缩小到10米，而长度则增大到70米。

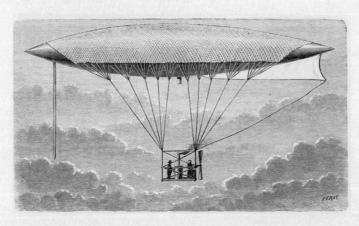

图1-21 吉法德的第二艘飞艇（1855年）

由于气囊容积增大，第二艘飞艇可以乘坐 2 人。吉法德跟一名制造商一起进行了一次试飞。试飞开始时很顺利，飞艇不仅可以转弯，甚至可以顶风缓慢前进。不过在降落时出了事故，飞艇突然失去平衡立了起来，随即吊舱将气囊上的网绳拉断，整个气囊被毁，所幸两人只是受了点轻伤。

事故的原因在于气囊在降落时产生了变形，导致吊舱悬索的受力不均。因为在下降时要给气囊放气，而泄了气的气囊变软，刚性不足，很容易产生变形。此时如果有内置气囊的话，用鼓风机向其充入空气就能保持主气囊的形状，而吉法德并没有给自己的飞艇设计内置气囊。这次事故让人们认识到缪尼埃内置气囊的重要作用。

有了前两次的经验和教训，对于第三艘飞艇，吉法德准备来一次飞跃——飞艇的设计时速定在了 72 千米，比之前几乎提高了一个数量级。为了达到这个速度，吉法德不得不把一个大得多的蒸汽机搬上飞艇，这台蒸汽机重达 30 吨。而为了承载这么重的发动机，飞艇的体积一下子膨胀到了 22 万立方米，气囊中部直径为 30 米，长度达到了 600 米！如此规模的飞艇项目风险太大，没有人愿意为他投资。于是当这个宏伟的计划长久无人问津后，吉法德回到了自己熟悉的蒸汽机制造领域。

不过吉法德的飞行之梦并未终结，在他的心中还有一个梦想，那就是希望每一个普通人都能体会到飞行的乐趣。20 多年后的 1878 年，吉法德制造了一只很大的氢气球，气球直径为 36 米，高为 55 米，容积达到了 2.5 万立方米。充满气后，这只气球可一次将 50 名乘客送到 600 米的高度。为了防止风将气球吹跑，他用缆绳系住气球，在其升空后再用巨大的绞盘将其拉下来，以节约氢气。

这一年正值巴黎召开世界博览会，吉法德将自己的系留气球设置在巴黎图伊勒里宫广场供游客体验，这也成为一个重要的展览项目（见图 1-22）。气球展览项目大获成功。在五个月的时间中，有多达 35000 名游客

进行了升空体验，人们第一次可以用鸟类的视角俯瞰巴黎全城。可惜第二年，一场飓风将气球吹坏了，项目只好终止。

图1-22　在图伊勒里宫广场上的吉法德系留气球（1878年）

　　1882年，吉法德因眼疾失明选择了自杀，死前他立下遗嘱将财产捐给基金会用于科学研究和人道主义援助。

## 1.6 新的尝试，内燃机与电动机在飞艇上的表现如何？

尽管吉法德的蒸汽飞艇并没有达到实用级别，但是从它的身上人们再次看到了浮空器的巨大潜力。于是在他之后，越来越多的技术人才开始加入航空领域，其中就有法国著名的战舰设计师亨利·杜普伊·德·洛梅（Henri Dupuy de Lôme，1816—1885）。

1842年，刚刚大学毕业的杜普伊·德·洛梅去英国考察学习，在那里他目睹了一艘新式远洋船的建造，这就是布鲁内尔的"大不列颠号"。此后，他便开始钻研铁甲蒸汽船技术，并笃定风帆战舰气数已尽，海军战舰的未来在于铁甲与蒸汽。1847年，杜普伊·德·洛梅受法国海军委托主持建造装备90门火炮的战列舰"拿破仑号"。3年后，"拿破仑号"成功下水成为世界上第一艘铁甲蒸汽战舰，宣告了铁甲舰时代的到来，而杜普伊·德·洛梅也成为一代造舰大师。

20年后，杜普伊·德·洛梅又将自己的目光移向了天空。1872年，他造出了一艘以自己名字命名的飞艇"杜普伊·德·洛梅号"（见图1-23）。这艘飞艇长为36米，最宽处直径为15米，容积为3450立方米，吊舱可以容纳14名乘客，与吉法德的第二艘飞艇体量相当。

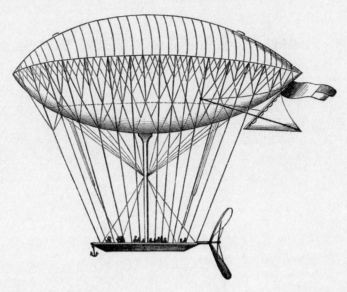

图1-23 杜普伊·德·洛梅的飞艇（1872年）

不过令人奇怪的是，在动力方面，精通蒸汽机的杜普伊·德·洛梅却为飞艇配置了8个人力！在最好的情况下，8个人力产生的动力也仅能和吉法德飞艇上的蒸汽机（3马力）打成平手，因此可以预料杜普伊·德·洛梅飞艇的时速不会快。实测结果的确如此，8个人力使出全身力气也只能使螺旋桨达到每分钟20转的转速，此时"杜普伊·德·洛梅号"每小时仅行进10千米，与吉法德飞艇的8千米半斤八两。

由于在动力方面的"倒车"，造舰大师杜普伊·德·洛梅并未给浮空器带来实质性的改进。

不过与此同时，另一名德国工程师保罗·亨莱因（Paul Haenlein，1835—1905）却走在了前进的道路上。1872年，仅仅在内燃机诞生12年后，亨莱因就将新动力引入了航空领域。

亨莱因的发动机是一台勒诺瓦式燃气机，它有4个气缸，气缸水平放置，发动机总重为233千克。对于这台发动机的输出功率有两种说法，一种说法是3马力，另一种说法是6马力。如果是后者的话，那么它的功重比就是 19 瓦/千克，比吉法德的蒸汽机（14 瓦/千克）有所提高。发动机直接驱动一支直径为 4.5 米的螺旋桨，其转速是每分钟 40 转。

亨莱因飞艇长为 50 米，最宽处直径为 9.1 米，容积为 2400 立方米，与吉法德的第一艘飞艇相近。不过亨莱因飞艇的气囊是不对称的，它的中部是圆柱体，前端较尖而后端较钝（见图 1-24）。

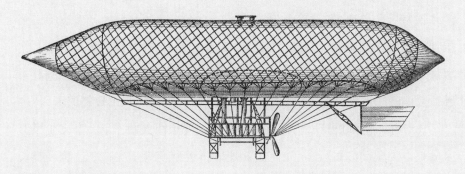

图 1-24　亨莱因的飞艇（1872 年）

在飞艇的结构上，亨莱因也使用了同吉法德相同的做法，那就是设置了一根"龙骨"。但不同的是，亨莱因的"龙骨"以及吊舱设置更加贴近气囊，这种紧凑的结构有利于保持气囊形状，并且使得螺旋桨产生的推力能更有效地传递给气囊。

值得注意的是，亨莱因为飞艇气囊充入的并不是氢气，而是水煤气。水煤气是用水蒸气通过灼热的煤炭制成的，它是一种混合气体，主要成分是氢气和一氧化碳，还有少量二氧化碳。水煤气造价低廉，但密度比纯净的氢气大很多，因此亨莱因的飞艇浮力不足，升不到高空，仅能贴地飞行。

由于发动机是内燃机，亨莱因飞艇获得了一个额外的好处：不用单独携带燃料，因为它的燃料就来自上方的气囊。但在飞行中持续消耗气囊中的气体会导致气囊亏气变形，这时缪尼埃的内置气囊就派上了用场——可通过鼓风机给空气囊充气来保持主气囊形状。不过这台内燃机的耗气量并不

大，每小时约7立方米，与上千立方米的气囊容积相比，亏气问题并不严重。

在测试中，亨莱因飞艇的最高时速达到了约16千米，与吉法德和杜普伊·德·洛梅的飞艇相比时速确实有显著的提高。可惜的是，由于经费不足，亨莱因的飞艇实验被迫终止了。

除了内燃机，另一种新动力——电力也没有缺席飞艇的制造。将电动机引入航空领域的荣誉又回到了法国人手中，他们是蒂桑迪耶兄弟。哥哥阿尔伯特·蒂桑迪耶（Albert Tissandier，1839—1906）是一名建筑师，弟弟加斯顿·蒂桑迪耶（Gaston Tissandier，1843—1899）是一名化学家。在普法战争巴黎被围困期间（1870年），哥哥曾带着2个人用一只气球逃离封锁，而他所携带的400千克邮件也让这只气球成为第一只邮政气球。

1881年，受到巴黎电力博览会的启发，兄弟两人制作了一个飞艇模型来验证电力驱动的可行性。2年后，他们将模型变为了实物。这艘飞艇长为28米，最宽处直径为9.2米，气囊容积为1060立方米，大小仅为吉法德飞艇的一半不到。由于气囊太小浮力有限，因此所有结构和负载也必须精简，这艘飞艇的吊舱被用竹子做成一个笼子的形状（见图1-25和图1-26）。

图1-25 蒂桑迪耶兄弟的电力飞艇（1883年）

吊舱的后部是一支双叶螺旋桨，直径2.85米，驱动它的是一台西门子电动机，1.5马力，由24块重铬酸盐电池供电。不过由于动力羸弱，蒂桑迪耶兄弟飞艇的时速没能超过10千米。

写到这里不禁会有一个疑问浮出水面，为什么我们那么看重飞艇的速度？

如果我们延续之前与帆船的对比就会发现上面的问题是很有意思的。大型航海帆船的船速很少超过10节（约18.5千米/时），

图1-26　蒂桑迪耶兄弟飞艇的吊舱细节，包括电池组、电动机和螺旋桨等

大多数民用帆船平均也就是跑个5~6节（9~11千米/时），运河上的船甚至会更慢一些，但这丝毫没有妨碍帆船成为最实用的交通运输工具之一。

为什么到了飞艇这里，10千米的时速就不可接受呢？

原因是风。前面已经简单分析过，与帆船相比，飞艇欠缺一项至关重要的能力，那就是逆风航行。这项能力的欠缺并非飞艇设计的问题，而是两者所处的环境有本质不同。帆船处于水和空气两种流体的界面上，这让它有了可以利用的物理机制。而飞艇完全处于空气这一种流体中，因此它要逆风甚至与风向呈大角度飞行都必须具备强大的动力或者很小的阻力，这就相当于在无风时能飞出很高的速度。

空中的风几乎是无时无刻不在的，如果动力不足，那么"可操控性"就无从谈起。而当时证明一个飞艇具有可操控性需要完成这样一个测试：

升空行驶一段距离然后返回原地降落。就是这么一个简单的测试，浮空器诞生的100多年中竟无人能完成，之前我们介绍的所有飞艇毫无例外全都失败了。

不具备这个能力，飞艇就会面临只能顺风出发却无法逆风返航的尴尬，甚至它都到达不了指定的停泊地点，这会大大限制飞艇的实用性。

而在风力等级上，3级微风对应的风速是6.5～10.5千米/时，而4级和风则是到了10.6～15.4千米/时的水平。可见，要想在3、4级风中自由且可靠地控制航向，飞艇在无风时的航速不能低于16千米/时。这可以说是飞艇实用标准的速度门槛。

出乎人们意料的是，仅仅在蒂桑迪耶兄弟的电力飞艇成功的一年之后，另外两个法国人就让飞艇迈过了速度门槛，并且完成了可操控性测试，而他们依靠的依然是电力。

1870年，当造舰大师杜普伊·德·洛梅进入航空领域时，一位年轻的法国军事工程师查尔斯·雷纳德（Charles Renard，1847—1905）也开始接触飞艇的设计。14年后，在另一位优秀工程师亚瑟·康斯坦丁·克雷布斯（Arthur Constantin Krebs，1850—1935）的帮助下，"法国号"飞艇终于诞生了（见图1-27和图1-28）。

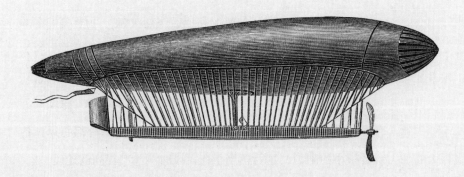

图1-27 "法国号"飞艇侧视图（1884年）

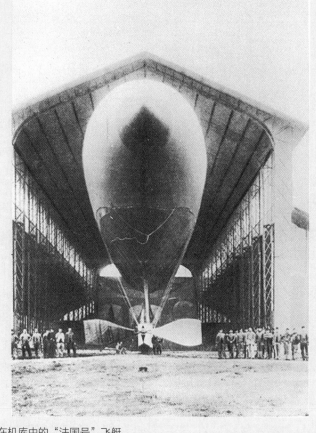

图 1-28  停在机库中的"法国号"飞艇

　　这艘飞艇的气囊前粗后细，具有流线型的外观，它长为50.4米，最宽处直径为8.4米，容积为1864立方米。为了控制重量，吊舱用竹子制作并用丝绸包裹。吊舱长为33米，宽为1.4米，高为1.8米。

　　特别值得注意的是这艘飞艇的螺旋桨。这支木制螺旋桨的直径达到了7米，并且设置在了吊舱的前部，因此它的使用方式是靠吸力"拉"着飞艇前进，而不是像之前介绍的其他飞艇后置螺旋桨方案那样"推"着飞艇飞行。与这支巨大螺旋桨搭配的是一台大马力的电动机，它的输出功率跃升到了8.5马力，是蒂桑蒂耶飞艇的5倍以上。

而为了让飞艇更加可靠稳定，雷纳德和克雷布斯还做了两项创新。第一项创新是给吊舱设置了滑动配重块，这样当人员或者设备移动时，反向推动配重块就能让整个飞艇重心保持恒定。

第二项创新是使用了"稳绳"（Guide Rope）来实现降落时的高度自动控制。稳绳就是一根很重的绳子，长60～90米。它的原理是：当快降落到地面时抛出绳子，如果下落快，那么绳子着地的速度也快，相当于压舱物减少得快，这样飞艇自重减轻下落速度就会放缓。而如果风把飞艇托起，那么绳子着地的部分就会变少，相当于飞艇变重，这样飞艇就会继续下落。这根绳子还有一个作用，就是通过绳子拖地可以测量出飞艇的速度。

1884年8月9日，"法国号"升空。升空后雷纳德开启了电动机，此时他明显感觉到了飞艇开始加速。在微风状态下，雷纳德轻松地实现了从南到西的转向。接着在飞出4千米后，他又成功让飞艇掉头返航并顺利降落在出发点。这趟飞行总共持续了23分钟，飞行距离约8千米，平均速度达到了21千米/时。

"法国号"能取得这样的成绩绝非运气。在一年多的时间中，它一共飞行了7次，其中有5次都顺利返回了终点。

"法国号"的确没有辜负它的名字，继孟格菲兄弟和查尔斯之后，它再次让法兰西民族站在了航空领域的制高点。

## 1.7 功重比的意义，飞艇操控难题的出路在哪里？

"法国号"飞艇的最后两次飞行都是在巴黎城区上空进行的，在无数市民的注视下它优雅地完成了转弯、掉头等一系列动作，并顺利实现了返航。雷纳德和克雷布斯用实际行动击碎了飞艇无法实现可操控性的预言。不过，当他们着手准备建造一艘更大更快的飞艇时，他们却发现无论如何努力也无法再向前迈出一步。

两人万万没有想到，绊住前进脚步的竟然就是助力他们成功的最大功臣——电力。

不得不说，作为发动机来说，直流电动机拥有非常优良的特性。它启停迅速，低速扭矩大，加速快，输出功率容易做大，而且调速也很容易实现，通过调节电流大小即可，不需要借助笨重昂贵的齿轮组。这些都是有利于实现可操控性的特性，也是雷纳德和克雷布斯成功的关键。然而，电力却有一处非常短的短板，那就是储能。

其实这个隐患在蒂桑迪耶兄弟的飞艇上就已经初现端倪。尽管蒂桑迪耶飞艇的直流电动机只有54千克，相较于蒸汽机和内燃机来说可谓既紧凑又小巧，但为其供电的电池太重。这导致电机（含螺旋桨）加上电池的重量达到了280千克，以至于功重比骤降到了4瓦/千克，几乎与人力相当。不仅如此，电池的续航时间也较短，相当于3个成人体重的电池组仅能维持供电两个半小时。

表面上看，"法国号"飞艇在动力方面进步很大。它使用了8.5马力的电动机，电动机和电池组自重为435千克，

算出功重比是14瓦/千克，是蒂桑迪耶飞艇的3倍多。但要注意这个数字的获得是以续航为代价的。"法国号"的最大航程只有约12千米，即全速运行的状态下电池仅能坚持30多分钟（见图1-29和图1-30）。

要想提高续航能力就必须增加电池数量。但由于化学电池的能量密度太低，电池数量的增加压缩了宝贵的可用载荷，进一步降低了飞艇的实用性。下面这个数据可以说明一些问题："法国号"飞艇的电动力部分自重为435千克，这几乎与整个吊舱结构的重量相当。

电池给电力飞艇设下了一个低矮的天花板，而受限于当时的技术水平，这个天花板是雷纳德和克雷布斯无法突破的。最终，失去资助的两人只能望天兴叹。可谓"成也电力，败也电力"。

前面写到的进入19世纪之后的几位飞艇发明家，比如吉法德、亨莱因、杜普伊·德·洛梅、雷纳德和克雷布斯，都是工程师出身，唯一例外的蒂桑迪耶兄弟是建筑师和化学家的配置，也算有很强的技术背景。不过值得注意的是，在航空技术的早期发展中一直不缺"外行人"的身影。

图1-29 "法国号"飞艇所用的电动机　　图1-30 "法国号"飞艇所用的电池

1879年，怀揣飞行之梦的德国守林人恩斯特·乔治·鲍姆加藤
（Ernst Georg Baumgarten，1837—1884）为自己找到了一位知
音——出版商弗里德里希·赫尔曼·沃尔弗特（Friedrich Hermann
Wölfert，1850—1897）。

在两人相识之前，鲍姆加藤手中就握有一份关于飞艇的专利。他的创
新想法在于，之前的飞艇都是通过改变浮力来进行高度调节而使用螺旋桨
进行水平推进的，因此螺旋桨的桨面是朝水平方向的。但鲍姆加藤却给飞
艇增加了面朝下的螺旋桨，这样就能通过螺旋桨产生的升力调节高度，不
仅节约了氢气，并且高度的调节能更快更灵活（见图1-31）。

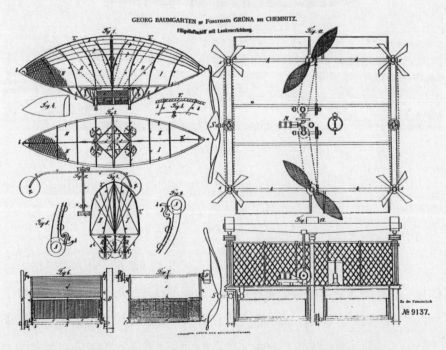

图1-31 鲍姆加藤的飞艇专利，可以看到他在吊舱水平和竖直方向上都设置了螺旋桨

鲍姆加藤并非纸上谈兵。他制造了几个飞艇模型，其中一个模型使用机械弹簧驱动。在公开展示中，这个模型展示出了上升、下降、前进和转弯的能力。这个模型的成功让他对自己的飞艇充满信心。现在有了富有的出版商沃尔弗特的支持，他就能制造一个实际大小的飞艇来验证自己的想法。

很快，在1880年，两人就联手制造出了一艘飞艇。这艘飞艇很有特点，它拥有3个吊舱，每一个吊舱都设有水平和垂直方向的螺旋桨（见图1-32）。不过由于缺乏经验，两人在首次试航中没有做好配重，飞艇升空后发生了倾斜并坠向地面。所幸没有人员伤亡。

图1-32　鲍姆加藤和沃尔弗特的三吊舱飞艇（1880年）

这次出师不利并未浇灭两人的热情。1881年，沃尔弗特卖掉了自己的出版公司，全身心地投入到新飞艇的研发中。也是在他的努力下，这一年德国第一家航空协会创办了起来。

而鲍姆加藤这边的境遇要悲惨得多。对很多人来说，让人类自由飞行的想法与疯话无异。鲍姆加藤耗尽家财"痴人逐梦"的做法并不被单位领导以及家人理解，再加上他的个性也不讨人喜欢，冲动易怒。1882年他被诊断为"疯狂"并被送进了疯人院，两年后因肺结核不幸病逝。

合伙人去世后，沃尔弗特只身上路，这一次他的步伐缓慢了许多，直到1887年他依然没有值得一提的建树。尽管有个人技术能力欠缺的原因，但更重要的原因是缺乏合适的发动机。鲍姆加藤的机械发条装置只适用于模型，对于实际尺寸的飞艇来说，蒸汽机过于笨重，电力的续航很成问题，而新兴的内燃机在奥托的带领下走上了大型化道路，这使得它的功重比相较亨莱因时代并没有什么进步。难为无米之炊的沃尔弗特甚至在其1887年制造的飞艇上回归了人力驱动。

然而转机意外地出现了。

1882年，道依茨发动机公司的骨干戈特利布·戴姆勒（Gottlieb Daimler，1834—1900）和威廉·迈巴赫（Wilhelm Maybach，1846—1929），与老板尼古拉斯·奥古斯特·奥托（Nikolaus August Otto，1832—1891）在内燃机的发展方向问题上产生了分歧，于是分道扬镳成立了自己的发动机公司。两人笃定交通才是内燃机的未来，便义无反顾地走上了紧凑高速的小型化道路。1885年，两人的高速内燃机研发成功。他们将其装到了一辆特制的自行车车架上，就这样世界上第一辆摩托车诞生了。1886年，他们又将新发动机安到了一艘小船的船尾，于是造出了世界上第一艘摩托艇。也是在这一年，他们成功地用新发动机驱动了一辆四轮马车，这使得他俩与本茨同时登入了汽车发明的名人堂。

1887年，戴姆勒从当地报纸上得知了沃尔弗特的工作，于是主动联系后者并推介了自己的发动机。

这是一次堪称双赢的合作。一旦沃尔弗特成功，戴姆勒将补齐自己交通动力帝国的最后一块版图——天空，成为横跨水陆空三栖的交通工具制造商。而沃尔弗特则为自己的飞艇找到了合适的心脏，将实现自己的自由飞行之梦。

戴姆勒提供的这台基于奥托四冲程循环的高速内燃机是他和迈巴赫的得意之作。发动机只有一个竖直放置的汽缸，转速为每分钟720转，输出

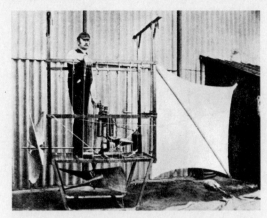

图1-33 沃尔弗特站在飞艇的吊舱中（1888年）

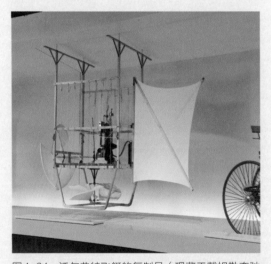

图1-34 沃尔弗特飞艇的复制品（现藏于戴姆勒奔驰博物馆），注意吊舱下方垂直方向的螺旋桨

功率为2马力，自重为84千克，功重比达到了17.5瓦/千克。尽管这个2马力的动力低了一些，但其排量仅为0.6升，这使得它的续航不成问题，尤其适合进行小型飞艇的试飞。

沃尔弗特沿用了鲍姆加藤的设计，为新飞艇配置了水平和垂直两个螺旋桨，驾驶员可借助一个操纵杆让发动机的动力连接到任意一个螺旋桨上（见图1-33和图1-34）。1888年，沃尔弗特驾驶着新飞艇进行了几次成功的实验。不过他对于戴姆勒发动机的动力性能并不满意，于是开始自己动手改进化油器的设计。

很可能是在等待内燃机技术的发展，8年后的1896年，沃尔弗特才又制造出了一艘新的飞艇，起名"德国号"。这艘飞艇配置了一台8马力的戴姆勒发动机，螺旋桨是铝制的，兼顾了重量和强度。这艘提升动力后的飞艇展现出了一定的实用性。据称沃尔弗特还使用这艘飞艇运送了几包邮件。不过也有人说这艘飞艇的性能不足，可操控性并不高。

可惜的是1897年6月12日不幸降临了。沃尔弗特的飞艇在升到空中

200米左右的高度时起火坠毁，他与另一名驾驶员不幸遇难。

尽管鲍姆加藤和沃尔弗特的经历似乎印证了人类早期航空事业的悲剧，但事实是，在无数"疯子"和"狂人"的努力下，在无数"智者"的怀疑与讥笑中，人类的自由飞行之梦正在走上正轨。这个过程步履维艰、曲折反复，但进步同样是可见的、坚实的。到了19世纪末，世人对于飞行的态度已在悄然转变。

不过此时依然没人能够想到，一个从遥远南美洲大陆来的小伙子会谱写一段传奇，而他将彻底把飞行家的形象从"疯子"转变为"英雄"。

# 1.8 绕飞埃菲尔铁塔，巴西小子在法国写下了怎样的传奇？

阿尔伯特·桑托斯·杜蒙（Alberto Santos-Dumont，1873—1932）是一位幸运儿。他出生于巴西的种植园主之家，他的父亲在当时被称为"巴西咖啡之王"，可谓含着金汤匙来到世界。但与一般的富家子弟不同，他最为着迷的东西是机械。他经常操作甚至拆解自家庄园里的蒸汽拖拉机、咖啡筛选机等农用机械，而他最喜欢的作家是法国著名的科幻作家儒勒·凡尔纳。可能是受其影响，他从小就对飞行萌生出了强烈的兴趣。

18岁时，桑托斯·杜蒙来到巴黎，学习力学、电学和化学。别人眼中的艺术与时尚之都，在他的眼中则是进步与力量的象征，而巴黎恰好也是氢气球的故乡。在体验过一次难忘的氢气球升空后，少年时代的理想便一发不可收拾——从此他立志投身于飞行事业。在当时，飞行家的名声与杂技演员无异，而任何拥有飞行梦想的人都会被视为怪胎，但是他的家人却放手让他追逐梦想。这为他的幸运又增添了一层光环。

1898年，他开始着手制造自己的飞艇。他惊讶地发现，从雷纳德和克雷布斯的"法国号"算起，十多年过去了，竟然再没有人声称自己能驾驶飞艇升空后兜一圈返航。在研究了吉法德和蒂桑迪耶兄弟的工作后，他敏锐地抓住了飞艇技术止步不前的关键，并坚信自己已经找到了答案。这个答案就是发动机，确切地说是发动机的功重比。

他后来在自己的书中（1904年）做过比较。他的7号飞艇使用克莱门特（Clement）汽油发动机，功率为60马力，自重为120千克，功重比为360瓦/千克，而爱迪生最新成果——镍铁电池的功重比仅为40瓦/千克。几乎有一个数量级的差距！是进步的时代给了桑托斯·杜蒙一个超越前人的答案。

尽管内燃机有着明显的功重比优势，但是人们依然对它在飞艇上的应用保持怀疑态度，主要原因在于安全性。一个充满易燃气体的气囊搭配一个依靠连续爆炸做功的发动机，这看上去不可避免地会发生事故。沃尔弗特的悲剧似乎也印证了这一点。

但桑托斯·杜蒙却不以为然，他的另一个兴趣爱好——赛车给他提供了很多关于内燃机的经验。他认为内燃机的运行很安全，它不像蒸汽机这种外燃机，锅炉会产生明火，烟囱中也经常带着火星。内燃机则是在封闭空间中燃烧的，外部完全看不到火焰，尾气也没有火星。他说自己从来不害怕发动机点燃氢气所发生的这种"热爆"，因为气囊是封闭的，而在飞艇飞行中即使有漏气，漏出的气体也会向后飘去（因此他把排气阀设置在发动机之后）。他更担心的是"冷爆"，也就是气囊承受不了内部气体的压力而破裂。

这里需要补充一点。桑托斯·杜蒙认为内燃机很安全，因为它不会在外部产生火焰，这一点并不总是对的。正常工作的内燃机的确如此，但是有一种故障叫作回火（Backfire），即由于点火时刻的错误或者阀门时序错误导致混合气反冲到进气口并被点燃。他的9号飞艇就遇到了发动机回火事故，好在扑救及时没有造成严重损害。

1898年秋天，在友人的反对声中，桑托斯·杜蒙的第一艘（1号）飞艇造好了。这艘飞艇异常小巧，容积仅有179.8立方米，理论上的最大浮

图1-35　桑托斯·杜蒙的1号飞艇

图1-36　桑托斯·杜蒙和他的1号飞艇发动机

力为1960牛顿出头，被誉为有史以来最小的飞艇。它的外形细长，长为25.1米，直径为3.5米，长宽比为7∶1，犹如一根两头削尖的香肠（见图1-35）。

飞艇的动力是一台从三轮摩托车上拆下来的双缸的汽油机，转速是1200转/分，输出功率为3.5马力。虽然这个动力并不出众，但其自重仅有30千克，功重比达到了86瓦/千克（见图1-36）。而十年前，最好的戴姆勒发动机（也就是沃尔弗特飞艇所用的）功重比只有这个数字的五分之一。十年时间中，内燃机的功重比提高了4倍。

由于缺乏经验，他的第一次试飞很不成功。飞艇的浮力太小，飞艇起飞时上升太慢，结果被风刮到了周围的树上。

第二次试飞一开始很顺利，这让他的自信心膨胀了许多。他很快将飞艇升到了400米左右的高度。但在下落时，他发觉事情不对劲。在上升过程中，由于周围大气压降低，气囊中的氢气会从安全阀自动放出一部分。但在下落时大气压增加，氢气收缩，气囊随之塌缩。此时应该使用气泵对内置空气囊充气。但是他配置的气泵充气太慢，气囊迅速变软并从中间弯折，这加速了飞艇的下坠，而下坠太快又带来气囊更大的收缩，形成了一个恶性循环。

眼见大事不好，他发现地面上有几个男孩在放风筝，于是急中生智求助地面上的男孩们抓住飞艇导绳并像放风筝一样迎风奔跑以减缓飞艇的下落速度。在男孩们的齐心协力下，他终于得以安全降落。

这次事故并未给桑托斯·杜蒙带来阴影，他甚至在事后打趣说："我是坐气球上的天，却是坐风筝下来的，一次飞行体验到了两种乐趣。"

不过玩笑归玩笑，这次事故让他充分认识到了保持飞艇姿态的重要性。于是转年之后的1899年，他立即对1号飞艇进行了改造。

首先，他将氢气气囊的容积增加了20立方米，并换掉了气泵，使用发动机带动一台风扇给内置空气囊泵气。

其次，他在艇艏和艇艉用绳索各悬挂了一个压载物，这两个压载物可由两根控制绳牵拉。当拉动艇艏的压载物时，飞艇整体重心后移，艇艏抬起，此时飞艇就可在螺旋桨的推动下爬升。反之，拉动艇艉的压载物，飞艇就会向下俯冲（见图1-37）。这样的好处是高度的控制可以不依赖放气或者扔掉压舱物来实现。

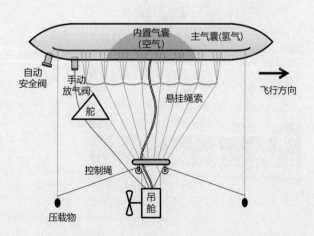

图1-37 桑托斯·杜蒙2号飞艇的结构示意图

图1-38　桑托斯·杜蒙2号飞艇的事故现场（1899年）

图1-39　桑托斯·杜蒙驾驶3号飞艇在巴黎上空飞行

想法虽好，但桑托斯·杜蒙还是被天气上了一课。1899年5月11日，2号飞艇在试飞过程中遇到了大雨。冰冷的雨水导致氢气迅速收缩，新的风扇也来不及给内置气囊补足气，这使得主气囊再一次从中间弯折，飞艇坠落到了树上（见图1-38）。但他再次幸运地逃过一劫，竟然毫发无伤。

连续遭遇两场事故后，桑托斯·杜蒙毫不泄气，6个月后他又制作出了第3艘（3号）飞艇。这一次他要根治气囊塌缩的问题。

首先，他大幅度减小了气囊的长宽比。艇长从25米缩小到了20.1米，而直径却从3.5米增大了1倍多，达到了7.5米，这使得长宽比从7∶1减小到了不足3∶1。其结果就是飞艇的外形从香肠形变成了橄榄球形，更粗的"腰部"让气囊即使塌缩也不至于折叠（见图1-39）。

其次，他在吊舱上方使用了一根竹子作为"龙骨"，这与当年吉法德的做法相同。这根龙骨的存在可以让气囊承受的吊舱拉力分布更加均匀，并且有效抑制气囊弯折（见图1-40）。

在"双保险"措施的保护下，他甚至取消了内置的空气囊。

还有一个值得注意的变化是，3号飞艇的容积为499.5立方米，是之前飞艇容积的2倍多。他这样做的目的是试验水煤气作为浮力气体的效果。

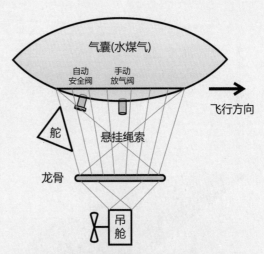

图1-40 桑托斯·杜蒙3号飞艇的结构示意图

这一招的确有效。1899年11月13日，他驾驶着3号飞艇绕着埃菲尔铁塔转了几圈，之后安全着陆。而他选择的着陆地点正是当年放风筝男孩帮他降落1号飞艇的地点。只是这一次今非昔比，狼狈不再。

尽管可靠性提高了，但代价也很大。

首先，它的横截面积增大了很多，这使得它的阻力很大，而它的发动机是继承1号飞艇的，这就导致其速度很慢。只要风力再大一点，它就无法顶风前进，甚至连保持航向都很困难。

其次，水煤气的浮力不足，相同的负载下充水煤气的气囊体积更大，这带来了更大的阻力，对动力提出了更高的要求。

于是到了1900年初，桑托斯·杜蒙抛弃了3号飞艇的设计，重新打造了4号飞艇。新飞艇长为28.3米，直径为5.2米，长宽比又拉大到了5.5：1，容积为418.8立方米。发动机换成了一台双缸7马力发动机，螺旋桨转速每分钟100转。

4号飞艇还有两个实验性特征：

> 一是取消了吊舱，直接将发动机架在龙骨上，驾驶员则坐在一个自行车座上。

> 二是螺旋桨从后置改为前置，改推进为牵引，实验测量它的最大牵引力约为294牛顿。

图1-41 桑托斯·杜蒙的4号飞艇

1900年9月，美国著名的飞行器先驱塞缪尔·皮尔庞特·兰利（Samuel Pierpont Langley，1834—1906）参观了桑托斯·杜蒙的4号飞艇试飞（见图1-41）。

就在这一年，法国成功的石油商人，人称"欧洲石油之王"的亨利·多伊奇·德拉·默尔特（Henri Deutsch de la Meurthe，1846—1919）设立了一个10万法郎的大奖，以奖励第一个可以绕埃菲尔铁塔飞行一圈的飞行器。具体规则是从圣云公园起飞，绕过铁塔，然后返回出发点，总时间要在半小时之内。这一圈的路线长度约为11千米，简单计算可知飞行器的平均时速不能低于22千米。

不过这个看似不高的22千米的时速是具有迷惑性的，因为在空中要考虑艇速和风速的叠加。我们假设飞艇在无风情况下的航速恰好是22千米/时，航程是单程5.5千米，那么飞艇来回一圈花费的时间是15+15=30分钟。

现在假设风速是6千米/时，并且飞艇是顺风出发、逆风返回的。简单计算可知，飞艇来回一圈花费的时间是11.8+20.6=32.4分钟。尽管风速的叠加可以减少去程的时间，但会大幅增加返程的时间，致使总耗时增加。极端情况是，如果风速达到22千米/时，飞艇将无法返航，而这个风速不过是在和风（4级风）的等级范围内。

桑托斯·杜蒙意识到了这一点。他感到4号飞艇发动机的动力依旧不足，因此换了一台四缸12马力的发动机。为了给发动机减重，他摘去了水冷套，改用鳍片做风冷。不过这一次他又把螺旋桨的位置改回了尾部，因为他发现前置螺旋桨会干扰自己使用"稳绳"调整飞艇姿态（见图1-42和图1-43）。新发动机可以带动螺旋桨每分钟140转，推力相应增加到约534牛顿。

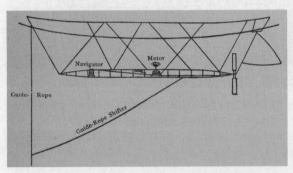

图1-42 桑托斯·杜蒙5号飞艇发动机的布置及操纵飞艇俯仰姿态的"稳绳"结构

图1-43 回收稳绳可使飞艇上扬的原理示意图

动力问题解决后就该考虑阻力的问题了。

发动机变重后，浮力也需要相应提升，于是他把艇长增大到了32.9米，主气囊容积增加了130立方米（总共为418.8+130=548.8立方米）。而气囊直径保持不变，这样就没有增加迎风面积。

然后他发现之前使用的悬挂绳索太粗，计算表明，这些线绳加在一起的空气阻力竟然相当于整个气囊的阻力！于是他找来了钢琴线作为替代物。这些钢琴线不仅结实而且其直径仅为0.8毫米。

最后，为了简化操作节约时间，他将压舱沙袋换成了水箱。这样他就能通过一根钢丝远程开关水箱龙头，而不用将沙袋搬起来再扔下去。

做了这些改进后，5号飞艇诞生，桑托斯·杜蒙决定驾驶它向多伊奇大奖发起冲击（见图1-44）。

" No. 5 " over Bois de Boulogne

图1-44　桑托斯·杜蒙的5号飞艇

1901年7月12日清晨4点半，桑托斯·杜蒙驾驶着自己的5号飞艇起飞。升空后，他将飞艇飞到航空俱乐部附近的一个赛马场上空进行练习。在飞了不下10圈后，他对于5号飞艇展现出的动力和可操控性非常满意，于是临时起意直奔埃菲尔铁塔而去。

　　10分钟后，他已经飘浮在战神广场上空，铁塔近在咫尺。不过意外突然发生，飞艇舵的控制绳绷断。他不得不中途降落将控制绳重新接好。之后他驾驶飞艇再次升空，并完成绕行埃菲尔铁塔一周的飞行，总共用时1小时6分钟，这其中包括中途降落修理的时间（见图1-45）。

　　第二天清晨，他再次起飞向多伊奇大奖发起冲击。这一次开始也很顺利，仅仅10分钟后他就飞到了埃菲尔铁塔，并完成绕塔动作。但是在回程中他遇到了大风。他顶着风回到出发地上空200米高处时用时已达40分钟，超时10分钟。更倒霉的是，此时飞艇发动机突然熄火，风将飞艇刮到了罗斯柴尔德家花园的一棵栗树上。

经过必要的修理后，8月8日清晨，桑托斯·杜蒙发起了第三次冲击。同样是在清晨起飞，前半程依然顺利，9分钟后他已经完成了绕塔转弯的动作。然而就在此时，他发现气囊的自动安全阀弹簧松动，氢气囊产生了漏气。正常的情况下应该立即降落检查气阀，但他觉得漏气不严重，于是决定冒险继续。

教训马上就来了。由于气囊变瘪，悬挂龙骨的钢琴线变得松紧不一，螺旋桨搅住了一根变松的钢琴线，这使他迫不得已关停了发动机。此时飞艇是逆风行驶，发动机一停，飞艇就被风吹得倒退了回去。与此同时，由于气囊漏气，飞艇还在快速下降。

就在他瞄准一片空地准备紧急降落时，飞艇却由于下降太快半道撞到了一家酒店的楼上。好在5号飞艇的松木龙骨结构和钢琴线悬挂足够牢固，没有在大风和下坠过程中散架，它们坚持到了最后一刻。而桑托斯·杜蒙则再次展现出了自己惊人的运气，毫发无伤地等到巴黎的消防队员赶到将他救下（见图1-46）。

图1-45　桑托斯·杜蒙驾驶5号飞艇绕过埃菲尔铁塔

Accident at the Trocadéro Hotels just before the Rescue by the Firemen

图1-46　桑托斯·杜蒙5号飞艇的事故现场

　　对于飞行的危险，桑托斯·杜蒙后来在自己的书里坦言：在地面上时他的确很担心，但是到了空中就没空想这么多了。单人驾驶飞艇就像驾驶一艘帆船那样紧张忙碌，他要时刻把着方向舵并记住飞艇所在的高度，聆听发动机的工作状态，注意气囊是否漏气变形，以及及时调整配重以保持飞艇的姿态，在起飞和降落时还需要使用压舱物、导绳和空气泵。

　　也许是这种专注消解了空中飞行所带来的心理压力，失败与事故并未让他退缩，反而让他加快了步伐。在5号飞艇失败22天后，桑托斯·杜蒙就造出了6号飞艇。

　　尽管5号飞艇发动机突然熄火的原因并不确定，但鳍片风冷散热不够导致气缸过热很可能是原因之一。因此在将5号飞艇的发动机装到6号飞艇上时，发动机的冷却方式又换回了水冷。一个直接的好处是螺旋桨产生的推力稍微增大到了约645牛顿（见图1-47）。

图1-47　桑托斯·杜蒙6号飞艇的四缸12马力发动机

为了应对发动机水冷系统的增重，6号飞艇的长度与5号相同，但是直径加粗了1米，总容积增加了80立方米达到628.8立方米。除了增大浮力，这样做的另外一个好处是长宽比的减小增加了气囊的抗折性。

为了进一步保持氢气主气囊的刚性，他给6号飞艇设置了一个60立方米大的内置空气气囊，只要发动机启动，气泵就会向内置空气气囊送气，而多余的空气会从安全阀自动放出。这个内置空气气囊安全阀的开启气压要比氢气安全阀的低一些，这样就能保证在空气气囊放空前宝贵的氢气不会遭受损失。

尽管拥有最优秀的设计，新飞艇还是有些出师不利。在1901年9月6日的试飞中，新飞艇遭遇了一个小事故被送回机库修理。9月19日，由于转弯过急，飞艇又撞到了一棵树上。

10月19日，6号飞艇修理完毕，桑托斯·杜蒙准备再次冲击多伊奇大奖。不过这一天的天气对于飞艇飞行来说很不友好，风速达到了6米/秒（21.6千米/时）。简单计算不难得出，要拿到多伊奇大奖（单程5.5千米，半小时来回），在最有利的情况下（去程回程都是侧风），飞艇的速度要达到31千米/时，而在最不利的情况下（去程顺风回程顶风），飞艇的速度要达到35.2千米/时。这是一个在浮空器上闻所未闻的速度，一些评委甚至在看到天气预报后就放弃了去现场的打算。

但是桑托斯·杜蒙对自己的飞艇充满信心。下午2点42分，他照计划驾驶着飞艇升空，然后全速直奔埃菲尔铁塔塔顶而去（见图1-48）。借助顺风，他很快到达了目的地，并绕着塔顶的避雷针以50米的半径转了半圈，此刻是2点51分，时间仅过去了9分钟。

但在回程中，困难如期而至。由于顶风，飞艇的阻力大幅增加，他发现发动机的转速骤降，甚至有熄火的风险。这是一个十分危急的情况，因为对于内燃机来说，其最大扭矩对应着一个最低转速，在这个转速之下，输出扭矩随着转速降低而减小。就是说转速越低，输出动力越小，对抗顶

图1-48　桑托斯·杜蒙6号飞艇出发冲击多伊奇大奖

风的能力越弱，而越顶不动风，螺旋桨转速就会越低，这就陷入了一个恶性循环。

更为不利的是，此时冷空气让气囊收缩，飞艇开始快速下降。为了对抗下降，桑托斯·杜蒙急忙拽回稳绳并调整配重将艇头拉起，这一举动拯救了他。由于改变了推力方向，发动机的负载减轻，转速回升，很快又达到了最佳运行状态。

伴随着围观人群的欢呼声，6号飞艇在距离地面150米的高度上冲过了终点线，总用时29分30秒。他成功了！

不过他的这个高度为他带来了一些争议，有人说飞艇必须落回原地才算回到终点，这样算的话应该是30分41秒。但最终评委认可了桑托斯·杜蒙的成绩，而他也大方地捐出了一大半奖金给巴黎的穷人。

斩获大奖之后，桑托斯·杜蒙也没闲着，开始了频繁的飞行。他先去了摩纳哥，在那里他不仅自己驾驶飞艇翱翔于地中海上，还邀请孩子乘坐飞艇。后来他受邀去了纽约，期间还教一位美国女士驾驶飞艇。这位爱出风头的巴西飞行家成为世界人民眼中的英雄。很多人模仿他的穿着，他的高领衬衫成了抢手货，甚至他戴的那种南美风格的帽子也成了时尚。由于在空中看怀表需要掏来掏去比较麻烦，为了能在不放开控制绳的时候查看时间，他向法国表匠路易斯·卡地亚订制了一款能戴在手腕上的表。直到今天，卡地亚依然有桑托斯·杜蒙系列腕表出售。在他身上，"科技即时尚"的观点得到最好的展现。

桑托斯·杜蒙对于航空事业的宣传作用功不可没，但我们耗费大量笔墨并不是单单为了品味他那传奇般的人生经历。从他建造的为数众多的飞艇中（不下14艘），我们能一窥浮空器各项技术的价值，比如安全阀、内置气囊、稳绳的重要作用。我们也能以宝贵的飞行家视角看到浮空器技术的进步主线，比如发动机功率的逐步提高。从他身上，我们可以看到一部浓缩的浮空器发展史。

不过客观地说，除了建设了世界上第一个机库，桑托斯·杜蒙对于航空技术的发展贡献并不大。这很可能与他的个人兴趣相关，对于飞艇设计他秉承了一种"赛车"思路，即极度精简的艇身结构搭配强劲的发动机。他所有飞艇的吊舱都不是封闭的，而很多时候他的驾驶位就是一个简单的自行车座。这种思路对于提高速度、完成飞行动作是有利的，却偏离了实用化方向，其根本原因在于飞艇的容积太小，浮力不足，承载有效载荷的能力太弱。

比如他后来的7号飞艇，就是为比赛打造的。它有两支直径为5米的螺旋桨，并为此配置了功率高达60马力的发动机，这是6号飞艇的5倍，而7号飞艇的容积只扩大了1倍。为了追求减重，他在制作气囊上抛弃了常见的帆布，而用两层法国丝绸为底，上面涂4层橡胶用于气密，用料不计成本。

他唯一一次将飞艇实用化的尝试是10号飞艇（见图1-49）。这艘飞艇绰号为"公交车"（The Omnibus），长度为47.9米，直径为8.5米，容积为2009.3立方米，计划载客12人。可惜这次尝试并不成功，而他也放弃了飞艇大型化的思路。

" The Omnibus "
Trial flight, captive, with single keel and aëroplanes

图1-49 桑托斯·杜蒙的10号飞艇"公交车",设计中乘客吊舱挂在驾驶员所在的"龙骨"下方,但在试飞中并未悬挂乘客吊舱

　　尽管进行了14艘飞艇的制造(见表1-1),但桑托斯·杜蒙未能将飞艇带入实用领域。不过他的努力还没有结束,我们在后面讲到比空气重的飞行器时还会再次见到这位老朋友。

表1-1　桑托斯·杜蒙制造的飞艇统计表

| 飞艇序号 | 容积<br>(立方米) | 长度<br>(米) | 直径<br>(米) | 动力<br>(马力) |
|---|---|---|---|---|
| 1 | 179.8 | 25.1 | 3.5 | 3.5 |
| 2 | 199.8 | 25.0 | 3.8 | 3.5 |
| 3 | 499.5 | 20.1 | 7.5 | 3.5 |
| 4 | 418.8 | 28.3 | 5.2 | 7 |

续表

| 飞艇序号 | 容积<br>（立方米） | 长度<br>（米） | 直径<br>（米） | 动力<br>（马力） |
|---|---|---|---|---|
| 5 | 548.8 | 32.9 | 5.0 | 12 |
| 6* | 628.8 | 32.9 | 6.0 | 12 |
| 7 | 1259.4 | 50.0 | 8.0 | 60 |
| 8 | 出售给美国，具体指标不详 | | | |
| 9 | 219.9 | 15.2 | 5.5 | 3 |
| 10 | 2009.3 | 47.9 | 8.5 | 20 |
| 11 | 1199.9 | 33.8 | 0.0 | 16 |
| 12 | 为军方制造，具体指标不详 | | | |
| 13 | 1899.2 | 18.9 | 14.5 | 不详 |
| 14 | 185.9 | 40.8 | 3.4 | 15 |

注：*桑托斯·杜蒙驾驶6号飞艇获得多伊奇大奖

## 1.9 天命之年的创业，齐柏林的"空中火车"是如何起飞的？

1890年，由于政治上的错判，一位德国中年军官被调离了前线指挥岗位，被迫开始了自己的退休生涯。这位失意的德国军官是一位出生在巴登–符腾堡的贵族，普法战争中的明星，他叫作斐迪南·冯·齐柏林（Ferdinand von Zeppelin，1838—1917）。此时的齐柏林如果就此消沉安度晚年，也许并不会让人感到意外，不过他却做了一件令人意外的事情，他选择在52岁的年纪开始人生中的第一次创业。

> 齐柏林的创业领域是航空，而这个想法的来源与他年轻时的一段经历有关。1863年，年仅25岁的齐柏林以随军观察员的身份来到美国，此时这个新生不足百年的大国正爆发着一场惨烈的内战。由于手握林肯亲笔介绍信，齐柏林在北军的控制地区来去自由。8月17日，他来到明尼苏达州的圣保罗，在这里他见到了改变自己后半生之人——德裔气球飞行员约翰·H.施泰纳（John H. Steiner）。

施泰纳所属部队的职责是使用系留气球进行军事侦察。就在到来的第二天，齐柏林就随施泰纳坐着氢气球升上了高空。对于这次难忘的经历，他在后来写给父亲的信中称:"当我悬浮在圣保罗的上空时,航空这个想法一下子就击中了我的心。"这是一个年轻人初见新事物后常有的激情,而当施泰纳向他详细解释为何使用气球航空的想法并不实际后,激情也就被理性所抚平。

不过施泰纳绝不会猜到,整整27年后的一个失意之秋,中年齐柏林竟然重新找回了逝去已久的激情,他不仅造出了"可操控的气球",还带来了浮空器中的一个新物种——硬式飞艇。人类航空史上的一段绚烂而悲壮的篇章就此开启。

在这27年中,齐柏林倒也没有完全忘记自己的航空梦。1874年,受到邮政大臣一篇关于航空与全球邮政系统演讲的启发,他在日记中写下了自己关于飞艇的设想。

齐柏林关于飞艇的核心思想就是"大",具体地说容积要达到20000立方米,而当时已经造出的飞艇容积没有超过4000立方米的(吉法德飞艇的容积为3200立方米,而亨莱因的只有2400立方米)。这并非齐柏林个性好大喜功,而是顺着与船舶类比的思路走下去,飞艇想要实用,大型化是一个很自然的思路。

我们来简单解释一下。因为飞艇的浮力与气囊容积(特征长度的三次方)成正比,但是气囊的自重与表面积(特征长度的二次方)成正比,即随着飞艇的大型化,浮力的增长要快于自重,因此有效载荷的占比是逐渐提高的,实用性也相应提高,这就是"大"带来的优势,其与轮船的大型化有异曲同工之处。

但是大也有大的难处。

我们之前介绍的所有飞艇都是软式飞艇,即气囊通过浮力气体产生的正压力维持外形。这种方式在低速条件下问题不大,但当飞艇高速飞行或者顶风飞行时,气囊的外形就很难维持住。这里的原因是动压。由于气流撞到飞艇头部被减速,根据伯努利原理,此时气流的静压力升高。容易理解,此时如果气囊内部压力不足,飞艇的头部就会被风压扁。

气囊形状畸变会造成一个严重的问题——空气阻力系数的大幅增加。例如，对于一个球体来说，它的空气阻力系数是0.47，而对于一个半球来说（平面朝前），其空气阻力系数为1.17，约是前者的2.5倍。这意味着在其他条件不变的情况下，后者的发动机功率要增加到前者的2.5倍！

而受限于当时材料的强度（主要是丝绸或者帆布等纺织品），在合理的囊皮厚度下，气囊内部无法维持足够的正压力，这就使得软式飞艇不可能被进一步做大。

为化解上述困难，齐柏林给出了硬式飞艇概念。即首先为飞艇制造一个硬质的外部骨架，然后将浮力气体充入多个小气囊，再将这些小气囊固定在硬质骨架内部，最后骨架的外层使用蒙皮覆盖以减小风阻。这样一来，外部风压都由骨架结构承担，气囊无须承担额外的内部压力，因此囊皮可以做得较为轻薄。这样，通过镂空的支架结构以及气囊数量上的叠加就能造出巨大的飞艇。

这的确是一个绝妙的想法，但它也有一处关键，那就是制造骨架的材料，它必须有优秀的强度而且要足够轻。幸运的是，这样的材料及时出现了，它就是铝。铝的强度大大超过木材，与普通钢的差距并不大，但其密度只有钢的三分之一多一点。更好的一点是，铝既不会受潮也不会生锈。不夸张地说，铝简直是一种为航空而生的材料。有意思的是，尽管铝是地壳中蕴藏最丰富的金属元素（铝在地壳中的含量是8.23%，而铁是5.63%），但直到1886年，人们才找到大规模提炼铝的方法。齐柏林飞艇真是生而逢时。

不过齐柏林并没有工程知识和技能的储备，要想将自己的想法实现，他还需要专业人士的帮助。在友人的介绍下，他找到了26岁的年轻工程师西奥多·科伯（Theodor Kober，1865—1930）。此时科伯已经在奥格斯堡的一家气球公司供职了两年。

在科伯的帮助下，1893年，齐柏林终于完成了自己的硬式飞艇设计。

它的外形像一支蜡笔，艇头为锥形，艇身是一个近似的圆柱体，直径为11米，长为112米，分成14节，每节内部装有一个气囊，气囊是用丝绸涂上橡胶层制作的。艇身最外层用帆布蒙皮。艇身两侧各有两个螺旋桨，由两台11马力的戴姆勒发动机驱动。齐柏林估计他的飞艇速度最大可达9米/秒，即时速32.4千米。

有趣的是，在飞艇的运行方式上，齐柏林给出的方案有着明显铁路机车的影子。上述蜡笔形的飞艇是作为"车头"使用的，它的后面牵拉着一系列相同直径的圆柱形"车厢"（见图1-50）。"车厢"每节可以浮起500千克重的货物或人员，但其本身并没有动力。尽管500千克的载重量看上去十分有限，但是齐柏林认为可以通过增加车节数量而增加"空中火车"的负载能力，因为虽然车厢长度增加显著，但整列飞艇的阻力却增加得很少。齐柏林预言这种"空中火车"能在交通运输上发挥重要作用，尤其可以跨越山区、沼泽等直抵目的地，而这些地形都是陆上交通工具很难通过的地方。

图 1-50　齐柏林的"空中火车"模型（此设计于1895年获得专利）

1894年，当齐柏林将飞艇方案报送给军方高层后，一个评审委员会立即组织起来对他的方案进行了评估。这个评审委员会的主席是能量守恒定律的发现者之一、鼎鼎大名的德国科学家赫尔曼·冯·亥姆霍兹（Hermann von Helmholtz，1821—1894）。可惜由于项目本身的创新性，在

几个关键问题上齐柏林和科伯拿不出圆满的解答，比如飞艇结构的稳定性、飞艇的速度如何提高等。评审委员会最终的结论是令人失望的，尽管亥姆霍兹没有否认齐柏林飞艇方案的可行性，但也没有建议军方对此投资。

但齐柏林并没有灰心，他一方面对方案进行修改，一方面积极争取德国最专业的技术组织——德国工程师协会的认可。在两年的时间中，为提高速度，齐柏林抛弃了"空中火车"方案，而采用了通常的一体化设计，同时他还详细设计了飞艇的控制舵和配重系统。终于在1896年底，德国工程师协会对齐柏林的飞艇方案给予了一致认可。

不过齐柏林心里清楚，对于他脑中的新事物而言，再多专家的认可也无法消除怀疑与批评，最有力的证据不是无懈可击的方案，而是一艘飞在天上的飞艇。但要把飞艇造出来，需要大量的资金。齐柏林估算第一艘飞艇项目的资金需求是800000万马克，作为参考，设计师科伯的年薪是5000马克。

这笔资金花了两年时间才筹措完毕，其中约一半是齐柏林的自有资金，剩下的一小半资金是由德国工程师协会这个圈子中的人投的。值得一提的是一位来自工业界的企业家卡尔·伯格（Carl Berg，1851—1906），他旗下的炼铝厂提供了价值6万马克的用于制造飞艇结构的铝材。

1898年7月，第一艘飞艇（编号LZ1）正式进入建设阶段，此时距离齐柏林开始创业已经过去了8年。

齐柏林飞艇难产的一个原因是它的创新性，还有一个原因是它的规模。作为一个即将诞生的新生儿，LZ1飞艇可谓一个巨婴。它全长为128米，是雷纳德"法国号"飞艇的2倍多，而11300立方米的容积，更达到了"法国号"的6倍。

为组装LZ1飞艇，齐柏林首先在博登湖（Lake Bodensee，又称康斯坦茨湖Lake Constance）上建设了一个巨大的浮动机库（见图1–51）。这个机库是全木制的，尺寸达到了142米长、23米宽、23米高，是当时最大的浮动木结构建筑。机库门是两张巨大的幕布。

图1-51　漂浮在博登湖上的齐柏林LZ1飞艇机库

　　LZ1飞艇的主体结构仿佛一个拉长的鸟笼。它的横截面采用了正24边形用来逼近圆形，除去两头的抛物面，艇身部分分成13节，由横向14个环形结构和纵向24根梁铆接而成，每节宽度为8米，而吊舱连接处的那一节加密到4米（见图1-52）。整个铝制骨架结构总重为4.5吨。

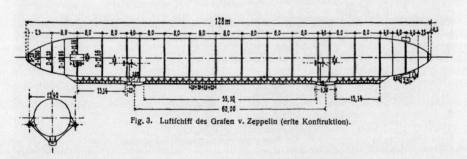

Fig. 3. Luftſchiff des Grafen v. Zeppelin (erſte Konſtruktion).

图1-52　齐柏林LZ1飞艇的设计图

LZ1飞艇骨架使用外层帆布和内层丝绸的复合织物覆盖，并做防水处理，覆盖物重量接近2吨。细节之处是外层覆盖物与气囊不直接接触，而是留有约十几厘米的缝隙，这样做的目的是用导热性很差的空气来进行隔热。

LZ1飞艇的吊舱位于艇身正下方约3米处，两者采用了刚性连接，而不像之前飞艇所采用的绳索柔性连接（见图1-53）。

图1-53 齐柏林飞艇吊舱与艇身的连接

为了驱动这个庞然大物。齐柏林使用了两台戴姆勒15马力的四缸水冷发动机，转速为每分钟700转，发动机自重为385千克，功重比达到了30瓦/千克。发动机是在迈巴赫的指导下安装完成的。为了验证其动力系统，齐柏林还将发动机和螺旋桨装到一艘小船上进行了实验（见图1-54）。

图1-54 齐柏林用小船做发动机推力实验（1899年）

飞艇的方向舵有两组，艇艏与艇艉各两个。压舱物使用了水袋和沙袋两种，前者重200千克，后者重400千克。另外还有一个悬挂配重系统用来控制艇身的俯仰，从而让飞艇爬升或者俯冲。

1899年10月，飞艇总装完毕。对于这样规模的创新工程来说，这是一个令人称赞的速度，尤其是当我们看到齐柏林飞艇项目的团队成员时。当时，它的项目经理雨果·库布勒（Hugo Kübler）年仅26岁，总装工程师路德维希·杜尔（Ludwig Dürr, 1878—1956）甚至只有21岁。

由于德国冬天的天气不好，LZ1飞艇的试飞暂定在第二年（1900年）的春天，而它的试飞员由63岁的齐柏林伯爵本人担任！

# 1.10 梦起博登湖，早期的齐柏林飞艇长什么样?

耽搁了一些时间后，齐柏林LZ1飞艇的最终试飞日期终于确定了下来。1900年7月2日，博登湖长久以来的寂静被打破，人们争先恐后过来一睹当时世界最大航空器的风采。

试飞从下午1点钟开始准备，包括补充氢气、添加压舱物、调整平衡、测试发动机和调试控制系统等，直到傍晚全部工作才准备完毕。此时湖面仅有微风，十分适合飞艇起飞。齐柏林与一位副手和一位工程师进入了前吊舱，一位记者和另一位机械师进入了后吊舱。整个试飞过程共载有5名乘员，人数之多，前所未有。

在人们的欢呼声中，LZ1飞艇顺利升到了湖面上空（见图1-55）。不过齐柏林马上就遇到了问题。调节飞艇俯仰

图1-55 齐柏林飞艇LZ1的第一次试飞，下方悬挂的配重块用于调整艇身的俯仰

的配重块是通过两根绳索悬挂在吊舱下方的，但调节绳索长度的绞盘坏掉了，导致头部的绳索过短，飞艇重心前倾，也就是有些大头朝下。虽然飞艇的姿态有些问题，但齐柏林还是驾驶着LZ1飞艇飞行了17分钟，并顺利完成了降落。

在经过必要的修理之后，10月17日齐柏林进行了第二次试飞，紧接着的4天后是第三次。三次试飞都很顺利，飞艇无损伤，人员也没有伤亡。在3级微风的实际条件下，LZ1飞艇的最高速度为8.5米/秒（30.6千米/时），这已经超过了"法国号"飞艇的21千米/时，并且它还顺利完成了起飞、升降、转弯、降落等一系列动作。考虑到这是当时人类制造的最大飞行器，它所展现出的操控性已属难能可贵。

不过军方代表显然有着自己的评判标准。首先是LZ1飞艇的升空高度很有限，而其30.6千米的时速已经明显慢于当时的铁路，离实用还有很大的距离。另外一个问题源于水面飞艇机库方案。

当初齐柏林选择将飞艇机库建在水面上有两点考虑：第一点是水面降落对于硬式飞艇的结构冲击较小；第二点是飞艇机库的朝向可以调整，方便在有风天飞艇入库。一般情况下飞艇下降到接近地表后都会关闭发动机由地面人员牵拉，此时顺风入库较为容易。

虽然这两点都是合理的考虑，但是让军方代表对飞艇的结构刚性产生了怀疑——如果在地面进行降落，它能否承受坚实地面带来的冲击？因此他们在三次试飞过后并未对齐柏林飞艇项目给予任何资金支持。

此时齐柏林手中的资金已经花得一干二净了。他甚至连再次给飞艇充气的钱都掏不出来了，任何实验或是改进都变成了奢望。

1901年齐柏林黯然拆解了LZ1飞艇，申请了破产。就这样，62岁的老伯爵的第一次创业以失败告终。而与此同时在隔壁的法国，巴西人桑托斯·杜蒙驾驶着自己的6号飞艇绕过埃菲尔铁塔拿下多伊奇大奖，一时风光无限。

同样风光的是另一艘法国飞艇。1902年底糖业大亨勒博迪兄弟（Marie

Paul Jules Lebaudy，1858—1937，Joseph Marie Pierre Lebaudy，1865—1929）雇用气球工程师亨利·朱利奥（Henri Julliot，1855—1923）建造了一艘被命名为"勒博迪Ⅰ号"的"半硬式"飞艇（见图1–56）。所谓"半硬式"即飞艇只有气囊下方的龙骨部分是刚性骨架，而上部都是软气囊，因此它也依赖气囊内部的压力维持外形。但与"软式"飞艇不同的是，它的吊舱由龙骨承载，而不是像前者那样由气囊直接承重。

相比齐柏林的LZ1飞艇，勒博迪Ⅰ号飞艇要小巧得多。它的长度只有LZ1飞艇的一半不到，容积更是只有前者的1/5，不过它却配置了一台35马力的戴姆勒发动机，功率高于LZ1飞艇的两台15马力发动机。在这样的组合下，勒博迪Ⅰ号飞艇展现出了优秀的性能。

在1903年的半年时间中，勒博迪Ⅰ号飞艇进行了多达29次试飞，最高速度为12米/秒（43.2千米/时），最远飞行距离为98千米，期间无任何人员伤亡。这些都创造了航空器飞行的新纪录。更值得一提的是，飞艇的气囊坚持长达70天而无须补充氢气，这展现出了优异的气囊材料和气密工艺。看到这些指标后，法国军方马上表达出了采购意向。

图1-56 勒博迪Ⅰ号飞艇（1903年）

不过齐柏林并没有气馁，他觉得自己的硬式飞艇依然具备很大的潜力，于是他不顾友人的劝阻，为自己的 LZ2 飞艇又走上了筹款之路。由于利用了 LZ1 飞艇的材料，LZ2 飞艇的资金需求少了一半，为 40 万马克。但这 40 万马克齐柏林花了 4 年时间才筹齐。期间他向军界和政界进行了无数次徒劳无功的演讲，动用了各种关系，吃了各种闭门羹，但依然矢志不渝，以至于他被一些人讥笑为"博登湖的老傻瓜"。

最终资金的来源可谓五花八门，其中齐柏林的个人资金占了三分之一，首相的特殊拨款和众多的小额捐款构成了另外的三分之一，资金中最后的三分之一来源于彩票发行，而普鲁士国防部则承诺提供飞艇运行必需的氢气。

1905 年 4 月 LZ2 飞艇正式开始建造。从表面上看，LZ2 飞艇与 LZ1 飞艇几乎没有区别，长度、容积都相同，甚至艇身每节的长度也是相同的，唯一的区别是横截面的 24 边形改为了 16 边形。但在里子上，LZ2 飞艇比前一任有着质的飞跃。总工杜尔从之前对 LZ1 飞艇的批评意见中敏锐地提出了两大改进方向。

## 第一

在骨架结构上，LZ2 飞艇的梁从平面的变为了立体的——它用三角形桁架主梁代替了之前梯子形的主梁（见图 1-57 和图 1-58）。接着杜尔找到了一种新的铝合金材料。在没有增重的前提下，这两个举措将艇身结构的强度提高了三倍。同时，齐柏林还在前后两个吊舱之间设置了一个刚性的通道，进一步提升了艇身的刚性。这个通道不仅方便维修人员检修设备，还能存放压舱物和油料。这个结构如此成功以至于一直沿用到了最后一艘齐柏林飞艇。

图1-57 齐柏林LZ1飞艇的"梯子形"主梁

图1-58 齐柏林飞艇的三角形截面梁（来自一艘1916年被击落的齐柏林飞艇）

## 第二

速度方面，杜尔从戴姆勒公司订制了两台80马力的发动机，这是LZ1飞艇的5倍多。可贵的是，这台发动机的自重并没有增加多少，这让功重比从LZ1飞艇的30瓦/千克，一下子跃升到了近150瓦/千克。

可惜这一次，齐柏林的运气差到了家。

1905年11月30日的第一次试飞，LZ2飞艇刚被拖出机库，一根导绳就卡在了拖船上，导致飞艇艇头扎入水中，损坏了前置的方向舵。不过新的艇身结构禁受住了考验，没有在事故中受到损伤。此时，德国的冬天已经来了，照理说应该等第二年开春后再试飞。但是齐柏林害怕夜长梦多，他感觉这一年冬天的天气还挺温和，于是决定在第二年1月就进行第二次试飞。这一次赌天气让他吃了大亏。

1906年1月17日，LZ2飞艇起飞还算顺利。但不久后就遭遇了一连串故障，首先是前置方向舵又坏了，舵面被折断，紧接着一台发动机也突然熄火。此时飞艇已经飞出了湖面深入内陆30千米。返回是来不及了，齐柏林必须在陆地进行迫降。平心而论这次迫降颇为成功，放出部分氢气后飞艇平稳地着陆，几乎没有任何损坏。但接下来就悲剧了。迫降后的LZ2飞艇由于缺乏保护，经过冬天的风暴蹂躏，一夜之后只留下了一个8吨重的残骸。

齐柏林将这次事故的原因揽在了自己身上，在一份递交给国防部的事故调查报告中他称自己缺乏驾驶经验，但也自夸了一下LZ2飞艇的性能——它的速度能达到15米/秒（54千米/时），这个数字高于法国的勒博迪飞艇。报告末尾齐柏林依然不忘为下一艘LZ3飞艇申请资金。

也许是害怕在航空竞争中落后于法国人，也许是得知外国要购买齐柏林飞艇的图纸，这一次军方的资助马上就到位了。9月底，利用LZ2飞艇上回收的材料，LZ3飞艇很快建造完毕。

LZ3飞艇完全仿照了LZ2飞艇的结构，但在一个地方做了重要改进，那就是操控性。

前两次的失败让齐柏林的总工杜尔意识到，如果飞艇的操控性不好，再大的发动机也使不上劲儿。借助当时最先进的空气动力学装置——风洞（Wind Tunnel）进行多次实验后，杜尔彻底舍去了笨拙的滑动配重系统，换成空气动力学的方式进行飞行姿态的调节。他给LZ3飞艇装上了巨大的"X"形尾翼以增加水平方向的稳定性。同时还在两片翼面之间增加了3张垂直的舵面，用来调节航向。为了调节飞艇的俯仰角，他在飞艇前后部两侧各设置了一组形似百叶窗式的水平翼面，每组翼面4张（见图1-59）。

这些措施大大增强了LZ3飞艇的操控性，在多次试飞中，齐柏林实现了自己夸下的海口——LZ3飞艇的实测速度达到了15米/秒。转年的1907年，甚至齐柏林唯一的子女——女儿海琳也搭乘了LZ3

图1-59 齐柏林LZ3飞艇的尾翼结构

飞艇，老伯爵对其可靠性的信心可见一斑。德国陆军旋即将LZ3飞艇收归麾下，直到6年后LZ3飞艇才退役。

经过17年的创业，69岁的老伯爵终于迎来了他的第一次成功。

同年10月，柏林政府拿出215万马克供齐柏林打造下一艘飞艇。有了充足的资金支持，齐柏林终于可以全新打造自己心中的理想飞艇了。

LZ4飞艇长为136米，直径为13米，容积为15000立方米，比LZ3飞艇大了30%，可以容纳14名乘员以及更多的油料和货物。相应地，动力装置也换成两台105马力的戴姆勒发动机。为了进一步优化操控性，LZ4飞艇在尾部增加了上下两片垂直尾翼，以增加航向稳定性。同时还在艇身正后方设置了一片15平方米的巨大尾舵（见图1-60）。

1908年7月1日，齐柏林在古稀之年再次登上了飞艇的驾驶舱。这一次他驾驶飞艇飞到了邻国瑞士，完成了一趟长达12小时的跨国飞行，总航程为386千米，最大高度为795米。德国报纸对其进行了歌颂，称齐柏林为和平的信使，一个铸剑为犁、世界人民互相理解的美好时代即将到来。

跨国飞行的成功让齐柏林飞艇受到了极大的关注。8月4日，LZ4飞艇起飞准备冲击一项24小时的飞行耐力测试，齐柏林没能料到他的理想飞艇LZ4的生命竟然如昙花般短暂。

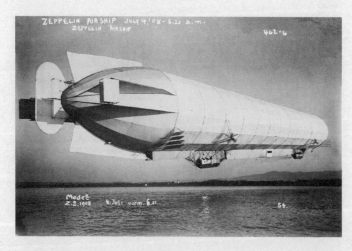

图1-60 齐柏林LZ4飞艇，注意其巨大的垂直尾翼和尾舵

# 1.11 创业维艰，第一家民航公司是怎样艰难成长的？

1908 年 8 月 4 日清晨，齐柏林的 LZ4 飞艇从博登湖起飞，载着多达 11 名乘员开始了 24 小时的飞行耐力测试。飞艇的驾驶员依然是齐柏林本人，而此时的他已到了古稀之年。

LZ4 飞艇首先造访了瑞士的苏黎世，接着沿莱茵河北上，途径斯特拉斯堡（Strasbourg）和曼海姆（Mannheim），所到之处无不万人空巷，欢声雷动。可是就在快飞到预定地点美因茨（Mainz）的时候，飞艇的两台发动机之一的前部发动机出现了故障，齐柏林只好在莱茵河上进行了迫降。

在约 3 个小时的紧张维修后，LZ4 飞艇再次起飞。不过由于在之前迫降中放出了过多的氢气，飞艇浮力不足，因此齐柏林留下了 5 名乘员和一些不必要的货物轻装前行。之后，LZ4 飞艇成功到达了预定地点美因茨，接着开始按照预定计划返航。

第二天凌晨 1 点多，飞艇的前部发动机再次宕机。由于回程遭遇顶风，在后部单发动机的推动下飞艇的速度降到了 30 千米/时出头。在坚持了四五个小时之后，齐柏林放弃了让 LZ4 飞艇带病返航的计划，决定临时降落在埃希特汀根（Echterdingen）。这里毗邻大城市斯图加特，距离博登湖飞艇机库只有 100 多千米。还有一点考虑就是戴姆勒发动机公司也在斯图加特，可以派工程师过来对飞艇的发动机进行修理。

不得不说这是一个冒险的决定，在缺乏机库保护的情况下，飞艇轻量化的结构在大自然的力量面前显得脆弱不堪。LZ2飞艇的命运就是前车之鉴。

此时距离LZ4飞艇出发已经过去了25个小时，疲惫不堪的齐柏林离开飞艇去城里找地方休息。这艘意外造访的庞然大物吸引了上万人赶来参观。飞艇的临时停泊地演变成了一次盛大的聚会。

但是到了下午，一场夏日风暴突然来临。简单的固定措施根本无济于事，狂风将飞艇抛上天空又重重摔下。在撞击中储存氢气的气囊破裂，接着一团火焰燃起，顷刻间停泊地上的就只剩下了一堆残骸（见图1-61）。不幸中的万幸是人员撤离及时没有造成严重伤亡。

图1-61 齐柏林LZ4飞艇的残骸（1908年）

LZ2飞艇事故历史重演，想必齐柏林也一定为自己的决定后悔不已。不过接下来悲喜剧情的转折却远远超出了他的预料。

也许是目睹美好事物瞬间消亡所带来的触动，一位斯图加特商人在飞艇残骸旁边即兴开始了一场演讲，他呼吁"每一位在体内跳动着德意志心脏的人"都应该给齐柏林的伟大事业贡献自己的一分力量。此情此景之下人们纷纷慷慨解囊。仅仅24个小时过后，捐款就覆盖了全部重建成本。而这次"埃希特汀根奇迹"更是席卷德国全境，甚至奥地利和瑞士的人们也寄来了捐款，最终的捐款总额达到了600万马克之巨！

而齐柏林也没有辜负人们的期望，在这笔巨款的帮助下，LZ5和LZ6

飞艇在事故一年后相继出厂。一个完整的飞艇工业综合体也在博登湖畔的腓特烈港建立起来，其中包括一座长达185米的可容纳双飞艇进出的大型机库、一座材料加工和机械制造厂、一座炼铝厂、一座制氢厂，以及油库、气象站、无线电通信站和实验办公楼等配套设施。

> 这个完整的工业综合体标志着飞艇制造业走向了成熟，而它也带来了一个现实的问题：谁来消化这多出来的产能？

由于出身的关系，齐柏林从创业之初瞄准的就是国防。但在和平年代，指望军方大量采购飞艇并不现实，而出口这种颇具军事潜力的技术也肯定会遭到政府的阻挠。山穷水尽之时，一个新的契机及时出现了。

1909年7月10日，第一届国际航空展在法兰克福举办。在这个100天接待了150万观众的盛大展览中，齐柏林飞艇大放异彩，人们如对待明星般排起长队参观。飞机发明家莱特兄弟中的弟弟奥维尔·莱特（Orville Wright，1871—1948）也受邀乘坐了LZ6飞艇。

受到国际航空展成功的鼓舞，齐柏林飞艇公司的总经理阿尔弗雷德·科尔斯曼（Alfred Colsman，1873–1966）向齐柏林建言组建民用航空公司。此人还有一个身份就是之前赞助LZ1飞艇制造铝材的冶金大亨伯格的女婿。科尔斯曼这次的建言属于旧事重提。早在LZ2飞艇出事之时，他就曾设想过建立一个城市间直达的飞艇航线。不过鉴于当时的飞艇技术还不可靠，并且齐柏林一心扑在飞艇制造上，他并未有实际动作。

而就在国际航空展前发生的一次事故让科尔斯曼对齐柏林飞艇的可靠性树立了足够的信心。LZ5飞艇在撞坏了头部的情况下，经过简单的修理和重新配重后，重新起飞并成功返航。这对于软式飞艇来说是不可能完成的任务（见图1-62和图1-63）。

图1-62　齐柏林LZ5飞艇被撞坏的头部

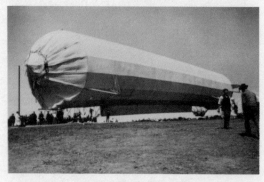

图1-63　齐柏林LZ5飞艇头部经过"包扎"后成功返航（1909年5月31日）

1909年底科尔斯曼和齐柏林成立了世界第一家民用航空公司DELAG，其为德语 **DE**utsche **L**uftschifffahrts **A**ktien **G**esellschaft（德国飞艇运输公司）首字母的缩写。

DELAG民航公司的起步并不顺利。由于LZ6飞艇的设计不是以民航为目的，因此它的载客能力很有限。除了7名艇员，只能再承载10名乘客。DELAG向齐柏林飞艇公司订购了LZ7飞艇，1910年6月交付。这艘飞艇的运载能力提高了一倍，除了8名艇员，可以再承载20名乘客。可惜，LZ7飞艇在出厂后的第9天就在大风中进行了一次不成功的迫降，尽管没有闹出人命，但飞艇却完全报废了。而LZ6飞艇也在这一年的9月在机库中失火被毁。

接下来的LZ8飞艇的寿命也没比LZ7飞艇长多少。1911年5月16日，LZ8飞艇刚出机库大门就遇到了强风。飞艇撞到了机库的顶棚，其损坏程度过于严重已经无法修理。此时它仅仅运行了一个半月的时间。

连续三次失利足以将一个新成立的公司送上末路，但是这位古稀老人绝非常人。而此时一个成熟的制造体系也显示出了其强大的生产能力。仅仅一个多月后的1911年6月26日，LZ10飞艇"施瓦本号"

（Schwaben）就进行了首航
（见图1-64）。"施瓦本号"飞
艇成功运营了一年时间，飞
行200余次，运送旅客4000
人。在三台迈巴赫145马力
发动机的助力下，其最高速
度能达到70千米/时。

图1-64 齐柏林LZ10飞艇"施瓦本号"

在"施瓦本号"成功的
鼓舞下，1912年又有两艘飞
艇加入了DELAG民航公司，LZ11"维多利亚·露易丝号"（Viktoria Luise）
（见图1-65）和LZ13"汉莎号"（Hansa）（见图1-66和图1-67）。两者比"施
瓦本号"长了8米，因此多出5个座位，载客数达到了25个。1912年9月
19日，"汉莎号"运行了第一个国际航班，从德国汉堡出发到访了北欧的丹
麦和瑞典。

图1-65 齐柏林LZ11飞艇"维多利亚·露易丝号"的驾驶舱与客舱

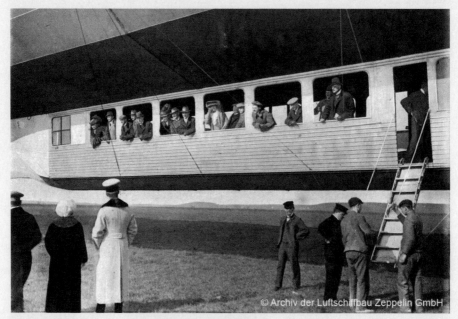

图1-66 齐柏林LZ13飞艇"汉莎号"停落哥本哈根引起当地人的围观

图1-67 "汉莎号"飞艇的客舱内部

1913年，又一艘飞艇LZ17"萨克森号"（Sachsen）加入DELAG民航公司。

截至"一战"德国发布动员令前（1914年8月1日），这三艘飞艇（"维多利亚·露易丝号""汉莎号""萨克森号"）总共进行了1307次飞行，运送了27941名乘客，无乘客伤亡，总航程138668千米，可绕地球三圈多。飞艇在民用航空领域初见成效。

可惜民用航空的发展随着第一次世界大战的爆发而中断，齐柏林飞艇作为德国的"秘密武器"被投入到大战之中，而它也为战争打开了一个新的维度。

# 1.12 / "秘密武器", "一战" 中齐柏林飞艇的军事价值到底如何?

1914 年 8 月 6 日, 比利时的列日城迎来了一位不速之客。一艘齐柏林飞艇在城市上空扔下了数枚炸弹, 杀死了 9 名平民。之后的 8 月 25 日, 德国陆军编号为 Z9 的齐柏林 LZ25 飞艇对比利时港口城市安特卫普进行了类似的空中袭击。拉纳关于 "飞船" 的预言 200 多年后不幸应验: 火球从天而降, 高墙再也无法给城市带来安全。

从在空中侦察敌军的部署到搭载杀伤性武器直接对目标进行攻击, 齐柏林飞艇优秀的操控性和长续航大大扩展了浮空器在战场上的职能。随着飞艇从组装厂鱼贯而出, 技术为战略思想的演进提供了新的营养, 第一次世界大战的冲锋号才刚刚吹响, "战略轰炸" 这个军事概念便破土而出。

"一战" 之前发生的所有战争中, 如果防守方没有重大失误, 进攻部队必须击败或者困住防守部队才能攻击到腹地的民用设施。但如今, 飞艇可以从空中越过防线直接对敌人大后方的工业基础设施以及平民生活区域进行轰炸, 破坏生产、造成恐慌, 从而切断前线部队补给, 打击其士气, 甚至造成内乱, 迫使敌军屈服。套用《孙子兵法》中的说法就是 "不战而屈人之兵", 属于最高一级的谋略。

德军高层对齐柏林飞艇空袭将会产生如此效果深信不疑。在比利时和法国小试牛刀后, 他们马上将目光瞄向了海峡的对面。

英国此时已称霸海洋200多年，仰仗着世界第一的舰队和北海天堑，一直自诩本土三岛固若金汤。即使在法国人造出气球后，英国人的自信依然没有动摇分毫。早在1804年，就有法国人提出了利用大型热气球运兵过海进攻英国的方案。方案的设计者宣称："运送3000人的部队，只需要30万法郎"（见图1-68）。

可惜这只是一个不切实际的幻想。前面我们分析过，热气球不仅载重能力低下，而且可操控性也很差。且不说一阵突如其来的风暴就能让"空投"部队葬身大海，即便在气象条件最有利的情况下飞抵目的地，落地点也会散得过开，免不了被守军逐个包围的命运。英国人依然可以高枕无忧。

图1-68 利用热气球将法军运过英吉利海峡进攻英国的计划（1804年）

齐柏林飞艇的出现让英国人从梦中惊醒。

在多次侦察和试探之后，1915 年 1 月 19 日晚，德国出动了 LZ24 和 LZ27 两艘齐柏林飞艇（海军编号为 L3 和 L4）对英国本土发动了空袭。两艘飞艇均搭乘 16 名艇员，携带 8 枚 110 磅炸弹和 10 余枚 25 磅燃烧弹，燃料足够支撑飞艇 30 小时的飞行。

L3 飞艇在大雅茅斯（Great Yarmouth）扔下了一共 12 枚燃烧弹和高爆弹，造成了 2 名居民死亡，3 人受伤。而 L4 飞艇在金斯林（King's Lynn）投弹 16 枚，造成了 2 人死亡，13 人受伤（见图 1-69 和图 1-70）。

1915 年 5 月 31 日，英国人民最担心的事情终于来了。隶属德国陆军的 LZ38 飞艇在晚上九点钟左右横渡英吉利海峡，并在午夜时分造访英国首都。在伦敦城上空，这艘齐柏林飞艇投下了 30 枚高爆弹，89 枚燃烧弹，投弹总重超过了 1 吨。此次空袭共造成 7 人死亡 35 人受伤，7 处房屋损毁。

英国人举国震惊，不仅因为远离前线的本土遭到攻击，还因为这些齐柏林飞艇没有遭到任何阻拦，几乎是大摇大

图 1-69　金斯林镇上的警长检查一枚从齐柏林飞艇上投下来的哑弹（来自 1915 年 1 月 19 日的空袭）

图 1-70　从飞艇上空投下来的燃烧弹，其主要成分是铝热剂和汽油

摆地进入了英国国境。不过齐柏林飞艇取得的这个战绩并非说明它有异乎寻常的威力，而是因为英国在战争初期对于空袭的威胁认识不足。后面的数据可以佐证这一结论。

在整个第一次世界大战期间，德国对英国本土发动了51次空袭，出动飞艇208架次，扔下了196吨炸弹，造成557人死亡，1350人受伤，财产损失150万英镑。

这些数字在今天看来好像是比较严重的，但是在第一次世界大战时期却是沧海一粟。这里提供两个数据作为参考。在著名的索姆河战役中，140天中英军伤亡约42万人，平均每天伤亡达3000人。特别是战役开始的第一天，英军有近2万人丧生，伤亡总数近6万人，这成为英国战史上最黑暗的一天。齐柏林飞艇空袭造成伤亡的惨烈程度与前线完全不能相提并论。

而对于财产损失，英国学者则提供了一个有趣的数据，当时英国的老鼠对于房产的破坏损失高达7000万英镑，而且是每年。必须指出的是，在齐柏林飞艇的轰炸中受损的主要是民房，重要设施如港口、工厂、电站、车站等受到的伤害十分有限。可见齐柏林飞艇的实际破坏效果微不足道，其影响更多的是在民众心理层面。

那么被德军高层寄予厚望的秘密武器齐柏林飞艇为何空袭效果不佳呢？

第一个重要原因就是缺乏可靠而精确的导航。当时最主要的导航手段就是依靠驾驶员的视觉。由于齐柏林飞艇飞行速度不快，执行战略轰炸任务只能是在夜间。在无照明的情况下，即使在晴朗的夜晚，要想在2000米以上的高度辨认出地面上的建筑也是不可能的，这给飞艇自身定位和寻找目标造成了严重困难。很多派出去执行轰炸任务的飞艇根本没有找到预定的目标。而在下雨或有雾时情况更加糟糕，飞艇驾驶员甚至连哪个城镇都无法分清。

不过随着无线电技术的发展，齐柏林飞艇有了"无线电罗盘"这个辅助导航手段。其原理是利用两个以上无线电地面站进行三角定位（理论上严格确定位置需要三个地面站，但如果知道某个地面站的大致方位，两个地面站也能确定），而且无线电长波还有一个优势就是穿透雨雾的能力较强。可惜这个方案被英国人预料到了，他们拿出了无线电干扰这个对策。

无线电干扰加上灯火管制让飞艇几乎成了"盲人"，只能依靠投放照明弹进行准确定位，而这样做会暴露自身。

在这种情况下，提高投弹精度只能依靠降低高度来实现，但高度低于1500米后，飞艇就暴露在防空火炮的射程范围内了。而在第一次世界大战初期英国就拿出了"Pom-pom"高射炮，这个昵称来源于开火时候的声音（见图1-71）。

不过英国人发现，普通弹头对于飞艇的杀伤力不足。尽管飞艇的气囊中全是易燃易爆的氢气，但氢气只有在与空气混合后才会发生反应，而普通弹头击中气囊后都是从中穿出的，仅仅造成了漏气。1915年，考文垂的詹姆斯·弗兰克·白金汉（James Frank Buckingham，1887—1956）在

图1-71 英国人研发的"Pom-pom"高射炮

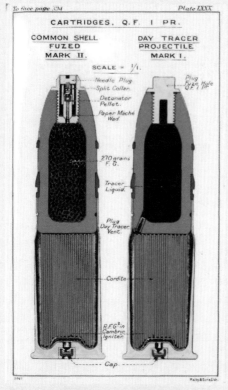

图1-72 "Pom-pom"高射炮的炮弹，左边是高爆弹，右边是曳光弹

中空的弹头中加入了磷，发明了燃烧弹。将高爆弹和燃烧弹混编就能对飞艇造成最大威胁，前者将气囊炸出大洞，后者则将逸出的氢气点燃。而要提升夜间的使用效果还可以在弹夹中混编入曳光弹。曳光弹的作用是打出后发光，用以展示炮弹踪迹，辅助瞄准（见图1-72）。

导致飞艇空袭效果不佳的另一个重要原因在于它有一个强大的对手——固定翼飞机。在战争的催动下，飞机技术可谓突飞猛进。这首先体现在了速度上。

"一战"时齐柏林飞艇的最高时速没能超过110千米。即使是在西线由于性能过时被德国飞行员蔑称为"尸体"（Kaltes Fleisch）的B.E.2c型战斗机，其最高时速也只有116千米，而"一战"后期登场的名机索普维斯"骆驼"（Sopwith Camel）的速度则达到了180千米/时（3000米海拔处）。而且在操控性上，飞机要比飞艇优秀得多。

飞艇与飞机在空中的对抗劣势在"一战"早期就有显露。1915年6月6日晚，英国皇家海军航空队的雷金纳德·沃内福德（Reginald Warneford，1891—1915）从敦刻尔克起飞，执行侦察任务。在空中他发现了回程的齐柏林飞艇LZ37，于是他一路追到了比利时。冒着飞艇机枪的攻击，他爬升到了飞艇的上方，并陆续扔下了6颗9千克的黑尔斯炸弹（Hales Bomb）。其中一颗炸弹击中艇身引起了爆炸（参见图1-73、图1-74和图

1-75）。由于爆炸太猛烈，沃内福德的飞机受到了波及。他只好将飞机紧急迫降在敌方战线后面，在进行了半个多小时的修理工作后，他又驾驶着飞机安全撤退。

这次对抗也反映出了飞艇优于飞机的一点，那就是爬升速度。在追击过程中，沃内福德花费了50分钟才爬升到了飞艇的飞行高度——3000米，而这个高度就是飞机的升限。所谓升限就是飞机的最大平飞高度。因为越高空气越稀薄，发动机的进气量就越少，产生的推力也降低。因此海拔越高，飞机爬升越困难。而飞艇依靠浮力上升，不存在这个困难。

因此在第一次世界大战后期，德国军方采购了一批新的外号"攀高者"的齐柏林飞艇，它们的最大飞行高度可达5500~6000米。在浮力不变的情况下，高度的获得需要通过降低自重来换取。但是在当时艇身的制造材料并未有什么突破，因此飞艇减重主要是靠牺牲动力（减少发动机数量）来换取的。这个做法在实战中暴露出了严重问题。

1917年10月19日夜间到20日凌

图1-73 "一战"时齐柏林飞艇吊舱侧面配置的马克沁机枪

图1-74 齐柏林飞艇顶部的机枪平台

图1-75 "一战"期间战斗机后排的飞行员用手投掷炸弹

晨，德国对英国发动了规模最大的飞艇空袭行动，总共出动了11艘飞艇。进入英国领空时，所有飞艇都在5000米高度之上，3艘飞艇飞到了6000米的高度。在这个高度上，地面人员无法听到飞艇发动机的声音，因此这次空袭被称为"无声之袭"（Silent Raid）。但这却是一次完全得不偿失的空袭。

在动力方面的减配使得飞艇对抗天气的能力降低。本来这次行动计划出动13艘飞艇，但是有两艘因为大风根本没能离开基地。而在返回的路上，有4艘飞艇被风吹到了法国境内。为了避开高空强风，他们只能选择降低高度，结果1艘飞艇被地面防空炮火击中，2艘没油了迫降被俘，还有1艘被风刮到了瑞士山区，虽然迫降成功了，但是艇员全都被冻死。另有1艘为了逃避法国的战机拦截，危险地快速升上了7500米的高空，结果艇员被减压和高寒折磨得痛苦不堪。虽然逃过了被击毁的命运，但是为了上升他们扔掉了部分燃料，之后燃料不足无法回到基地只好选择迫降，在迫降时飞艇不幸坠毁。

11艘飞艇中只有6艘返回了基地，11艘飞艇中只有1艘进行了有效的轰炸，而且是迫降法国被俘的两艘飞艇之一。

飞艇与飞机对抗的另外一个劣势是产量。尽管齐柏林的工厂每15天就能生产1艘飞艇，但与飞机相比还是九牛一毛。整个"一战"期间，各参战国生产了超过20万架飞机，平均每天生产128架。而当时1架飞机的成本仅有齐柏林飞艇的百分之一。

1917年之后，飞艇的军事价值不高这个事实已经被很多人看清了，甚至飞艇轰炸对于英国士气的影响也与德军高层的预料完全相左，他们显然低估了英国民众的心理承受能力。在初期的一些局部慌乱过后，英国军民对于齐柏林飞艇的好奇甚至盖过了恐惧。他们印发飞艇明信片，制造了炸弹形状的瓷器，还发明了一种飞行棋，甚至跳入弹坑中合影，以一种乐观的方式纪念来自头顶的灾难（见图1-76）。

图1-76　英国军民与
齐柏林飞艇造成的弹坑
合影

　　1917年，齐柏林与世长辞。同年，在多次行动战果寥寥却损失惨重
后，德国陆军已经放弃将齐柏林飞艇用作进攻性武器。

　　但德军高层中依然不乏飞艇空袭作战的支持者，尤其以海军飞艇师的
头头彼得·斯特拉瑟（Peter Strasser，1876—1918）最为狂热。这位职业
军官出身的枪炮专家坚信英国必将在飞艇的轰炸下屈服。他与齐柏林往来
密切，并深度参与飞艇设计。在他的主持下海军飞艇师从最初的两艘飞艇
起步急速扩张，最终总共采购了72艘飞艇。而对于飞艇是"妇孺杀手"的
国际舆论，斯特拉瑟不以为然。他断言："现代战争是全面战争，不存在
'非战斗人员'这样一个物种。"

　　1918年8月5日晚，斯特拉瑟亲自率领5艘飞艇对英国展开了空袭。
他所乘坐的旗舰飞艇LZ112（海军编号L70）为最新的"x"型飞艇，艇长
为211.5米，直径为23.9米，容积为62200立方米。为了推动这个空中巨无
霸，最初的设计采用了7台迈巴赫6缸直列发动机，单台输出功率为245马
力，总动力为1715马力。不过为了提高战场生存率，"x"型飞艇采取了牺
牲动力换取高度的做法。在减掉了一台发动机后，LZ112飞艇能升到7000
米，而这是当时的飞机无法触及的高度。

　　尽管是夜间，德国飞艇编队的行踪还是被北海上一艘用于导航的灯船
发现。执勤人员用电话通知了英国海岸防卫部队。英国皇家海军航空部队

收到英国海岸防卫部队的通知后立即派出13架战机，不久后又有20架飞机补充进来一起搜寻飞艇的踪迹。斯特拉瑟没有想到，自己从一位猎手变成了猎物。

终于，一架德哈维兰DH-4型轰炸机发现了在头顶上方的LZ112飞艇。这架飞机由少校埃格伯特·卡德伯里（Egbert Cadbury，1893—1967）驾驶，炮手位置坐着中尉罗伯特·莱基（Robert Leckie，1890—1975）。此时飞艇的高度在5200米左右。为了接近飞艇，卡德伯里驾驶着DH-4型轰炸机开始了爬升。由于已经接近飞机的升限，飞机爬升颇为艰难，最后的500米竟花费了10分钟之久。

最终，轰炸机来到飞艇下方约120米处，莱基使用机载双管机枪对其开火。轰炸机的高爆弹将飞艇的气囊炸出一个大洞，接着燃烧弹迅速点燃了泄漏出的氢气，气囊瞬间变为一团火球。这一大团红色火焰在夜空中异常醒目，最早发出警报的那艘灯船虽然远在60多千米外但上面的人们依然看得一清二楚。不到一分钟时间整个飞艇就烧得只剩残骸坠入海中，此时它甚至都没能摸到英国的海岸线。

在这次行动中逃过一劫的LZ100号飞艇（海军编号L53）并没有存活太久。8月11日在北海上执行侦察任务时，它被英军的一架索普维斯"骆驼"战斗机以几乎相同的方式击落。这架战斗机从驱逐舰拉着的一艘驳船上起飞，花了近1小时才爬升到飞艇的飞行高度，并在飞艇下方约100米的高度处仰射将其击落。

第一次世界大战结束很多年以后，德国陆军元帅保罗·冯·兴登堡（Paul von Hindenburg，1847—1934）回忆起1916年齐柏林曾对他坦言："飞艇已是明日黄花，未来的天空属于飞机。"而斯特拉瑟更是用自己的生命证伪了飞艇的军事价值。

击毁LZ112飞艇的德哈维兰DH-4型轰炸机配有1台375马力的罗尔斯-罗伊斯发动机，自重为1.5吨左右。即使是满配的LZ112飞艇，7台迈巴赫

245马力发动机总动力为1715马力，也不到DH-4型轰炸机1台发动机动力的5倍，但自重达到了24.7吨，是DH-4型轰炸机自重的16倍还多。在速度方面，LZ112飞艇最高时速131千米，而DH-4型轰炸机则达到了230千米，差距明显。我国兵法有云"兵贵神速"。在飞机面前，飞艇确实没有任何机会。

不仅在对抗中落败，在战略轰炸的成效上，飞艇也略逊飞机一筹。

在对英轰炸的行动中，飞艇出动约200架次，飞机约400架次，但飞艇的投弹量在5900颗左右，死伤人数在1700人左右，飞机投弹量在2900颗左右，死伤人数在2600人左右。（对于投弹量和死伤人数，各文献给出的具体数据并不统一，这里给出的是一个大致数据。）

从数据中可以看出，虽然飞艇的载弹量更大，但其准头不高。计算死伤人数与投弹量之比，飞艇是0.29人/颗，而飞机则是0.90人/颗，约是前者的3倍。

不过也必须看到，虽然飞艇技术的进步速度与飞机的不可同日而语，但得益于订单量的激增，齐柏林飞艇在第一次世界大战期间的进步也是相当明显的（见表1-2）。

表1-2 "一战"时期齐柏林飞艇的进步

|  | LZ24 | LZ40 | LZ62 | LZ100 | LZ112 |
|---|---|---|---|---|---|
| 型号 | m | p | r | v | x |
| 首飞 | 1914年5月 | 1915年5月 | 1916年5月 | 1917年8月 | 1918年7月 |
| 长度 | 158米 | 163.5米 | 198米 | 196.5米 | 211.5米 |
| 容积 | 22470立方米 | 31900立方米 | 55200立方米 | 56000立方米 | 62200立方米 |
| 运力 | 9.2吨 | 16.2吨 | 32.4吨 | 40吨 | 43.5吨 |
| 动力 | 540马力 | 840马力 | 1440马力 | 1200马力 | 1680马力* |
| 时速 | 84千米 | 96千米 | 103千米 | 108千米 | 131千米* |

*注：LZ112飞艇原设计为7台280马力发动机，但为了增加最大飞行高度减配了1台，因此它无法达到131千米的设计时速。

对比第一次世界大战初期和末期的两艘飞艇不难发现，短短4年多的时间中，飞艇的容积增加了近2倍，运力增加了近4倍。动力方面，飞艇发动机的动力增加了2倍，时速也随之增加了70%。理论上，增加2倍的动力仅能提高40%的时速，但从LZ18飞艇开始，齐柏林飞艇就有了更好的流线型外观。空气动力学知识对于飞艇速度的提高功不可没（见图1-77）。

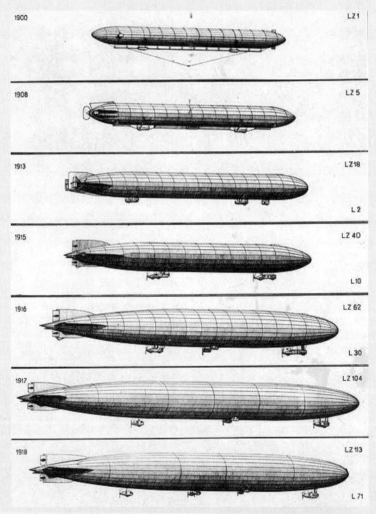

图1-77 齐柏林飞艇的外形进化，可以看出从LZ18飞艇开始飞艇更具流线型外观

　　更值得一提的一点是，尽管在与飞机的较量中全面落于下风，但齐柏林飞艇却有一个当时的飞机无法企及的长处——续航。从"r"型飞艇开始，齐柏林飞艇的最大航程就超过了 7000 千米，而这个长处的作用可以从第一次世界大战中的一个真实案例中很好地体现出来。

　　"一战"开战后，协约国对德国实现了海上封锁。远在东非殖民地（今天在坦桑尼亚境内），被誉为"非洲之狮"的德国总督保罗·冯·莱托-福尔贝克（Paul Emil von Lettow-Vorbeck，1870—1964）率领着一支由 3000 名德国士兵和 11000 名非洲本土士兵组成的部队与一支由英国人、印度人、比利时人、葡萄牙人组成的 30 万之众的部队周旋。

　　第一次世界大战进入持久战后，殖民地德军的后勤成了问题。于是德军指挥部想到了可以从另一个维度突破海上舰队封锁的飞艇，并发起了代号为"中国事务"（德语 China-Sache）的行动。

　　1917 年 11 月 4 日，LZ104 飞艇（海军编号 L59）从博登湖起飞，29 个小时后达到保加利亚的 Yambol，这是德国控制下离东非最近的空军基地。LZ104 飞艇上共载着 15 吨补给，包括机枪、弹药、食品以及药品等，甚至 LZ104 飞艇本身就是物资。由于殖民地基础设施不足，没有氢气厂，因此 LZ104 飞艇此次任务计划中就是一次单程飞行。到达目的地后，飞艇就可被解体，气囊可用于制作帐篷和衣服，铝合金骨架可做建筑材料，发动机可以用来发电。

　　11 月 21 日，LZ104 飞艇从保加利亚升空准备飞往东非。不过战场形势瞬息万变，就在飞艇起飞后不久，德军指挥部发来了终止行动的命令。此时 LZ104 飞艇已经航行到了地中海上空，在雷电风暴中它的无线电装置受损，因此没能收到终止行动的命令。直到 2 天后他们才收到指挥部发来的

终止行动的无线电信息，此时他们已经抵达苏丹上空。

收到命令后的LZ104飞艇立即折返，并在25日早晨返回基地。无意间，这艘被称为"非洲号"的齐柏林飞艇创造了一项纪录。在这次行动中，它的不间断飞行时间达到了95个小时，接近4天，总航程为6757千米，平均时速71千米。而得益于大运载能力，"非洲号"飞艇返回后剩下的燃料还够支持64个小时的飞行，折算成航程约为4000千米。

这次半途而废的救援行动成为飞艇长程飞行的实力证明，而依靠这个实力，战后齐柏林飞艇公司不仅摆脱了关门的命运，并且还掀开了人类航空史上更辉煌的一页。

# 1.13 "飞行旅馆"，重回民航的齐柏林飞艇战绩如何？

齐柏林飞艇公司因战而兴，当"一战"结束后，也面临着因战而亡的命运。根据《凡尔赛和约》，德国作为战败国不允许再拥有和制造军用飞艇。于是"一战"中幸存的飞艇被瓜分殆尽。英国拿到了2艘，LZ109和LZ113飞艇。法国拿到了3艘，LZ83、LZ114和LZ121飞艇。意大利拿到了3艘，LZ90、LZ106和LZ120飞艇。比利时和日本各拿到一艘，分别是LZ62和LZ75飞艇。本来应该分给美国的飞艇遭到了德国艇员的蓄意破坏而报废。

讽刺的是，齐柏林飞艇公司反而因为《凡尔赛和约》存活了下来。因为没有分到实物的美国要求齐柏林飞艇公司为其设计和建造一艘新的飞艇，显然这个要求遭到了盟友们的抗议。不过美国人坚称他们没有违反和约，因为他们订购的是一艘客运旅游飞艇，而不是军用飞艇。最终美国人达到了自己的目的，这就是LZ126飞艇。

LZ126飞艇长为200米，容积为7万立方米，配置了5台400马力的迈巴赫发动机，最高速度120千米/时，无论是容积还是动力性能都与"一战"时最大最先进的齐柏林飞艇相当。

1924年10月12日，当时的齐柏林飞艇公司总经理雨果·埃克纳（Hugo Eckener, 1868—1954）亲自驾驶飞艇飞往美国交货。在飞行了81个小时近8000千米后，LZ126飞艇跨越大西洋顺利抵达了新泽西州的莱克赫斯特（Lakehurst）美国海军航空基地。有意思的是，这样一艘为和平目的而建的飞艇其收货方却是美国海军。一个月后，LZ126飞艇就加入了海军编制，编号ZR-3，名字为"洛杉矶号"（见图1-78）。

图1-78 "洛杉矶号"飞艇系泊在一艘拖船的系泊塔上（约1931年）

这里需要提一下，第一次飞越大西洋的荣耀并不属于齐柏林飞艇，而属于英国飞艇R34。不过这艘飞艇也与齐柏林飞艇有着不可分割的渊源，因为它的设计正是借鉴了在英国被击落的齐柏林LZ76飞艇。

美国海军领导显然对这艘飞艇的性能非常满意。就在交货当年，美国的固特异轮胎公司与齐柏林飞艇公司便成立了一个合资公司，齐柏林飞艇的专利技术被这个合资公司悉数买下，而一部分德国工程师也被送到美国上班。而合资公司的大客户不是别人，正是美国军方。

对于齐柏林飞艇公司而言，美国人的保护和出资在"一战"后延续了它的生命，这使得它能等到新的机会出现。1926年，德国飞艇制造的禁令解除，机会终于出现了。

公司的掌舵人埃克纳显然并不满足于做美国军方的打工仔。这位齐柏林生前的好友，本身就是经验丰富的飞艇驾驶员，他对于飞艇有着更高的愿景，他真正想做的是复现"一战"前飞艇在民航领域的辉煌。

1928年7月8日，LZ127飞艇完工。这一天是齐柏林90周年诞辰，为纪念父亲这位硬式飞艇的创始人，齐柏林的女儿将其命名为"齐柏林伯爵号"（Graf Zeppelin）。

这是当时最大最先进的飞艇，艇长为236.6米，容积为10.5万立方米。相比之下，"一战"出动的最大飞艇LZ112的容积不过6.2万立方米。飞艇的发动机与客舱分开，设置在单独的短舱内，这些短舱具有流线型外观（见图1-79）。飞艇总共配置5台550马力迈巴赫发动机，每台发动机驱动一个3.4米直径的木制螺旋桨，这让飞艇的最高速度达到了128千米/时。

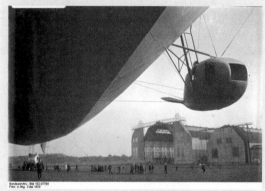

图1-79　齐柏林LZ127飞艇的发动机舱

在燃料方面，"齐柏林伯爵号"飞艇使用两种燃料。飞艇启动时用汽油，之后换用布劳气（Blau gas）。布劳气是德国人赫尔曼·布劳（Hermann Blau，1871—1944）分解石油获得的一种可燃气体，当时常被用来照明和供热。它比煤气优越的地方是热值高，而且不含一氧化碳，因此对人体无害。而且在飞艇上使用布劳气做燃料还有一个非常大的好处——布劳气与空气的密度接近，因此燃烧后飞艇的净浮力几乎不会变化。如果燃烧液态的汽油，那么随着燃料的消耗，飞艇的净浮力会增大，导致飞艇不自觉地上升，而为了避免高度上升，必须放出宝贵的氢气减小浮力，或者通过收集雨水、发动机废气凝水的方式来增加压舱物。正常状态下飞艇主要靠布劳气供能，这样就可以大大节约氢气的排放。

同时飞艇的电气化也很全面。飞艇上有两台西门子发电机，用来给照明、陀螺仪等系统供电。客舱两侧配置了冲压空气涡轮（Ram Air Turbine，简称RAT）用来给客舱照明系统、无线电系统和厨房电器供电

图1-80 齐柏林LZ127飞艇客舱侧面的冲压空气涡轮（红框标示），现在是收起状态

（见图1-80）。今天的一些飞机上还有这个冲压空气涡轮，不过一般被用于紧急供电。

为了验证飞艇的洲际飞行能力，1928年10月13日，"齐柏林伯爵号"飞艇出发驶往美国。在飞行了近一万千米后，飞艇出现在了纽约的上空。期间，飞艇的尾翼蒙皮被风撕破，但很快就被修理好了，算是有惊无险。而112个小时也创造了当时最长的持续飞行纪录。在回程中，"齐柏林伯爵号"搭载了第一位付费跨洋的女乘客。在大西洋的西风助力下，他们回程只用了71个小时。

接着为了展示在欧洲大城市之间建立航空线的前景，"齐柏林伯爵号"飞艇在第二年的春天从德国出发，在地中海区域进行了一次81个小时的不间断飞行。在这期间，飞艇出现在了许多著名城市的上空，比如奥地利的维也纳、法国的里昂和马赛、意大利的罗马和那不勒斯，以及希腊的雅典，甚至远抵圣城耶路撒冷（见图1-81）。

图1-81 "齐柏林伯爵号"飞艇在耶路撒冷城上空（1929年3月26日）

地中海之行结束后，"齐柏林伯爵号"飞艇开启了一趟更具野心的行程——环球之旅。

1929年8月8日，"齐柏林伯爵号"飞艇从新泽西的莱克赫斯特起飞，花费55个小时飞行7000多千米抵达环球之旅的第一站博登湖，平均时速超过120千米。

8月15日凌晨四点半，飞艇载上20名乘客和41名艇员再次升空继续向东飞行。他们在晚上6点抵达苏联边界，接着在穿越了广袤的西伯利亚后，19日中午飞艇出现在了东京上空。日本霞浦港是本次环球旅行的第二站，在这里飞艇上的所有人都受到了日本民众的热烈欢迎。从德国到日本，横跨亚洲大陆11250千米路程，花费了102个小时。相比之下，走海路要4个星期，而走铁路也要两个星期。

休整了4天后，"齐柏林伯爵号"飞艇开始飞越太平洋。从日本霞浦港到第三站洛杉矶，飞艇一共花费了79个小时，航程为9600多千米。最后就是横穿美国，从洛杉矶回到莱克赫斯特。

"齐柏林伯爵号"飞艇的环球旅行总航程约为33000千米，在空中的时间超过了12天半，即使算上在地面停留的时间，总时间为21天5小时，这也创造了当时最快的环球旅行纪录。由于本次环球旅行由美国报业大亨赞助，因此新上任的美国总统胡佛出席了庆功宴并发表了充满溢美之词的感言："我以为像麦哲伦、哥伦布那样的大探险家时代早已逝去，但今天埃克纳博士就站在我的面前。"

可惜，"齐柏林伯爵号"飞艇有些生不逢时。1929年10月29日，华尔街股市重挫，史称"黑色星期二"，从此开启了4年之久的西方经济大萧条。美国人也没钱支持齐柏林飞艇公司的洲际航空线计划了。

尽管全球经济形势一片惨淡，但埃克纳并没有闲着。1931年7月26日，他驾驶"齐柏林伯爵号"飞艇从圣彼得堡升空开始了北极探险之旅。飞艇上共搭载了46人，其中31名是艇员，12名是来自四个国家的科学家，还有两名记者和一名摄影师。奢华的客舱改为了货舱，放置帐篷、雪橇、皮划艇以及各种必需的科研仪器。所有人睡在龙骨走廊的两侧，这是原本艇员睡觉的地方，体现了为科学事业的奉献精神。这次北极科考的主要成果是进行了高空气象观察，记录了地球高空的地磁场变化，以及最直接的——对人迹罕至地带的测绘和拍照。7月31日一早，飞艇返回博登湖基地，5天的考察飞行超过了13000千米。

1931年，在经过两年的努力后，埃克纳建成了第一条洲际航空线。这条航线并非连接欧洲和北美洲，而是从欧洲抵达南美洲。南美洲的最大国家巴西当时已有二十万德国移民，并且移民还在陆续涌进。博登湖与里约热内卢之间的定期航空线一经开通就受到了追捧，从1931年到1935年，德巴航空线一共运行了近50个来回。相比海路的漫长和艰苦，乘坐飞艇绝对是一种享受，当然票价也是不菲（见图1-82）。

### Luftschiffbau Zeppelin LZ No.2 Friedrichshafen, Germany

## To South America by Zeppelin
1934 Time Table of the airship „Graf Zeppelin".

| Friedrichs-hafen * | Pernam-buco | Rio de Janeiro | Aeroplane connection of Syndicato Condor Ltda. | | Rio de Janeiro | Pernam-buco | Friedrichs-hafen * |
|---|---|---|---|---|---|---|---|
| Dep. Saturday evening | Arr. Tuesday evening | Arr. Thursday morning | Buenos Aires Arr. Friday | Buenos Aires D. Wednesd. | Dep. Thursday morning | Dep. Friday evening | Arr. Tuesday afternoon |
| 6. 9. | 6. 12. | 6. 14. | 6. 15. | 6. 13. | 6. 14. | 6. 15. | 6. 19. |
| 6. 23. | 6. 26. | 6. 28. | 6. 30. | 6. 30. | 7. 1. | 7. 2. | 7. 6. |
| 7. 21. | 7. 24. | 7. 26. | 7. 27. | 7. 25. | 7. 26. | 7 27. | 7. 31. |
| 8. 4. | 8. 7. | 8. 9. | 8. 9. | 8. 8. | 8. 9. | 8. 10. | 8. 14. |
| 8. 18. | 8. 21. | 8. 23. | 8. 24. | 8. 22. | 8. 23. | 8. 24. | 8. 28. |
| 9. 1. | 9. 4. | 9. 6. | 9. 7. | 9. 5. | 9. 6. | 9. 7. | 9. 11. |
| 9. 15. | 9. 18. | 9. 20. | 9. 21. | 9. 19. | 9. 20. | 9. 21. | 9. 25. |
| 9. 29. | 10. 2. | 10. 4. | 10. 5. | 10. 3. | 10. 4. | 10. 5. | 10. 9. |
| 10. 13. | 10. 16. | 10. 18. | 10. 19. | 10. 17. | 10. 18. | 10. 19. | 10. 23. |
| 10. 27. | 10. 30. | 11. 1. | 11. 2. | 10. 31. | 11. 1. | 11. 2. | 11. 6. |

* In Europe there are direct aeroplane connections operated by the Deutsche Lufthansa A.-G.
The foregoing Time Table is subject to alteration, especially as regards the departure dates in and after August.

Fares:
Friedrichshafen—Pernambuco.............. RM 1400.—
Friedrichshafen—Rio de Janeiro........... RM 1500.—
Pernambuco—Rio de Janeiro............... RM 400.—
Rio—Buenos Aires (Aeroplane) ........... RM 400.—
Freight rates (excluding Consular fees):
Friedrichshafen—Pernambuco.. RM 8.— per kilogramme
Friedrichshafen—Rio de Janeiro RM 10.— per kilogramme
For Information and Bookings please apply to:
## Hamburg-American Line,
**Wm. H. Müller & Co.,** 66-68 Haymarket, London SW1
their agencies, travel bureaus, or:

图1-82 德国到巴西航空线1934年的时刻表

可惜独木不成林，仅有一艘飞艇是很难保证一条航线运营的可靠性的，更别说开辟新的航线。于是在成功建立南美航线的刺激下，埃克纳开始着手建造下一艘更大的飞艇，这就是LZ129，著名的"兴登堡号"飞艇。

经过5年时间的打造，1936年初"兴登堡号"飞艇正式登场（见图1-83）。飞艇总长为245米，尽管只比"齐柏林伯爵号"长了10米不到，但其直径增粗了三分之一，为41.2米，这使得它的总容积达到了20万立方米，几乎是"齐柏林伯爵号"的2倍。而大带来的好处就是"兴登堡号"的负载能力是"齐柏林伯爵号"的5倍（102吨比上20吨）！为了与巨大的身形匹配，"兴登堡号"上装有4台戴姆勒-奔驰DB602V16发动机，单台功率高达1050马力。

图 1-83　齐柏林 LZ129 飞艇——"兴登堡号"

"兴登堡号"飞艇绝对配得上"豪华"这个头衔。为了减小阻力，它的客舱是全部设置在流线型的艇身内部的，只有驾驶舱探出艇身之外。客舱拥有两层甲板，上层甲板中间位置的住宿区有25个标间，尽管标间面积不大，但内有折叠桌椅、衣橱和冷热水洗漱盆，而且标间内有暖气，热水

取自发动机的水冷系统。住宿区的旁边是面积为70平方米的餐厅，可容纳34名客人同时就餐。餐厅的外侧是观光廊道，开有玻璃窗，窗户向下倾斜，可以从空中饱览风景（见图1-84和图1-85）。住宿区的另一边对称位置设有娱乐厅和阅读室，娱乐厅内摆着一架特质的铝制钢琴。

客舱下层甲板有厨房、卫生间和浴室，甚至还有一个18平方米的吸烟室，室内维持对外界的正压，这样即使有少量的氢气泄漏也不会进入吸烟室中。当然，在飞艇上烟火是受到严格管制的。乘客所有的吸烟行为都必须在吸烟室并在一名服务员的监督下进行。

为了保证飞艇平稳飞行，飞艇的操控人员中配置了专门控制高度和俯仰的升降舵舵手（Elevator）。这是飞艇上除了艇长最重要的工种。他们双脚前后站立，有经验的升降舵舵手甚至通过脚感就能知道艇艏是上扬还是下沉。在他们的控制下，艇身的俯仰角不会超过5度（红酒瓶翻倒一般需要10度），大多数情况下只在2度的范围内。

图1-84 "兴登堡号"飞艇上的餐厅

图1-85 "兴登堡号"飞艇上的标间，如果只看内部，很难分清这是一艘邮轮还是飞艇

　　多数情况下，飞艇在静谧的夜间和凌晨起飞，很多乘客甚至都不知道自己已经升空。而且由于飞艇的自重和体积，一般的湍流和阵风很少能晃动艇身。再加上客舱与发动机舱相隔较远，因此客舱十分安静，发动机的振动也可以忽略不计。就像今天我们在中国高铁上做的游戏一样，旅客可以在餐桌上竖起铅笔。飞艇的平稳和安静让当时的任何交通工具都望尘莫及。飞艇航空公司的宣传册上甚至印有这样一句大话："在齐柏林飞艇上没人会晕机。"用"飞行的旅馆"来形容飞艇的确恰如其分。

# 1.14 科技史悬案，"兴登堡号"灾难背后的原因是什么？

也许没有人是生来的明星，但一些技术产物的确不负此名。

1936年8月1日，刚出厂不到半年的"兴登堡号"飞艇在柏林奥运会的主场上空飞过，场上参加开幕式的10万名运动员和观众目睹了这位德国科技明星的风采。而就在一个月前，"兴登堡号"创下了自己的世界纪录——往返法兰克福和莱克赫斯特，两次飞越大西洋总用时破百，98小时28分钟（飞行时间）。即使算上在地面上的停留时间，一个人也能在一周内往返欧洲和美国，这在当时绝对算得上是高效出行的典范。

此时大萧条最严重的时期已经过去，全球经济活动逐步复苏。齐柏林飞艇公司对"兴登堡号"寄予厚望。在1936年一年中，它34次飞越大西洋，其中往返德国和美国10次，往返德国和巴西7次。1937年，它计划承接39个来回的德美航班中的18个。在3月份成功往返法兰克福和里约热内卢之后，1937年5月3日，"兴登堡号"开始执行自己的第一趟北美预定航班。

不同于我们今天对于长途飞行的感受，对于飞艇的乘客来说，两天多的时光既舒适又欢乐。他们能在宽敞的餐厅中用餐，也能在酒吧小酌，甚至可以在吸烟室吞云吐雾。他们可以选择在阅览室中安静地读书写信，也可以在大厅中唱歌跳舞热闹一番。即使没有任何准备也不会感到无聊，因为窗外永远不缺风景，通常不过几百米的飞行高度加上巨大的走廊舷窗，可以让人饱览城市和田园风光，或者目睹飞鱼和海豚跃出海面。而当一天过去后，乘客们能够沐浴更衣，然后平躺在各自的房间中好好睡上一觉，仿佛在度假酒店中度过了一个美好的周末。

而对于飞艇上的所有工作人员来说，这不过是一次平淡无奇的旅程。

"兴登堡号"计划于当地时间5月6日早上6点降落，但是由于在大洋上遭遇强风，飞艇抵达莱克赫斯特时已经是中午。不巧的是，当地的天气也很差。地勤人员用无线电通知飞艇建议他们等暴风雨停了再降落，于是艇长临时增加了一次波士顿和纽约的空中巡游（见图1-86）。乘客显然对于这个安排非常满意，这两个城市的居民也因能目睹飞艇兴高采烈。当飞艇以200米高度飞过埃贝茨棒球场时，在场的球迷纷纷抬头看向天空，正在比赛的布鲁克林道奇队和匹兹堡海盗队的队员也暂停了比赛，所有人都惊喜地注视着这个庞然大物掠过头顶。此时没人能想到一场巨大的灾难将会在几个小时后上演。

图1-86 "兴登堡号"飞翔在纽约曼哈顿上空（1937年5月6日），通过其上方伴飞的飞机尺寸能直观感受到齐柏林飞艇之大

下午5点左右，飞艇收到无线电通知得知暴风雨已经偃旗息鼓。6点钟，莱克赫斯特机场已经聚集了不少看热闹的人，那些来接机的亲朋好友以及定了返程票的乘客也到场参观。记者们纷纷在车顶架起相机准备给报纸和电台捕捉第一手新闻资料。当飞艇缓缓下降时，艇上的旅客透过舷窗向地面上的人们挥手致意。

图1-87　地面人员将齐柏林飞艇牵引到指定位置（非最终航行）

与飞机的降落不同，飞艇的降落需要地面人员的密切协助（参见图1-87）。首先要将飞艇下降到地面附近的高度，然后抛出降落绳由地面人员牵引到指定位置，最后下放客舱底层的活动梯子方便乘客走下飞艇。由于飞艇体积巨大，需要相当多的地面人员，对于"兴登堡号"这样的超大型飞艇，地面人员规模甚至会达到200人。

正是在着陆的过程中灾难发生了。

晚上7点，艇长给出了准备降落的命令，地面200名工作人员早已准备就绪。7点21分，艇艉的降落绳被抛出。4分钟后，地面上的人们发现了异常。在艇艉附近，艇身内部开始发光，好像灯笼一般。

几秒之后，艇艉就腾起了一团大火。由于氢气被烧掉，飞艇的尾部下沉而头部扬起，火焰在飞艇内部高速向头部蔓延，并最终从鼻部喷出，犹如一盏巨大的喷灯。接着飞艇一边燃烧一边坠向地面（见图1-88和图1-89）。一位在场的记者描述道"火光犹如千万颗照明弹"。从起火到整个飞艇被大火吞噬仅仅用了30多秒。

图1-88 "兴登堡号"空中起火并坠落地面

图1-89 "兴登堡号"坠落地面

如此近距离地目睹灾难让新闻播报员赫伯特·莫里森（Herbert Morrison，1905—1989）情绪激动，一度失声，而他对整个灾难的报道也成为新闻史上的一个经典案例。

直觉上，似乎没人能从这样惨烈的空中火场中生还。但由于火焰及烟气向上升腾，飞艇的尾部率先坠地，大部分乘客和艇员逃出了火海，堪称奇迹。飞艇上共有36名乘客和61名艇员，其中13名乘客和22名艇员死亡，还有一位不幸遇难的是地面人员，当飞艇燃烧下坠时，他正好位于客舱正下方。

关于"兴登堡号"的事故原因有三个主要的说法。

第一个说法是闪电。"兴登堡号"降落前的确处于风暴区域，但是事故发生时没有记录到闪电发生。况且这个说法被飞艇上的工作人员嗤之以鼻。因为在此之前，"齐柏林伯爵号"与"兴登堡号"已经进行了600多次飞行，期间它们遭遇过多次暴风雨，甚至还被闪电直接击中过，但都安然无恙。因此即使当时有不太明显的闪电也不能导致飞艇起火。

第二个说法就是氢气泄漏之后被电火花点燃，当时德美联合调查组倾向于这个解释。而对于氢气如何泄漏以及电火花怎么产生这些关键细节，调查组没能给出确定的结论。这也是情有可原的，即使借助今天的高科技手段，火灾鉴定依然是一件困难且充满不确定性的工作。大火的高温吞噬了一切，留不下太多证据。尽管事故发生时有摄像机和很多照相机在场，但是没有人拍下起火的最初时刻，而目击者的供词也并不一致，因此甚至连最初的起火点都无法准确确定，大概的位置是飞艇背部临近尾翼的地方，大多数证词指向4号气囊。

齐柏林飞艇公司的总裁埃克纳博士在事故后立即动身赶往美国参与了事故调查。这位从LZ3飞艇时代就加入公司的老人，本身就是一名资深艇长，而且他还在"一战"时期作为教练员培养了众多艇长。埃克纳对于飞艇的各种细节可谓了如指掌。他在调查后认为，飞艇在降落前做了一个急转弯的动作，艇艉结构可能产生了过大应力，这导致一根张线绷断刺穿了4号气囊。这可能就是导致氢气泄漏的原因。

而对于电火花的来源，埃克纳认为是圣艾尔摩之火（St. Elmo's fire）。

图1-90　1886年的一本老书上关于圣艾尔摩之火的插图

所谓圣艾尔摩之火是大气中的一种电晕放电现象。当带电体的电场强度达到100 kV/m时，周围较为湿润的空气就会被击穿，此时空气中的氧气和氮气被电场激发就会发出蓝紫色的辉光。这种现象对于帆船的水手来说并不罕见，在风暴前夕桅杆的尖端有时会发出辉光（见图1-90

和图 1–91）。埃克纳的这个说法的确有根据，有两位目击者称在艇身背部着火前看到了蓝色的"火苗"。

但电晕放电是较为温和的一种放电方式，一些学者认为电场能量不足以点燃氢气，而电火花应是

图 1–91　500kV 高压线绝缘子上的电晕放电现象

艇身蒙皮与金属结构件之间的火花放电。火花放电类似发动机的火花塞，能量较高。

"兴登堡号"降落前就处于风暴区域，因此艇身积累了大量电荷。当降落绳被抛下后，飞艇的金属结构被接地，而艇身蒙皮是绝缘的，电荷无法被导走，这就使得两者之间产生了放电火花。通常情况下这些电火花并无大碍，但由于气囊破裂，氢气与氧气混合，因此这一次的火花放电就引起了致命灾难。

而第三个说法流传甚广，那就是有人蓄意破坏。

巨大的灾难加之纳粹上台后紧张的国际形势很容易滋生阴谋论。比如有人声称看到可疑男子在大衣中藏了一把狙击枪，也有人说在事故前见到一架小飞机接近过飞艇。出发前，德国驻美大使的确收到过一封报警信，虽说总有类似的信件，但这一次大使将其转交给了齐柏林飞艇公司总裁埃克纳。不过在后来 FBI 的调查中，探员发现写信的女人并无真凭实据，只是在梦中见到了可怕的场景。在详细盘查了所有幸存乘客和艇员之后，两国探员也并未找到任何实在的证据。

不过蓄意破坏论的支持者并不少，甚至包括公司的总裁埃克纳，尽管他公开承认氢气泄漏之后被电火花点燃是最可能的事故原因，但他从来都没排除有人蓄意破坏。FBI 调查局的口供记录中有这么一句，"考虑到事故

中的众多疑点，'兴登堡号'事故是反纳粹人士蓄意破坏的结果"。

蓄意破坏论的支持者甚至认为政府掩盖了真相。因为一方面高傲的纳粹政府不愿承认齐柏林飞艇这样的帝国标志能被反对者轻易破坏，而另一方面美国政府也不希望查出是自己人搞的破坏，从而让本来就紧张的国际形势更加严峻。

不可忽视的一点是，蓄意破坏论的支持者很多是那些在工厂设计制造飞艇的人以及在飞艇上工作的人们。他们中很多人将毕生精力投入到了这项事业中，不仅视飞艇为养家糊口的手段，也对这项技术抱着很强的信念，因此从心底拒绝承认飞艇上的技术缺陷。

"兴登堡号"事故并非死伤最多的空难，但由于被摄像机记录，它成为影响力最大的空难。此难之后，德国禁飞了所有氢气载人飞艇，"齐柏林伯爵号"被关入库房。甚至美国海军旗下的3艘硬式飞艇也被下令放了气，尽管其充的都是不可燃的氦气。

"兴登堡号"的灾难标志着浮空器作为交通工具的历史终结。多年运营积累在人们心中的安全感荡然无存，取而代之的是对火灾和坠毁的恐怖回忆。之后，齐柏林飞艇公司并未放弃，积极争取改用安全的氦气，但是由于德国法西斯政党的上台，手握世界唯一氦资源的美国禁止了氦气的出口。没有安全的浮力气体，浮空器的发展之路被彻底堵死。

在飞机面前，德国人深知飞艇的军事价值有限。1940年在戈林的命令下，最后一艘硬式飞艇"齐柏林伯爵2号"被拆解，材料被拿去制造飞机了。

## 1.15 / 假如历史可以重来，安全的氦气能否拯救大飞艇？

　　出于自我保护的需要，人类总是容易忘掉令自己痛苦的事情，但巨大的悲剧却让人久久无法释怀。"兴登堡号"飞艇大火（见图1-92）与"泰坦尼克号"巨轮沉没、切尔诺贝利反应堆熔毁、"挑战者号"航天飞机爆炸一起成为20世纪的四大技术悲剧，甚至衍生成了一种文化符号，以至于事件过去很久之后，它们依然吸引着人们去讨论、去研究、去追寻历史的真相。

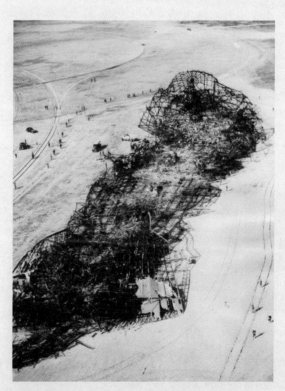

图1-92 "兴登堡号"飞艇的残骸，犹如海滩上的巨大鲸骨

1997年,"兴登堡号"灾难过去的60年后,退休的NASA(美国国家航空和航天局)科学家艾迪生·贝恩(Addison Bain)又提出了一种新的理论。这位研究氢气的专家认为最初起火的并非气囊里面的氢气,而是艇身外面的蒙皮。齐柏林飞艇的铝合金骨架外有一层帆布蒙皮,为了降低风阻,需要给蒙皮做硬化处理,同时为避免织物吸水让飞艇增重,蒙皮还需要做防水处理,这就需要涂布漆(Dope)。

贝恩发现"兴登堡号"使用的涂布漆中掺入了铝粉和铁的氧化物,掺入这两种物质的目的是增加涂层的反射率,避免气囊因日晒过热以及紫外线对囊皮的老化。但是,这两种物质混合在一起能够发生非常剧烈的氧化还原反应,产生最高可达2500℃的高温,被称为铝热反应。工程上常用铝热剂来焊接铁轨,而固体火箭的推进剂也含有这种组分。

为了验证自己的说法,贝恩找到了一块"兴登堡号"残留的蒙皮,成功用电火花将其点燃,这块蒙皮的确发生了剧烈的燃烧。因此,贝恩得出结论,"兴登堡号"的起火原因不是电火花点燃了泄漏的氢气,而是点燃了易燃的涂布漆,这就是易燃漆理论(Incendiary Paint Theory)。

贝恩的理论遭到了一些学者的反驳,比如同是NASA科学家的A. J.德斯勒(A. J. Dessler)指出,贝恩实验中产生电火花用的是"雅各布天梯"(Jacob's Ladder)装置,这种装置能产生温度极高的电弧,但需要电场强度达到30000伏/厘米(见图1-93)。并且雅各布天梯产生的是连续的高压电弧,而普通单次的

图1-93 "雅各布天梯"的实际效果

静电火花的能量并不足以点燃涂布漆。

不过这还不是易燃漆理论的最大缺点，它的最大缺点在于无法解释飞艇大火的传播速度。与我们的直觉相反，固体火箭燃料的燃烧速度并不快。比如航天飞机上的固体推进剂，其燃烧速度为1厘米/秒，按照"兴登堡号"的尺寸，在没有氢气的情况下，从艇艉烧到艇艏至少需要数个小时。这与实际情况差了2个数量级以上。"兴登堡号"整个飞艇烧尽仅仅用了30多秒，燃烧速度达到了7米/秒，只有氢气燃烧能达到这样的速度。

为了验证易燃漆理论，《流言终结者》节目（第5季第1集）制作了两个1∶50的模型，表面都刷上了混有铝热剂的涂料，一个充满氢气，一个不充氢气。实验结果显示充满氢气模型的燃烧速度要快得多。

最近，加州理工大学的教授康斯坦丁诺斯·P. 贾皮斯（Konstantinos P. Giapis）为"氢气泄漏被电火花点燃"的说法提供了新的科学证据。在2021年PBS频道的科普节目中，贾皮斯解释了从降落绳落地到起火之间的神秘的"4分钟"延迟。

按照当时飞艇的制造工艺，蒙皮与金属骨架使用麻绳固定，因此两者之间是电气绝缘的。当飞艇浮空时，即使蒙皮从大气中获得大量的电荷，其与金属骨架之间也无电势差，不会产生电火花。但当与金属骨架连接的降落绳放到地面后，降落绳就成了一根接地线。蒙皮与金属骨架之间立即产生了巨大的电势差，此时电火花就可能在两者的间隙中产生。之所以电火花没在降落绳着地的一瞬间产生，是因为"兴登堡号"飞艇的蒙皮与金属骨架构成了一个巨大的电容，蒙皮带正电，而大地则通过降落绳为金属骨架提供电子（负电），贾皮斯估算这个电容"充电"正好需要4分钟时间。

考虑到事故发生时现场依然飘有小雨，在这种环境下电火花点燃潮湿的蒙皮可能性较低，而点燃泄漏的氢气则容易得多。历史的真相到底如何恐怕永远不会有最终的定论，但有一点是肯定的，使用氢气作为浮力气体

站在科技史的角度，除了探查火灾的起因，还有更深远的问题值得思考，其中一个问题就是如果没有火灾事故，飞艇能否获得商业成功？

存在巨大的安全隐患。

如果从"兴登堡号"飞艇的姊妹号"齐柏林伯爵号"飞艇的运营数据上看，飞艇航空的商业成功的确可期。

"齐柏林伯爵号"飞艇在1937年6月被迫退役前，累计运行8年零9个月的时间。期间它累计飞行1万7000小时，总里程突破100万英里（约160万千米），总载人数47000多人（包含艇员），付费乘客13000多人，同时运送邮件50多吨。公开的资料显示，乘客加上邮件收入可以覆盖"齐柏林伯爵号"飞艇每次飞行的成本。

而在"兴登堡号"飞艇的设计阶段，埃克纳是考虑使用安全的氦气作为浮力气体的。可惜由于美国政府的禁令，"兴登堡号"飞艇造好后又不得不使用氢气。因此有人说是希特勒最终毙掉了德国的科技明星。

但一个不容忽视的问题是，天下没有免费的午餐，技术领域一样如此。任何一个技术方案在带来好处的同时也会带来坏处。使用氦气增加了飞艇的安全性，但它要以牺牲经济性作为交换。氦气比氢气贵了数倍，而且它也比氢气重。

"兴登堡号"飞艇的容积是20万立方米，氦气的密度为0.18千克/立方米，氢气的密度只有前者的一半为0.09千克/立方米，就是说从氢气换成氦气，飞艇的有效载荷将要减掉18吨。这是一个不小的数字。计算表明，如果使用氦气，建造中的"兴登堡号"的下一任LZ130飞艇只能搭载40名乘客，而在使用氢气时它的载客能力是150名。由此带来的收入减小和成本上升，使得飞艇航空的商业前景非常暗淡。

另外一个问题是飞艇航空远非大众交通，它的票价昂贵。

"兴登堡号"飞艇德美航线的单程票价为400美元，往返票价为720美元。作为参考，19世纪30年代一辆全新家用轿车的售价在600～800美元之间。而当时最快最豪华的邮轮"玛丽女王号"（RMS Queen Mary）的头等舱单程票价不到300美元，往返票价只有500美元出头。如果不需要享受旅程，只是赶路的话，三等舱票价只需93美元，其住宿条件即使按照今天的标准来说也并不算差（见图1-94和图1-95）。飞艇的最大优势是时间，邮轮需要5～6天时间横渡大西洋，而飞艇可以将这个用时减半，但为这两天时间所花的代价的确不菲。

飞艇的高票价源于高运行成本，这一点从载客能力上就能看出。"兴登堡号"飞艇初期最多能接待50名乘客。之后，"兴登堡号"飞艇进行了扩容，拆除了一些不必要设施（比如钢琴）后载客能力增加到70名。相比之下"玛丽女王号"邮轮的最大载客能力是2139名（头等舱776名，二等舱784名，三等舱579名），两者的差距是30倍。提高经济性的做法是尽量增加乘客数量，因此在建的LZ130飞艇的设计载客数定在了100名，而LZ131

图1-94 汉堡—美洲公司邮轮的三等舱　图1-95 汉堡—美洲公司邮轮的餐厅
标间（1938年）

飞艇的载客数又大幅增加到150名。不过这个载客能力必须使用氢气才能达到。

可见，即使有安全的氦气也无法保证齐柏林飞艇在商业上的成功。只是与大多数没落技术的黯然消亡不同，"兴登堡号"大火为硬式飞艇的退场增添了强烈的戏剧效果。就像齐柏林伯爵在20年前所预言的那样，它终究没有敌过另一个伟大的发明——飞机。

但飞艇依然无愧于伟大发明的称号，它始于气球，最先让人类挣脱引力的束缚升上天空，接着它发展出了优秀的操控性，为人类的活动增添了一个新的维度。伴随着它的发展，内燃发动机、航空合金和无线电导航等领域的技术也都得到了发展。

如此成就，虽败犹荣。

第**2**章

升力之翼

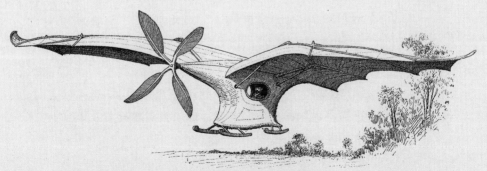

L'oiseau de M. Ader.

人类是受直觉支配的动物。前面写到的气球与飞艇都属于浮空器，它们比空气轻，在我们看来，浮空器能升空是非常自然的，就像水中的木块向上浮起一样。而飞机则被归类为"比空气重的飞行器"（Heavier-Than-Air Aircraft），在重力的作用下它趋向于坠落地面。直到今天，依然会有人觉得飞机飞行是极其"不自然"的事情，从而抗拒乘坐飞机。

由于气球和飞艇早于飞机出现和技术成熟，人们通常认为浮空器是人类飞行问题的"简单解法"，而飞机则是"困难解法"。

但是放眼大自然你就会发现上述论断的奇怪之处。作为地球上物种数量最多的动物，昆虫在生命周期的某个阶段都具有飞行能力；鸟类遍布七大洲，物种数量上万，比人类所属的哺乳动物数量要多不少，它们中的绝大部分都会飞；而哺乳动物中的蝙蝠也能飞，且它们的物种数量仅次于啮齿类，是哺乳动物中种类第二多的物种。

所有这些动物都比空气重，它们都依靠翅膀飞行。在自然界中，"简单解法"无处可寻，"困难解法"却写满了天空。如此看来，浮空器才是"不自然"的。那为什么人类没能先发明飞机呢？

我想这也许就是"困难解法"的真正困难之处——自然界早就给出了答案，但人类要想看懂它还需要下一番苦功。

# 2.1 "水无常形"，中国人的智慧与达·芬奇的想象

空气和水是人类生活中最常见也是最基本的两种物质，它们有一个共性，那就是都是流体。由于纯净的空气不可见，因此人类对于流体的研究是从水开始的。

对于静止流体的性质，古人很早就研究得颇为清楚，其中最重要的成果就是浮力。虽然古希腊的阿基米德（公元前287—前212）最早总结出了浮力定律，但我国古人在对浮力的理解上并没有落后，在应用上更是抓住了精髓。

曹冲称象的历史故事显示，在三国时代（公元220—280）我们就已经掌握了排水量和浮力之间的等价关系。而在曹冲之前，汉代的工匠也已经知道用水来判断工件的均匀性。他们会将箭矢和车轮浮在水中，然后根据各部分没入水中的深浅判断重心是否偏移，之后通过局部增减材料来进行重心调节。

另一个著名的历史人物是北宋僧人怀丙，他逆向使用曹冲的方法从河底打捞起了重达数万斤的铁牛。怀丙将两只装满沙土的大船行驶到沉没铁牛的正上方，然后派潜水者用缆绳将铁牛紧紧系在两船之间的横木上，接着他将船中的沙土抛入河中。随着沙土减少，船身上浮，铁牛就被提离河底。怀丙的方法与我们今天使用的浮筒打捞法异曲同工。

浮力也能用来判断流体本身的性质，比如密度。同样是在北宋，盐工会用莲子、鸡蛋和核桃仁来判断盐水的浓度。如果上述物体在盐水中浮起，那么就证明盐水的浓度

合格，如果沉底则说明盐水浓度过低，用其晒盐费时且产量低下。这种方法比用舌头尝味道要客观得多。

大自然中的很多事物都充满迷惑性，一些看似简单的东西却拥有异常复杂的一面，考验着人类的智慧。尽管静水的力学性质三言两语就能说明白，但当水流动起来之后情况就立即变得复杂了，有时候溪水平静地流动，宛如一块玻璃，有时候又充满乱流和漩涡。我国古人曾感慨"水无常形"，这正是流体变化多端捉摸不定的最好表述。

继阿基米德之后，西方研究流体的第一人当属文艺复兴三杰之一的达·芬奇。这位以《最后的晚餐》和《蒙娜丽莎》著称于后世的大家多才多艺，他不仅擅长绘画、雕刻和建筑，也通晓数学、天文和物理，可谓横跨艺术和科学两界。从他留存于世的大量手稿中，我们可以看到达·芬奇对于流体问题的关注。作为一个绘画专家的优势就是，他将流动进行了"可视化"描绘（见图2-1）。

在研究流体时，"可视化"非常关键，它解决了语言的匮乏与含义模糊的问题。值得注意的是，达·芬奇并没有停留于表面观察，他还进行了实验，比如将颜料、植物种子、自制浮子等轻小物体投入水流作为示踪粒子（见图2-3）。他在图2-2的文字中写道："水流与头发相似，头发的造型由两个因素塑造，一个是下垂的重量，另一个是自然的卷曲。水流的运动也由两种运动构成，

图2-1 达·芬奇手稿中对于流场的描绘图之一

图2-2　达·芬奇手稿中对于流场的描绘图之二

一种取决于主体的运动趋势，另一种则是偶然的、不可控的。"因此达·芬奇所描绘的流场并不是对自然水流的忠实临摹，他在观察中融入了概念性的东西，反映出了他对于流体内部结构的思考。

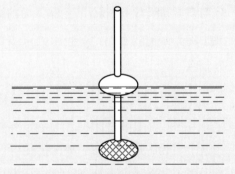

图2-3　达·芬奇制作的竖直浮子，一根立杆下方固定一颗石子，上方是一个小气囊，根据立杆的倾斜角度可以判断不同深度上水流的速度差异

　　除了对流场进行定性描述，达·芬奇还做了定量研究，最重要的成果是认识到了流体的连续性，并由观察总结出了流体体积守恒定律（见图2-4），用现代数学语言描述就是流体流经两个断面时满足 $A_1v_1 = A_2v_2$，其中 $A$ 为横截面，$v$ 为流速。流体体积守恒是质量守恒的一种特殊情况，对于水这种几乎不可压缩的液体

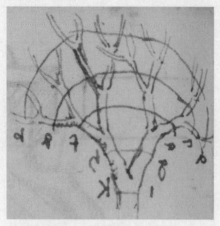

图2-4 树状分支中的流体体积守恒概念（达·芬奇手稿）

来说，可以认为体积是守恒的。甚至对于空气这种通常认为具有"弹性"的物质来说，在低速的情况下，体积守恒也能被很好地满足。

这些从水中总结出的结论也可以推广到空气中。手稿文字清晰地显示达·芬奇已经注意到了空气和水运动的共性，他认为人类包括动物在水中游泳可以帮助我们理解鸟类在空中飞行。

通过解剖鸟类和人体，年轻的达·芬奇发现生命之间存在着深刻的相似之处。这些积累的解剖学知识让他产生了一种信念，即在机械的帮助下，人类可以像鸟一样利用自身的肌肉力量实现动力飞行。今天这种通过扇动翅膀来进行飞行的机器被称为扑翼机（Ornithopter），这个词的后半部分与直升机（Helicopter）一样，而前半部分的Ornith来源于希腊语，意思就是鸟。而他的手稿中最吸引人也最具创造力的部分当数他所绘制的飞行器草图。

仔细看过手稿我们就能发现，达·芬奇的飞行器设计绝非源于天马行空的想象，它有着相当的科学实验精神做基础。比如下面这个扑翼实验。在这个实验中达·芬奇想要测出他所设计的形如蝙蝠的"翅膀"可以产生多大的力。实验的主体结构是两根杠杆，一根是人力驱动杆，一根是"翅膀"的柄。人力驱动杆固定在地面上，而"翅膀"的柄固定在一个基座上。基座是一块重200佛罗伦萨磅（约68千克）的铁板，它可以被抬离地面（见图2-5）。

"翅膀"骨架的中部装有铰链，前部的下方用绳索通过两个定滑轮连接到人力驱动杆上。达·芬奇这样设计的目的是想最大限度地"捕捉"空气。在下压驱动杆时"翅膀"向下运动，翼面收拢，像手一样"抓"住空气；而上抬驱动杆时"翅膀"向上运动，同时绳索拉紧使翼面伸展。

扑翼实验的目的是检验单靠人力挥动翅膀能否产生足够的力。基座铁板的重量大约是一个成年人的体重，如果输入的动力足够，那么翅膀不断上下拍打的同时，基座就能一直保持在空中。达·芬奇甚至在图中还画出了进行实验的场地，即一个较陡的山坡。后世学者据此认为达·芬奇本人很可能进行了这一实验。

也许是认识到人类的手臂力量不足，在完整的扑翼机设计中，达·芬奇试图动用人体全身肌肉的力量。在下面这个扑翼机设计中，达·芬奇巧妙结合了杠杆、滑轮和脚蹬。驾驶者趴在与翼面平行的平板上，他可以同时使用双手和双腿来扇动翼面（见图2-6和图2-7）。

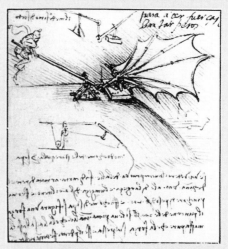

图2-5 扑翼实验（达·芬奇手稿，约1487年至1489年间），注意下方的侧视图中给出了能让翼面折叠的机构

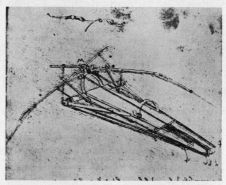

图2-6 扑翼机设计（达·芬奇手稿，约1486年至1490年间）

图2-7 根据达·芬奇手稿制作的扑翼机模型

## 2.2 / 螺旋与扑翼，达·芬奇的设计能否实现？

一些学者指出，达·芬奇设计的飞行器是一种演出装置。这种说法的确有根据。因为在当时的佛罗伦萨和米兰，上至统治者下至老百姓都喜爱戏剧和庆典，而达·芬奇的一重身份正是舞台设计。或许他的飞行器设计是从演出装置起步的，但他并没有止步于此。从约1490年开始，达·芬奇花了20多年研究飞行问题，他一共画了500多幅草图，还留下了3万多字的笔记。从他的笔记中我们不难发现这种始于"剧场特效"的工作最终演变成为他毕生的兴趣和追求。

总结达·芬奇的工作，我们可以负责任地说，他的空气动力学知识是超越时代的。

### 第一

是前面说到的流体流动时的体积守恒定律。

### 第二

是他认识到了"相对性原理"，即鸟在静风中飞行时所受到的力与鸟悬浮而风吹过时受到的力相同，这个结论同样适用于水，一根杆子在静水中运动与静止的杆子插在流水中，这两种情况下水对杆子产生的效果是相同的。这其中反映出的对于运动相对性的认识早了伽利略一百年。意大利学者贾科梅利（Giacomelli）称这个相对性原理为"空气动力学的交换律"（Principle of Aerodynamic Reciprocity），它是日后空气动力学最普遍的实验装置——风洞的基本原理。

### 第三

达·芬奇还表述了气动阻力与物体的面积成正比这一思想，并认识到流线型对于减小阻力的作用（见图2-8和图2-9）。

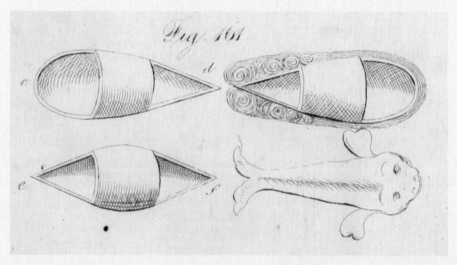

图2-8　达·芬奇绘制的尖头、圆头以及纺锤形物体在流体中的流线

当然不可避免地，达·芬奇也犯了一些错误。

比如，他认为翅膀能产生升力是因为向下扇翅膀压缩了下面的空气，下方被压缩的空气的压力大于上方被拉伸的空气的压力，这个压力差将翅膀托起。尽管他悟到了200年后牛顿才总结出的作用与反作用原理，翅膀的确受到空气施加的反力，但是在升力产生的原因上他搞错了。一个明显的反例是滑翔时，鸟无须扇动翅膀就能产生足以抵消地球引力的升力。

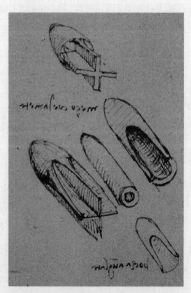

图2-9　达·芬奇绘制的流线型的炮弹

这里必须强调的一点是，达·芬奇绝非眼高手低之人，他经常将自己总结出来的知识应用于设计和实践。

他曾努力塑造自己的工程师身份。在给米兰公爵的一封求职信中，他列举了自己在水道、桥梁、地道等土木工程领域的才能以及关于火炮、投石机甚至装甲战车等新颖武器的设计。尽管求职信有夸大的成分，但人们在他的笔记中的确找到了众多上述设计，而他后来也的确从事过军事工程师的工作。因此我们会看到，达·芬奇的扑翼机不仅是一个艺术家的脑洞大开，在这些机器身上还闪耀着相当多的"工程师气质"。

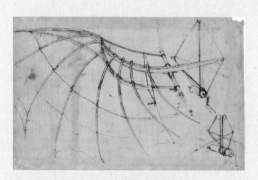

图2-10　滑轮机构用于调整翅膀的角度

比如，他从观察鸟类的飞行中发现，翅膀的上下运动并不是对称的，鸽子翅膀落下的速度比抬起的速度快。而且鸟翅膀上的羽毛不是固定不动的，而是可以根据翅膀的姿态进行扭转。因此，他认为鸟在向下扇动翅膀的时候，翅膀上的羽毛会合拢，而向上扇动的时候则张开让空气透过以减小阻力（在羽毛运动这一点上达·芬奇犯了错，现实情况并非如此，向上扇动时翅膀也是不透风的）。据此，达·芬奇为自己的扑翼机翅膀设计了角度调整装置以及空气单向阀（见图2-10和图2-11）。

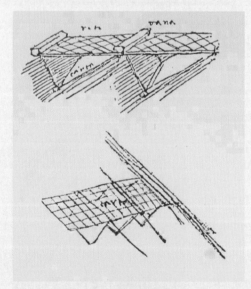

图2-11　达·芬奇设计的空气单向阀，向下扇动时阀门闭合，而向上扇动时阀门打开

一个更有意思的设计是经常被称为"达·芬奇的直升机"的螺旋桨装置（见图2-12）。

图2-12 达·芬奇的螺旋桨装置（约1489年）

"达·芬奇的直升机"的核心部件就是一个螺旋面，为了使结构牢固，螺旋面通过张线固定在底座上。不过，正是这些张线给实际装置的运行造成了问题。由于这个草图缺乏一些必要的细节，人们后来进行了多种猜测。一种可能的结构是下方平台有两层，上层平台是一个圆环形，两层之间可以相对滑动，螺旋面与立柱之间没有连接，立柱上的十字杆并非用于转动立柱而是作为扶手使用。操作者通过脚蹬使上层环形平台转动，而平台则通过张线驱动螺旋面旋转。在这种情况下，操作者无法与螺旋面一起升空而是留在地面上。

如果想让操作者跟随整部机器一起升空，就需要调整张线的固定位置。一个可能的解决方案是将螺旋面固定在立柱上，而操作者推动十字杆驱动螺旋面转动。可惜在这种情况下，一旦"达·芬奇的直升机"升空，那么操作者下方的平台就会向反方向旋转，他们将无法再使上力。因此即使人体能提供足够的动力，这个装置也不能持续飞行（参见图2-13和图2-14）。

图2-13 达·芬奇的螺旋桨装置，无法转动的版本（日本名古屋机场）

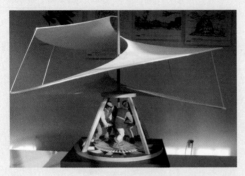

图2-14 一种转动的版本（德国巴克堡直升机博物馆）

尽管"达·芬奇的直升机"无法运行，但其对后世的启发意义却不容忽视。虽然人们对于螺旋形并不陌生，早在古希腊时代人们就已经利用螺旋面来提水，但却是达·芬奇最早让人们认识到了螺旋面的驱动能力。他认为螺丝刀可以钻进木头，如果速度足够快，那么他的机器也能够"钻进"空气，并在空气中攀升。达·芬奇第一次将螺旋桨引入到了交通工具的设计中，而他的"空气螺旋桨"设计甚至早于船舶。

其实达·芬奇有比螺旋桨装置更接近"直升机"理念的设计，那就是这个碗形飞行器（见图2-15）。这个碗形的飞行器属于扑翼机，它有四个叶片，两片一组交替上下扇动。操作者站在立柱的中间，运用手脚经过一系列滑轮和转轴驱动上方的叶片。有意思的是，达·芬奇还给飞行器设计了可以回收的支架和梯子（见图2-16）。

可惜，相较前面提到的蝙蝠形的扑翼机，这个碗形飞行器更不可能飞起来，根本原因还是在于人体的肌肉输出功率不足。

达·芬奇后来终于认识到这一点。为了突破人体肌肉的限制，他曾尝试使用弓来驱动扑翼机，他正确认识到了弓的"功率放大器"作用——缓慢拉弓时所做的功存储为弓身上的弹性势能，然后在释放的一瞬间将这些能量释放出去，这样就能在短时间内达到很大的功率（见图2-17）。可惜弓并非持续做功的原动机，一位翱翔在天上的飞行者要时不时进行拉弓的场面不仅不现实还有些滑稽。

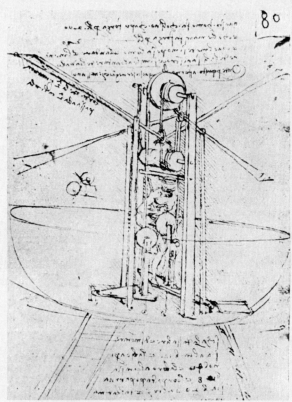

图2-15 达·芬奇设计的碗形飞行器

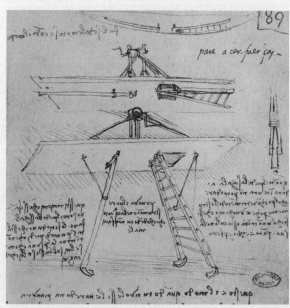

图2-16 达·芬奇为飞行器设计的可回收的支架和梯子

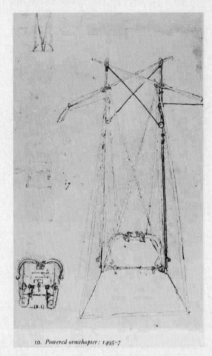

10. Powered ornithopter: 1495-7

图2-17 达·芬奇设计的用弓来驱动的扑翼机

除了肌肉力量，达·芬奇没有其他的发动机可供选择，时代终究为人类的智慧设置了天花板，甚至天才的想象力也概莫能外。

在这里指出达·芬奇飞行器的错误之处绝非苛责，而是为了消除一种误解——达·芬奇并没有造出自己所绘的飞行器，也没有资料表明他曾尝试制造过。即使动用今天的技术，他的动力飞行器（扑翼机或者螺旋桨直升机）也是飞不起来的。但他以其惊人的想象力向人们描绘了人类动力飞行的前景，在这些充满想象力的作品的激励下，无数人踏上了追逐飞行之梦的伟大征程。

## 2.3 / 炮弹轨迹的秘密，力学的进步如何带来关于流体更深刻的见解？

对于追逐飞行之梦的方式，达·芬奇的笔记显得含蓄且稳妥，但还有一些人不满足于纸上谈兵，他们开始制造人工翅膀或者飞行器，然后像雏鸟学习飞行一样从高处跳下。这些进行激进实验的人被后世学者称为"跳塔者"（Tower Jumper）。

据记载，公元875年，安达卢西亚的博学家阿巴斯·伊本·弗纳斯（Abbas Ibn Firnas，约810—887）以65岁的高龄亲身进行了飞行实验（参见图2-18）。显然这位老学者的灵感依然来源于鸟类，他将自己的身体粘满羽毛，然后在胳膊和腿上绑上人造的翅膀。实验的结果是喜忧参半，喜的是他飞行了相当长的一段距离，忧的是他在着陆的时候背部受了重伤，导致此后再也没办法进行此类实验。

图2-18 伊本·弗纳斯飞行器模型（笔者摄于迪拜Ibn Battuta购物中心）

11世纪英国的一位修道士艾尔默（Eilmer of Malmesbury，生卒年不详）也进行了类似伊本·弗纳斯式的飞行实验，据记载他成功飞行了200米（参见图2-19）。不过艾尔默也在着陆时出了问题，并因此摔断了腿。

图2-19  描绘修道士艾尔默飞翔实验的绘画

虽然上述两位都付出了沉重的代价，但与其他跳塔者的命运相比，却可以说是无比幸运了。众多献出生命的跳塔者，勇气可嘉却沦为笑柄，他们留给后世的只有教训没有经验。这与其说是个人的愚蠢，不如说是整个人类的无知。

虽然与鸟类共同生活了数百万年，但直到达·芬奇所生活的文艺复兴时期，不要说鸟类能够升空的原因究竟是什么以及空气在飞行中的作用如何，甚至连物体为什么运动这样基本的问题人们都还没搞清楚。当时占据人们脑海的是近两千年前的古希腊学者亚里士多德的思想——运动的介质理论。

这是一个今天看来颇为奇怪的理论。

亚里士多德认为每一个物体都有一个预定的自然状态，那就是静止。由此物体的运动分为两种，从动到静的过程是回归自然状态，这被称为"自然运动"，"自然运动"的发生是自发的，即不需要对物体施加力。而从静到动是偏离自然状态，这种运动叫"不自然运动"或叫作"剧烈运动"，此时要想让物体保持运动必须持续施加力。

亚里士多德的思想来源于日常经验的总结，对于地面上滚动的皮球以及马拉车这样的事情来说，它是很容易被接受的。但它在解释抛体运动时遇到了困难。比如在空中飞行的一颗炮弹虽然离开了炮管但依然会向前向上飞行，此时是谁来为它提供所需动力的？

亚里士多德派认为此时发挥作用的是介质。在上面这个例子中，介质是空气，因此是空气提供了炮弹持续飞行的动力。具体过程如下：由于是在空间中移动，炮弹在其身后制造了一个"真空"，而自然界厌恶真空，于是周围的空气就涌入填满这个空间，同时对炮弹形成了推力。

现实中炮弹不可能永远上升，它最终会掉落回地面。对于炮弹在空中的轨迹，亚里士多德派的解释如下：炮弹的飞行轨迹分成三段，一开始是一段直线，这代表了"剧烈运动"；最后是一段竖直的下落，这代表了"自然运动"，在空气的推力下，炮弹加速下落；而中间是一段弧线连接两者被称为"混合运动"（见图 2-20）。

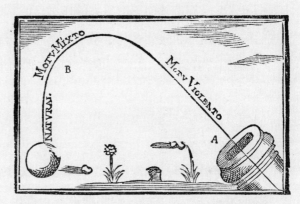

图 2-20　一本炮兵手册中对于炮弹轨迹的描绘（1606 年）

抛体问题并非象牙塔中自然哲学家们的思想玩物，它具有很大的现实意义，对炮弹落点的控制很可能决定了一次攻城战的成败。

亚里士多德的理论与我们中学学到的物理知识可以说是完全颠倒的，也违背了介质阻碍运动的日常经验。更糟糕的是，当我们追问下去，就会发现亚里士多德的理论中充满了含糊不清与自我矛盾。比如，造成炮弹从最高点下落的原因是什么？炮弹进行"剧烈运动"之后为何空气的"推动力"会改变方向？

要想解开抛体运动的这一团乱麻，我们需要更好的科学。

从文艺复兴开始，西方科学的中心就移向了意大利，继达·芬奇之

后，又一位大师诞生了，他就是被后人称为"现代科学之父"的伽利略。

不过，伽利略并没有给出物体运动的原因，而是聪明地"绕开了问题"。他拿来并发展了一个古老的概念——"惯性"。有了惯性后，伽利略给出了"力"的真正效果，"维持"运动（确切地说是匀速直线运动）不需要力，而"改变"运动时才需要力。

"惯性"概念使得伽利略的运动理论明确而简洁。亚里士多德派费尽唇舌依然说不清的抛体运动，到了伽利略这里变得非常简单。抛体运动是由两个运动合成的，水平方向上炮弹由于惯性保持匀速直线运动，但在垂直方向上，它受到持续向下的重力的作用，因此先升后落最终抵达地面，合成后的整个运动轨迹就是一个抛物线。而介质空气不仅不会提供"推动力"，反而阻碍着运动，这就是炮弹实际射程和最大高度不如理想抛物线的原因。

50年后，牛顿将伽利略的思想总结为了牛顿第一定律和第二定律，并给出了后者的数学表达。

今天的我们已经从小就接受了伽利略和牛顿的思想，它成为我们描述运动的标准框架，甚至当我们将惯性概念挪用到别处时，比如我们说的"思维惯性"，也完全不用对听众解释。

我曾试图理解亚里士多德派的理论，看看能不能找到某种自圆其说的解释，却白费力气。当一种科学思想完全建立后，它所塑造的概念便进入我们的文化成为所谓的常识，并最终变得根深蒂固。我想这就是概念的伟大力量。

除了运动理论，这位"现代科学之父"还有很多重要的发现和创造，比如在天文领域，但在这里我们更感兴趣的是他关于流体力学方面的贡献。

首先是伽利略的学生兼一生之友贝内代托·卡斯泰利（Benedetto Castelli，1578—1643）重新发现了流体流动时的体积守恒定律。由于达·芬奇的笔记很久后才被发表出来，影响不大，因此第一次发现这个定律的荣誉给予了卡斯泰利。

> 这位研究"落体"的大师还在实验中注意到了空气阻力的影响。他正确地得出流体的阻力与流体的密度成正比这一关系，更重要的一点是，他发现流体阻力随着速度变化而变化，可惜他错误地认为流体的阻力与速度也成正比。而这个错误后来被三个人注意到了，他们是法国人埃德梅·马略特（Edme Mariotte，1620—1684）、荷兰人克里斯蒂安·惠更斯（Christiaan Huygens，1629—1695）和英国人牛顿。

　　与其他两位科学大腕不同，法国人马略特的前40多年默默无闻。不过在1666年，他一跃而成为新成立的法国科学院的第一届成员。马略特兴趣广泛，他推崇伽利略的实验科学并动手做实验，被誉为是将实验科学带给法国的第一人。

　　虽然对于马略特的生平我们很多人不熟悉，但是对于他的一个发明我们一定不会感到陌生。将一串（通常是5个）小钢球悬挂起来，球与球排成一排并紧密相邻，就做成了今天我们称为牛顿摆的装置（见图2-21）。这套简单的实验装置不仅在课堂上常见，也成为很多人办公桌上的小摆件。正是对"碰撞"的兴趣，让马略特在流体力学上获得了一个重要发现。

　　马略特将流体的阻力视为液体

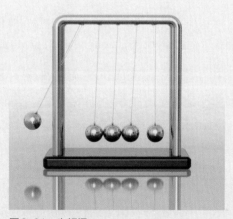

图2-21　牛顿摆

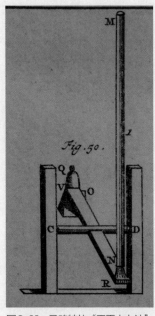

图2-22 马略特的"天平水力计"

与固体的碰撞，为了测量这个力，他发明了一个"天平水力计"。首先在高处设置一个水桶，然后在桶底部接一根竖直的长管道。水从这根长管道流出来后冲击到一块平板的一端上。这块平板可绕中心的轴转动，而另一端拴着一块砝码。这样当水流恰好能抬起砝码时，我们就知道流体的阻力等于砝码的重量（见图2-22）。

接着根据伽利略的学生托里拆利的计算，水流出管子的速度与高度的关系为$v=\sqrt{2gh}$，这样我们就知道了水流的流速。通过对比阻力与流速的实验数据，马略特得出水流的阻力与流速的二次方成正比。

荷兰人惠更斯通过"反方向"的实验独立发现了流体阻力的速度平方律。与马略特让固体静止而流体流动不同，他继承了伽利略的实验传统，研究固体在流体中的下落。起初，惠更斯与达·芬奇和伽利略一样，都相信流体阻力与速度的一次方成正比，但随着实验的进行他推翻了这个结论，并正确得出了流体阻力与速度的平方关系。

而牛顿则更进一步，他不仅给出了完整的流体阻力公式，即流体阻力与密度、迎流面积和流速的平方成正比（$F_D \propto \rho A v^2$），还通过自己的理论给出了速度平方项的由来。然而这次尝试虽然伟大但也埋下了错误的种子。

很多人曾怀疑过某些科学理论的必要性，尤其是当他们用到了较为高深的数学的时候，我也不例外。当我成为一名工程师后发现，实践中我们基本不会用到微积分这样的高等数学，甚至连方程也解得很少，大多数技术性工作不过是从手册和图表中找到想要的数据，然后进行一些简单的算术而已。

比如，对于"忽略空气阻力的影响，当初速度一定的情况下，以什么角度能将一个物体抛得最远？"这样的问题，我们可以通过下面的方法来解决。

首先找到一个受空气阻力影响很小的物体，比如一颗小钢珠，然后用弹簧将其弹射出去。从 0° 到 90°，每间隔 1° 做一次实验，然后将结果汇总成表格。通过观察实验数据，我们不难发现小钢珠的最大水平距离出现在 45° 发射角附近。这样我们就在不借助牛顿定律的情况下，"简单粗暴"地解决了一个动力学问题。

虽然对于这么一个简单问题来说，上述方法显得小题大做，但它也有自己的优势——当我们需要频繁地根据射程确定发射角时（比如发射炮弹），手里有一张做好的表就显得很方便了。

不过接下来，麻烦来了。

比如，如果我们需要 35.5° 发射角时的射程，而此时做好的表中只有整数角度，那么我们就必须重新做一次实验。

而为了日后的不时之需，我们甚至需要再做一整套实验，间隔选为 0.5°。如果需要 35.1° 时的数据呢？

或者，我们还有另外一个选择，那就是取 35° 和 36° 的值，然后做一个插值得到 35.1° 或任意之间度数的值。

更麻烦的是，如果我们改变了初速度的值，那么插值法也不好使了，上述实验必须全都要再做一遍。显然这种做法极大地增加了工作量。

这里需要强调的一点是，应用插值法其实并没有让我们摆脱"理论"。插值法背后的理论是发射角与射程之间的关系是平滑变化的，中间没有奇怪的波动。但要进一步解释没有奇怪的波动的原因时，我们就必须借助更

基本的科学理论——牛顿定律。而牛顿定律告诉我们当物体没有受到"奇怪的力"时，它的运动就不会有"奇怪的波动"。这种物体受力和运动之间的关系是可以量化的。

有了牛顿定律之后，情况就完全不同了。我们将抛体的运动分解为水平方向上的匀速运动和竖直方向上的匀减速运动，通过后者得到滞空时间，再带入前者得到飞行距离。于是上述庞大的表格和数据都精简为一个公式：

$$d = \frac{v^2}{g} \sin 2\theta$$

其中 $d$ 为射程，$v$ 为初速度，$g$ 为重力加速度，$\theta$ 为发射角。

从这个简洁的公式中，我们可以看出，射程与物体的质量无关。且我们能计算出任意初速度以及 0° 到 90° 间的任意角度所对应的射程，并达到任意我们想要的精度。

更重要的一点是，我们得到了数据间的"关系"，即射程与初速度的平方成正比，也与2倍发射角的正弦值成正比。一旦掌握了这种关系，我们就能迅速得出45°发射角对应了最大的射程。同时我们还能看出初速度对于射程的巨大影响——初速度增加到原来的1倍，射程将增加到之前的4倍。

这里我们看到了数学化科学理论的第一个伟大意义——通过给出数据之间的内在联系，对现实世界的庞大数据进行压缩，方便我们人类的理解和使用。

在上述例子中还有一点很重要，那就是牛顿理论告诉了我们这个公式的适用范围，即在只有重力作用的情况下。如果考虑空气阻力的影响，那么我们需要知道空气阻力的形式（比如其与速度的平方成正比），之后我们依然可以列出两个方向上的牛顿第二定律方程，只不过此时方程的形式变得复杂，求解变得困难，甚至我们可能得不到精确的解析解（比如空气阻力与速度的平方成正比这种情况）。但这依然不影响我们实现前面的目的，即找到射程与出射角的关系，只是这一次我们需要通过数值解的方式实现。

科学理论的第二个伟大意义在于，它提供了一个人人认可的思考框架，它摒除了基于立场的争论，省掉了日常语言的啰唆，将人们的注意力集中到具体问题的分析上去，大大节约了沟通的成本。试想如果没有牛顿理论，甲用弹珠做实验，而乙用射箭做实验，两人得到了不同的结果，那么他们说服对方承认自己的结果将是多么困难的事情。

最后，科学理论设定了检验自身的方法，那就是实践。符合理论的实践被纳入框架，成为理论的成果，而那些例外则更加宝贵，它们成为孕育新的、更好理论的种子。

大自然并不需要人类的科学理论，但面对纷繁复杂无穷无尽的自然现象，我们人类有限的智力真的需要。牛顿将世界上所有物体的受力和运动浓缩为三个定律。我想此处只有"伟大"才能充分表达对他的敬意。

接下来我们将会看到牛顿是如何将自己的定律应用到流体上去的。

牛顿在《自然哲学的数学原理》（简称《原理》）中的第二编"物体在介质中运动"，讨论了流体中物体的受力。他假设流体是由大小相等且等距分布的微粒组成的，除此之外他还特意用了"稀疏"一词，暗指这些组成流体的微粒之间并无相互作用。

下面我将用今天的写法按照牛顿当时的思想推导出一块平板在流体中的受力情况，来看看速度平方项是如何产生的。我们设平板的面积为 $A$，它与流体的流速之间夹角是 $\alpha$。考察一个质量为 $m$ 的流体微粒，它与平板相互作用的情况可以看成是一次碰撞（见图 2–23）。

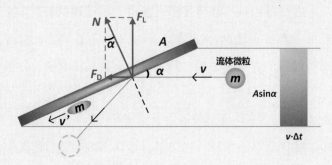

图2-23　流体中固体受力的"碰撞解释"

如果 $m$ 是一颗刚性小球，那么在完全弹性的碰撞过程中，它的速度没有损失，因此它会在平板表面进行一次"反射"，并运动到虚线位置。但是在持续的流体中，微粒不会弹起，因此牛顿假设碰撞后流体微粒垂直于平板方向的速度减为零，即碰撞后流体微粒顺着平板运动。假设流体微粒与平板的相互作用时间为 $\Delta t$，这样我们就能得到平板受到的流体微团的冲力 $N$：

$$N = \frac{mv\sin\alpha}{\Delta t}$$

而平板在 $\Delta t$ 时间内所接触的流体总质量为 $\rho A\sin\alpha \cdot v\Delta t$，代入上式消去 $\Delta t$ 我们就能得到：

$$N = \rho Av^2\sin^2\alpha$$

因此可以这样理解：流体速度越快，那么它的动量越大，它对于平板的冲击就越有力；同时，流体速度越快，相同时间内冲击到平板的流体就越多，两个因素叠加就得到流体对于平板的作用力与流速的二次方成正比。

这里要说明一下，牛顿在进行流体中物体的受力分析时，并没有直接使用我们上面用到的薄板，他使用的是球体和圆柱体。不过这并不影响他得出"平方律"。

更为重要的是，如果将平板的受力分解为垂直和平行于流体初始速度的方向，那么我们就得到了流体力学中两个最重要的力——升力（$F_L$）和阻力（$F_D$）。

当我们拽着风筝奔跑时，除了感受到风筝迎风受到的阻力，马上会察觉一个明显的力量将风筝托上了天空，这就是升力。还有，如果我们在行驶的车中伸出手掌置于窗外，掌心向前倾斜，会更直观地感受到升力的存在。

阻力很好理解，它就是逆着流体流速方向的力，那么升力呢？

升力就是飞机能够抵抗地球引力飞起来的原因，它也是空气动力学中人们最感兴趣的力。

但必须注意，尽管正确得出了升力与速度的平方关系，但是我们上面推导出的升力公式却存在着一个错误，就是那个$\sin^2\alpha$项。这个错误源于牛顿的流体模型假设，而它给后来的研究者和发明家带来了很大的麻烦。

有意思的是，牛顿构建了整个力学的体系，并在《原理》中花了相当的篇幅讨论流体，但真正称得上流体力学之父的却另有其人，他就是瑞士人丹尼尔·伯努利（Daniel Bernoulli，1700—1782）。丹尼尔出生于荷兰著名的数学世家伯努利家族。在西班牙统治荷兰时期，为逃避宗教迫害，伯努利家族搬到了瑞士巴塞尔。1725年，丹尼尔加入圣彼得堡科学院，并在这里完成了《流体动力学》（Hydrodynamica）的主要部分，此书发表于1738年（见图2-24）。

在这本书中，丹尼尔

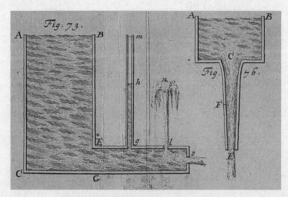

图2-24　伯努利的《流体动力学》中的插图

第一次提出了"伯努利原理"——在流体中，流速增加，压强减小。

伯努利方程本质上可以看成是流体流动时机械能守恒定律的一种反映。考虑一个流体微团，在流场中它的能量具有三个组成部分：

$$\frac{1}{2}mv^2（动能）+pV（压力势能）+mgh（重力势能）=常数$$

当水平流动时或者高差很小时，最后一项可以忽略。再将上述公式两边除以体积 $V$ 则得到

$$\frac{1}{2}\rho v^2 + p =常数$$

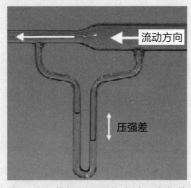

图2-25 伯努利原理的实验，空气从上方的管子中流过，下方的水柱高度反映了两处气体的压强

这就是伯努利原理的数学表达，其中第一项称为动压，第二项称为静压。从这个方程中容易得出，如果流体微团的速度增加，那么它的静压就会相应减小（见图2-25）。

今天没人会用牛顿的方法去分析流体力学问题，但伯努利方程却依然被大量使用，其中一个重要原因是后者"好用"。牛顿的方法需要我们掌握流体的速度，当流体各部分的速度不同时，直接测量速度很困难。虽然可以向水流中抛入轻小物体或者染色剂作为示踪物，但在没有摄像机的时候，测量这些示踪物的速度依然麻烦而且不准确。而伯努利方程建立了速度和压强之间的联系，而压强是较为容易测得的。

其实伯努利并没有明确写出后来以他名字命名的方程，但幸运的是，有两位数学家及时出手，他们不仅写出了伯努利方程的数学表达式，还将流体力学向前推进了一大步。

# 2.4 解不出的方程，实验科学家是如何突围流体难题的？

丹尼尔的工作引发了学者们对水和空气这两种古老事物的新兴趣，其中最出名的是法国数学家让·勒·隆德·达朗贝尔（Jean Le Rond d'Alembert，1717—1783）和瑞士数学家莱昂哈德·欧拉（Leonhard Euler，1707—1783），这两位都是与丹尼尔同时代的人。

达朗贝尔自学成才，并在数学方面表现出了相当高的天赋，他24岁就成为巴黎科学院的会员。达朗贝尔最早阐述了偏微分方程的概念，并通过我们今天所说的"分离变量法"解出了第一个偏微分方程，接着完全不出意外地，他把这一强有力的数学工具引入了流体力学。在1744年至1749年发表的多篇论文中，他发展了达·芬奇时代就已经发现的流体体积守恒定律，用更严谨的质量守恒定律代替。他明确将流体分为可压缩和不可压缩两种情况，而只有后者的体积才是守恒的。

表面上看，达朗贝尔的贡献似乎并不算大，但重点在于他描述质量守恒的方式与众不同。

与牛顿力学中将注意力放在"流体本身"上然后讨论它的位置、速度和受力不同，达朗贝尔将注意力放在了空间中的一块区域，即产生了我们今天常用的控制体的概念。控制体可以是物理实体所围成的一块区域，比如气缸内的空间；也可以是假想的一块区域，比如包围整个飞机的一个圆柱体。

因此，流体质量守恒的含义并不是某一团流体自身的质量不发生变化，而是控制体内的流体质量不变。在稳定流动的情况下，流体不会间断，进出这块区域的流体质量相等。达朗贝尔为上述事实建立了一个偏微分方程，我们今天称之为"连续性方程"。

从后世的眼光看，达朗贝尔最重要的贡献是提供了一种新的视角——"场"。

正是基于流场的概念，欧拉将流体力学向前推了一大步，他开辟了我们今天最常用的研究流体力学的方法——"欧拉法"。欧拉与丹尼尔同住在瑞士巴塞尔，并且两人还是朋友。

以流场的眼光去考察流体的优势在于，很多情况下我们并不关心流体中的一团分子有何特性，而是关心一个固体在流体中的受力情况，比如气缸和水管上的压力、船身上的阻力或者机翼上的升力。此时，到底是哪一团分子与固体相互作用并不关键，因为在稳定流动的情况下，它们所产生的效果都是一样的。

不过虽然流场视角为研究受力问题带来了便捷，但它也带来了数学处理上的麻烦，比如流体在一段收缩管道中的流动（见图2-26）。

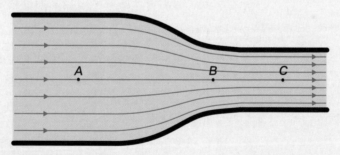

图2-26 收缩管道中的流场示意图

在流场视角下，当流动是定常时，经过大截面段$A$点、过渡段$B$点和小截面段$C$点这三点的流体微团的速度都不随时间变化。如果我们套用固体力学中的计算方法，用速度对时间求导，那么就会认为这三点的加速度都是零。但这并不对。

让我们换成流体微团的视角。因为 $A$ 点处的管道截面大，$C$ 点处的管道截面小，根据流量守恒定律，$C$ 点处的速度要大于 $A$ 点处的，因此从 $A$ 到 $C$ 的一个流体微团必定经历了一个加速的过程，而这个过程发生在过渡段。因此当流体微团经过 $B$ 点时，它的加速度并不为零。

于是我们发现，在流场视角下，加速度并不能简单地通过求速度的时间导数得到，还要对空间坐标求导，两者之和才是真正的加速度。在总的加速度中，对时间求偏导数得到的部分为"当地加速度"，反映的是此点处速度随时间的变化，而对空间坐标求偏导数得到的部分为"迁移加速度"，反映的是"速度场"在空间分布不均匀而产生的加速度。

我们稍微展开讨论一下更加一般的情况。

在固体力学里，我们拥有的是一种"单体视角"，即我们以质点为研究对象，质点在空间中的运动轨迹是一根曲线，它的速度就是它的空间坐标对时间的导数。我们用参数方程描绘这个运动轨迹，用方程写出来就是：

$$\text{质点的空间坐标：} \begin{cases} x = f(t) \\ y = g(t), \\ z = h(t) \end{cases} \text{速度：} \begin{cases} V_x = \dfrac{\mathrm{d}x}{\mathrm{d}t} = \dfrac{\mathrm{d}f(t)}{\mathrm{d}t} \\ V_y = \dfrac{\mathrm{d}y}{\mathrm{d}t} = \dfrac{\mathrm{d}g(t)}{gt}, \\ V_z = \dfrac{\mathrm{d}z}{\mathrm{d}t} = \dfrac{\mathrm{d}h(t)}{\mathrm{d}t} \end{cases}$$

$$\text{加速度：} \begin{cases} a_x = \dfrac{\mathrm{d}v_x}{\mathrm{d}t} = \dfrac{\mathrm{d}^2 f(t)}{\mathrm{d}t^2} \\ a_y = \dfrac{\mathrm{d}v_y}{\mathrm{d}t} = \dfrac{\mathrm{d}^2 g(t)}{\mathrm{d}t^2} \\ a_z = \dfrac{\mathrm{d}v_z}{\mathrm{d}t} = \dfrac{\mathrm{d}^2 h(t)}{\mathrm{d}t^2} \end{cases}$$

而在流体力学的欧拉法中，我们拥有的是一种"场视角"。因此速度指的是在某一时刻经过空间中的某一点的流体质点的速度。这样，速度就不再只和时间有关，还和空间点的坐标有关，于是

$$速度：\begin{cases} V_x = u(t, x, y, z) \\ V_y = v(t, x, y, z) \\ V_z = w(t, x, y, z) \end{cases}$$

$$加速度：\begin{cases} a_x = \dfrac{\mathrm{d}V_x}{\mathrm{d}t} = \dfrac{\mathrm{d}u}{\mathrm{d}t} = \dfrac{\partial u}{\partial t} + \dfrac{\partial u}{\partial x}\dfrac{\partial x}{\partial t} + \dfrac{\partial u}{\partial y}\dfrac{\partial y}{\partial t} + \dfrac{\partial u}{\partial z}\dfrac{\partial z}{\partial t} \\[2mm] a_y = \dfrac{\mathrm{d}V_y}{\mathrm{d}t} = \dfrac{\mathrm{d}v}{\mathrm{d}t} = \dfrac{\partial v}{\partial t} + \dfrac{\partial v}{\partial x}\dfrac{\partial x}{\partial t} + \dfrac{\partial v}{\partial y}\dfrac{\partial y}{\partial t} + \dfrac{\partial v}{\partial z}\dfrac{\partial z}{\partial t} \\[2mm] a_z = \dfrac{\mathrm{d}V_z}{\mathrm{d}t} = \dfrac{\mathrm{d}w}{\mathrm{d}t} = \dfrac{\partial w}{\partial t} + \dfrac{\partial w}{\partial x}\dfrac{\partial x}{\partial t} + \dfrac{\partial w}{\partial y}\dfrac{\partial y}{\partial t} + \dfrac{\partial w}{\partial z}\dfrac{\partial z}{\partial t} \end{cases}$$

$$而 \begin{cases} \dfrac{\partial x}{\partial t} = u \\[2mm] \dfrac{\partial y}{\partial t} = v \\[2mm] \dfrac{\partial z}{\partial t} = w \end{cases} ，代入上面得到：$$

$$\begin{cases} a_x = \dfrac{\partial u}{\partial t} + u\dfrac{\partial u}{\partial x} + v\dfrac{\partial u}{\partial y} + w\dfrac{\partial u}{\partial z} \\[2mm] a_y = \dfrac{\partial v}{\partial t} + u\dfrac{\partial v}{\partial x} + v\dfrac{\partial v}{\partial y} + w\dfrac{\partial v}{\partial z} \\[2mm] a_z = \dfrac{\partial w}{\partial t} + u\dfrac{\partial w}{\partial x} + v\dfrac{\partial w}{\partial y} + w\dfrac{\partial w}{\partial z} \end{cases}$$

写成矢量形式就是：

$$\vec{a} = \frac{\partial \vec{V}}{\partial t} + (\vec{V} \cdot \nabla)\vec{V}$$

可见在流场中，加速度的表达式要复杂得多。

在总的加速度中，对时间求偏导数得到的部分为"当地加速度"，反

映的是此点处速度随时间的变化，而对空间坐标求偏导数得到的部分为"对流加速度"，反映的是"速度场"在空间分布不均匀而产生的加速度。

这种在场视角下处理加速度的方式也可用于流体的其他性质，比如压强：

$$\frac{\mathrm{d}p}{\mathrm{d}t} = \frac{\partial p}{\partial t} + (\vec{V} \cdot \nabla)p$$

流体力学中定义了一种新的导数，用大写的微分符号 $D$ 表示，称为物质导数：

$$D \equiv \frac{\partial}{\partial t} + (\vec{V} \cdot \nabla)$$

同样，物质导数前面的关于时间的项叫作"当地项"，而后面的那项叫作"对流项"。

今天我们在上学时常常觉得流体力学非常难学，其实很大程度上卡在了一种从单体视角到场视角的转换上，而完成这种转换需要较强的数学功底。因此流体力学中最重要的方程不是由物理学家提出而是由数学家推出来就不会让人感到意外了。

从流场概念出发，欧拉将牛顿第二定律应用于流体微团，并忽略了流体的黏性，从而得出了欧拉方程。这个成果发表于 1757 年的德国科学院论文集中，题为《流体运动的一般原理》（ *Principes généraux du mouvement des fluides* ）。

欧拉方程的常见形式如下：

$$\frac{\partial \vec{V}}{\partial t} + (\vec{V} \cdot \nabla)\vec{V} = \vec{f_b} - \frac{1}{\rho}\nabla p$$

这个方程的意义其实很好理解，它的左边就是加速度的表达式，而右边的第一项称为体积力（实际为单位质量流体受到的力），比如重力就是一种常见的体积力，第二项称为压差力，它由压强的梯度产生。如果我们将方程的两边乘以质量，那么左边就是 $m\vec{a}$，而右边两项则是合力，这正是牛顿第二

定律。有意思的是，牛顿第二定律的二阶微分形式其实也是欧拉最先写出来的。

在体积力只有重力的情况下，如果再增加流体不可压缩这一条件，那么就能很容易地从欧拉方程导出伯努利方程。

如果在欧拉方程的基础上再增加黏性力项那么就得到了大名鼎鼎的纳维－斯托克斯（Navier–Stokes）方程，简称 N–S 方程。而 N–S 方程的完整形式是在近百年之后才由英国数学家乔治·斯托克斯（George Stokes，1819—1903）总结完成的。

不过，欧拉并没有用自己的方程求解任何实际的流体问题，实际上也很可能解不出来。主要原因是欧拉方程加速度中的对流项是非线性的，正是这个非线性项给求解造成了极大的困难。直到今天，对于一个特定边界条件（对应一个特定的问题）的流体力学问题，我们一般只能通过强大的计算机使用数值解法来进行仿真计算。

而在欧拉时代，科学面临着一场巨大的尴尬——描述流体的正确方程已经有了，但对于绝大多数人来说，它难以理解更无法求解。这就像闯入新大陆的探险者找到了一张地图，但是没人知道该怎么用。

既然高级的理论用不上，那就用实验。实践者并没有坐等理论成熟，而是以牛顿的受力公式为基础，开始了摸索。

尽管欧拉的流场模型比牛顿的碰撞模型看上去合理得多，但在实践者眼中，模型本身的细节并不那么重要，能给出可测量的物理量才是关键，而牛顿模型可以给出流体中固体受力的公式，这才是手头唯一可用的东西。

当时已经知道，流体中固体的受力与三个变量成正比，即密度、面积和流速的平方，于是实验的核心就围绕着下面这个关系式进行：

$$F = \mathrm{k}\rho A v^2$$

那么第一个实际问题就是测量流体在某一点的速度，而这个问题早就由法国工程师亨利·皮托（Henri Pitot，1695—1771）给出了一个巧妙的解决方案。1732年在巴黎科学院，皮托为在场的学者们展示了一个极为简单的测量流速的装置——两根细管，一根是笔直的，而另一根的一头是弯曲的。今天我们称其为皮托管（Pitot Tube）。

用皮托管测量流速时需要将弯曲段正对流速方向，当流场稳定后，此时到达弯曲段的管口处的流体由于无法继续前进其速度降为零，根据伯努利方程 $\frac{1}{2}\rho v^2 + P_A = 0 + P_B$ 可得：

$$v = \sqrt{\frac{2(P_B - P_A)}{\rho}}$$

而AB两点的压强差可由液柱高度的差值方便得到（见图2-27和图2-28）。

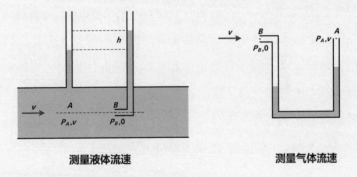

测量液体流速　　　　　　　　　　测量气体流速

图2-27　利用皮托管对液体和气体流速的测量原理

图2-28　安装于空客A380上的皮托管

值得一提的是，皮托管发明的时候距离伯努利原理的发表还有6年，因此皮托并没有伯努利方程可用，他完全是依照实验得到的速度与压强的关系式。

皮托用自己的发明测量了巴黎塞纳河水不同深度处的流速，他发现随着深度的增加，河水的流速是逐渐降低的。当时流传的一种错误说法是，河水某个深度层的流速与上方的水量成正比，因此流速随着水深是增加的。皮托用实验证伪了这个错误观点，而他的发明也马上获得了广泛承认。

如果流体处于管道中，那么还有另外一种方法可以很方便地测量流速，这就是利用文丘里效应（Venturi Effect）。

1797年，意大利物理学家文丘里（Giovanni Battista Venturi，1746—1822）在他的论文《流体横向运动传播原理的实验研究》中详细讨论了收缩管道中流体的运动。对于在管道中稳定流动的流体来说，当管道截面缩小时，流体的流速增加，这是流动连续性所导致的必然结果。

接着根据伯努利方程，流体流速增加、压强减小，这样我们就再次将测量流速转化为测量压强。因此只要给管道中间装上一节内径已知的收缩管道，通过测量收缩段与正常段的压力差就能求出流速。这种测量装置就叫作文氏管（见图2-29）。需要注意的是，不同于皮托管，文氏管测得的流速是在某个截面积处的平均值。

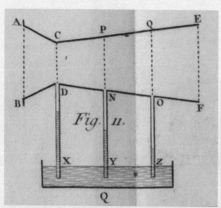

图2-29 文氏管原理图（摘自文丘里1797年论文插图）

我们以管道中是液体为例，简单说明文氏管的流速是如何计算出来的（见图2-30）。

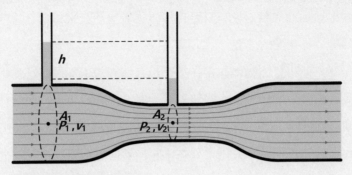

图2-30　文氏管测量管道流速的原理图

现在我们有两个方程

连续性方程：$A_1v_1 = A_2v_2$

伯努利方程：$\dfrac{1}{2}\rho v_1^2 + p_1 = \dfrac{1}{2}\rho v_2^2 + p_2$

其中 $A_1$，$A_2$，$p_1$，$p_2$ 均为已知，联立上面两个方程即可以解出流速。

可惜的是，文丘里并没有皮托那样的运气，他的发现直到90年后才被人引入实用领域（见图2-31）。

不过仅仅能测量流速还不够，为了进行实验，还需要让流体按照我们想要的速度流动。这点对于水来说较为容易做到，比如可以通过调节高差来生成不同流速的水，但对于空气就不适用了。

图2-31　实际工程中所使用的文氏管（用来测量流速）

那么如何得到我们想要的风速呢？

1746年，颇具才干的英国军事工程师本杰明·罗宾斯（Benjamin Robins，1707—1751）想到了一个聪明的解决方案——其实并不需要让空气流

动起来，根据运动的相对性，只要让待测物体运动起来，那么这两种情况下物体的受力是相同的。

于是罗宾斯将待测物体固定在一个长直细杆的末端，而这根细杆的另一端连到一根竖直的转轴上。当转轴转动时，细杆就带着待测物体在空中不断运动。就这样，他发明了旋臂机（Whirling Arm Machine）（见图2-32）。

罗宾斯旋臂机的一个好用之处在于它能够同时测量物体运动的速度和受力。由图2-32可知，当重物匀速落下时，拉绳对转轴的力矩与空气阻力对于转轴的力矩是平衡的，此时绳上的拉力就是重物的重量，根据力矩平衡条件，可以很容易计算出空气阻力的大小。同时待测物体的速度也不难知道，因为转轴的半径已知，只要测量绳子下落的距离和时间，就能得到转轴的角速度，进而得到待测物体的线速度。

利用旋臂机，罗宾斯获得了几个重要发现。

首先他验证了空气阻力与速度的平方关系。

接着他驳斥了当时的一个错误理论，那就是空气阻力只与物体的迎风面积大小有关，即相同迎风面积的两个物体其空气阻力是相同的。但他的旋臂机实验发现，物体的整个形状对于它的空气阻力至关重要。比如，他

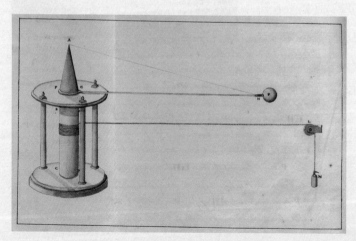

图2-32 罗宾斯的
旋臂机（1746年）

测量了一个金字塔形的物体，在尖角向前和底面向前两种情况下，其所受到的空气阻力完全不一样。

另外一个有意思的发现是，一块长方形的平板呈迎风 45° 角运动，结果平板横放和竖放时，其空气阻力也有差别。今天我们知道，这就是机翼的展弦比效应。

除了旋臂机，作为一名军事工程师，罗宾斯还有另外一项重要发明——弹道摆（或称冲击摆）。罗宾斯弹道摆的功能是测量子弹的速度。它的核心部分就是一个用轻木杆挂起来的很重的摆锤，摆锤由铁块制成，表面有一层木头。当子弹击中摆锤时，它就嵌入木板中，然后带动摆锤整体向上摆动（见图 2-33）。

通过测量摆锤的升高，根据能量守恒定律，我们就能得到摆锤和子弹在一起时的初速度，然后再根据动量守恒定律，我们就能得到子弹的速度。弹道摆能非常好地演示能量守恒与动量守恒两大定律，因此它今天常常作为教学仪器出现在课堂上。

图 2-33　罗宾斯发明的弹道摆（1742 年）

罗宾斯颇有创意地用这个看似与空气动力学无关的装置进行了一项空气动力学实验——测量高速飞行物体的空气阻力。那么一个测速装置是如何得到阻力的呢？简单说来就是通过改变子弹在空中的飞行距离，然后测量子弹速度的衰减，间接就能得到空气阻力。他发现子弹在空气中受到的阻力要明显大于牛顿公式预测的平方律，不过他并不知晓其中的原因。

今天我们知道，当物体在空气中的运动速度接近和超过声速时，速度

的量变产生了质变，这时候空气被明显地压缩从而产生了激波，此时空气阻力与速度的关系将增长为3次方，而不是低速情况下的2次方。

可惜除了罗宾斯自己，同时代再没有人用旋臂机做过什么可圈可点的研究。不过在他去世的8年后，旋臂机有力地支持了另外一名英国工程师的开创性工作。

1759年，土木工程师约翰·斯米顿（John Smeaton，1724—1792）向英国皇家学会提交了一份研究报告，报告的内容与水车和风车的输出功率有关。这篇报告一经发表就立即收获了人们的关注，而他也在同年获得了科普利奖章。其中原因只有一个，这篇报告涉及了英国工业的命脉。

虽说此时实用的纽卡门蒸汽机已经问世近半个世纪了，但它笨重且低效，因此从来也没有走出过煤矿。而这一年瓦特23岁，他甚至还没有接触到蒸汽机这一新事物。所以绝大多数工厂主和磨坊主根本不知道蒸汽机为何物，在他们眼中水车与风车才是工业的心脏。

斯米顿的研究报告可谓及时雨。

此处需要提醒的一点是，这一年功率的单位还没有被发明出来，甚至能量守恒原理的提出也是80年之后的事情。

因此斯米顿工作的开创性在于他给出了衡量水车和风车输出功率的一种方法，比如一台水车或风车相当于几个人或者几匹马这样的描述，并给出测量的通用规则；同时他还回答了不同形式的水车和风车（比如上射水车和下射水车，不同扇叶角度的风车）哪种更优这样的问题。

由于实际使用的水车和风车总会存在变量太多无法同等比较的难题，于是他选择了制作模型（见图2-34）。通过模型研究，斯米顿给出了上射水车在输出动力和效率上都要优于下射水车的结论。而在风车方面，他发现木制的转轴和齿轮造成了风车效率的降低，因此建议用铁来加固或制造这些部件。

这里我们重点关注斯米顿对于风车的研究。

斯米顿在实验中所使用的"造风"设备正是旋臂机（见图2-35）。他将叶轮装到旋臂的末端，并让叶

图2-34　斯米顿测量水车效率的实验装置（此图为下射式水车）

轮轴通过一套滑轮组来提起一个托盘。这样他就能测出在某个风速下，叶轮所能提起重物的高度，并记录上升时间进一步得到叶轮的做功功率。最终他建立了风速与输出功率之间的数量关系。

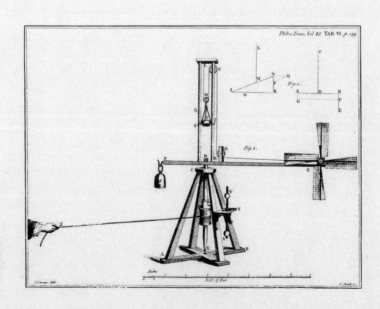

图2-35　斯米顿测量风车模型输出功率的实验装置

除了考察风车的输出功率与效率，在使用旋臂机测量的过程中，斯米顿得到了另外一个成果，虽说这很可能是他对空气动力学的唯一贡献，但这一贡献的影响却十分深远。他给出了空气阻力公式前面的那个系数k，史称"斯米顿系数"。他所用到的空气阻力的表达式如下：

$$F = kAv^2$$

**注意:**

这与今天我们定义的空气阻力系数不同，今天空气阻力系数是通过自由流时的动压归一化的，但在当时，斯米顿选择的归一化分母是一块垂直于流体运动方向的平板上的阻力。

在进行理论分析时，常数的精度通常并不会造成决定性的影响，因为此时我们更关注变量之间的函数关系。但在实践中，比如当我们要设计一个滑翔机的机翼时，我们需要知道力的绝对值，此时常数的精确性就显得至关重要。

可惜由于实验误差的原因，斯米顿测出的系数k比今天的值大了50%～60%，由于他的论文传播很广，而且是获奖作品，因此很多人不加验证就采用了斯米顿的测量值。这个系数误差所带来的不利后果甚至影响到了100多年后莱特兄弟的早期工作。

# 2.5 认识升力，凯利给出的重飞行器的基本原理是什么？

尽管罗宾斯和斯米顿都对空气动力学做出了杰出的贡献，但这些贡献对于飞行器的发展来说并不是很直接，前者聚焦于枪弹速度，而后者着眼于风车效率，这两位先驱感兴趣的都是气动力的阻力分量。弄清阻力固然重要，但对于飞行来说搞清楚升力才是第一要务。

历史将搞清楚升力这一使命交到了一个英国人手中，他就是乔治·凯利（George Cayley，1773—1857）。

1792年，年仅19岁的凯利开启了自己长达半个世纪的飞行器研究，他的这一兴趣可能来一个法国版本的"竹蜻蜓"玩具（见图2-36）。而9年前，法国人已经用气球将人类送上了天空。

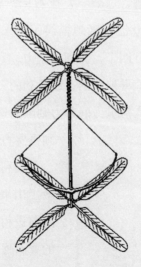

图2-36　法国版本的羽毛"竹蜻蜓"

7年后凯利在一个银盘上刻上了自己的第一个飞行器设计图。乍看起来，他的飞行器设计图并不起眼，在细节上也远不如300年前达·芬奇手稿中的作品。整个飞行器像一艘风帆倒下来放置的小帆船，船尾还有一个巨大的十字形尾翼，看上去有些比例失调。这个设计与其说是朴素，不如说是粗糙。

但在粗糙的表象背后，凯利的飞行器却藏有一束思想的闪光。他正确认识到了空中飞行物体的受力状况，并把它刻在了这块银盘的背面（见图2-37）。从图2-37中，我们可以清晰地看到凯利将翼面受到的气动力做了三角形分解——平行于气流方向的分量是阻力，而垂直方向的就是升力。

图2-37 凯利刻有飞行器的银盘

犹如伽利略将抛体的曲线运动分解成水平和垂直两个方向上的直线运动从而简化了问题，这个今天看来平淡无奇的力的分解，一下子就将飞行器在空中的平衡状态清晰地描绘了出来。一个在空中水平匀速飞行的物体，它受到的力有四个，分别是重力、升力、阻力和推力，它们之间两两平衡。于是我们惊喜地看到，在凯利的飞行器中，人只需要提供克服阻力的水平推力，而支持重力的升力则因为速度而在翼面上自然生成了——无须再费力上下扇动翅膀！

那么接下来的问题就是，一个翼面能产生多大的升力？它能支撑飞行器和人体的自重吗？

凯利将人们从鸟类飞行的复杂性中解救了出来。人类飞行的问题被简化为：只要前进得足够快，我们就能借助一个固定的翼面腾空而起。

为了回答上述问题，1804年凯利对罗宾斯的旋臂机进行了改进。运用新的旋臂机，凯利重新测量了"斯米顿系数"。他的结果比斯米顿的小了约20%，更为接近现代值。不过更为重要的发现还在后面。

罗宾斯的旋臂只能在水平面上旋转，因此它只能测出水平方向的力，也就是空气阻力。而凯利则将旋臂做成了一根不等臂杠杆，它可以在垂直方向上转动，这样他赋予了旋臂一个新的自由度，而这个新的自由度允许他测量垂直方向上的力（见图2-38）。

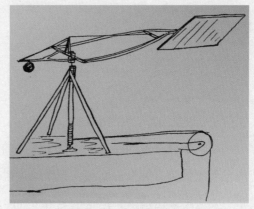

图2-38　凯利可测量升力的旋臂机（1804年）

## 具体过程如下：

在静止状态下，将待测物固定到长臂端，而在短臂上使用砝码进行配平。接着与罗宾斯旋臂机相同，使用重物、滑轮和绕线来驱动转轴。当旋臂转起来以后，如果待测物只受到空气阻力的作用（比如一块水平放置的平板），那么旋臂依然保持水平。但如果将平板倾斜放置，那么转动后它在垂直方向上就会产生升力，此时杠杆的平衡被破坏，旋臂就会向上倾斜。此时，如果逐渐减轻砝码就能在某一重量下重新实现配平。而上述两种情况下砝码重量的差值就对应了升力的大小。

之前我们已经通过牛顿模型得出了倾斜平板受到气流作用力的表达式：$N = \rho A v^2 \sin^2 \alpha$，但这个力是垂直于平板的，升力是它的垂直分量，要再乘一个$\cos \alpha$。不过在小角度下$\cos \alpha$非常接近于1（在不大于15°的角

度下，其误差不超过4%），我们可以认为升力：$F_L \approx \rho A v^2 \sin^2 \alpha$。

凯利用自己的旋臂机对升力进行了测量，他发现实验结果与牛顿关于气动力的公式不符。在小角度下，升力并非与正弦的二次方成正比，而是和一次方成正比。他还引用了巴黎科学院的数学家的分析（很可能是源自达朗贝尔）来支持自己的实验结果。

这件事对实际飞行器的制造意义巨大，我们必须多说几句。

别小看这个正弦的平方项，对于一个较小的角度来说，比如5°，它的正弦是0.087，而正弦的平方约为0.0076，两者差了一个数量级！于是在速度不变的条件下，为了克服正弦平方项的影响，得到足够的升力，飞行器的发明家们只有两个方案：要么大幅增大机翼面积，而这会增加飞机的自重；要么增大迎角 $\alpha$，但这会显著增加阻力。（迎角的增大会带来更严重的问题，比如失速，这里暂且不提。）因此牛顿升力公式给出了一个悲观预测，它打击了人们制造比空气重的飞行器的积极性。

为了进一步验证自己的旋臂机实验结果，凯利制作了一个滑翔机模型（见图2-39和图2-40）。滑翔机的机翼形状有些奇怪，是一个弧边三角形，我们在今天的战斗机上常常见到三角形的机翼，不过这个模型的三角形机翼是倒放的，尖角向后。机翼面积是0.1平方米，翼面的迎角为6°。机身是一根细竹杆，前端挂有一个重物来调节重心。实际飞行结果令人鼓舞，这架滑翔机模型的水平飞行距离可达18～27米，速度大约为4.6米/秒。

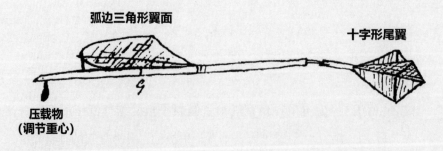

图2-39 凯利滑翔机模型的手稿

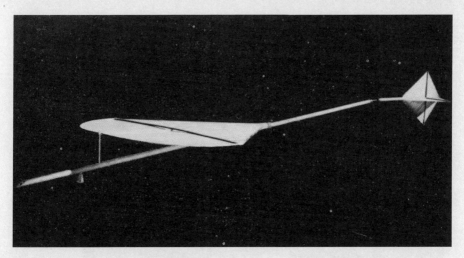

图2-40　凯利滑翔机模型（现代重建）

　　此时距离1783年热气球和氢气球双双实现载人飞行已经过去了21年，虽然不像刚诞生时那样火热，但在19世纪伊始气球飞行取得的成绩依然可圈可点。就在一年前的1803年，氢气球的发明人查尔斯的学生加内林实现了跨国气球飞行，他的氢气球从法国巴黎起飞成功抵达德国克劳森，跨越了近400千米的距离。人类飞行被贴上的"疯狂"标签正逐渐淡去。

　　然而这都是气球这种"比空气轻的飞行器"实现的成就，在"比空气重的飞行器"领域，跳塔者积累的名声依然存在。所以，重飞行器的研究只能被当成学者的个人兴趣，难登大雅之堂。于是凯利将多年的研究记入笔记本，锁在抽屉中。

　　5年后，一则海外新闻鼓舞了他。1809年，瑞士制表匠雅各布·德根（Jacob Degen，1760—1848）驾驶着自己两年前研发出的扑翼机成功地在维也纳进行了一次飞行演示。不过凯利后来得知这篇报道遗漏了重要的一点，真实的情况是德根不是靠自己的力量升空的，而是借助了氢气球（见图2-41）。

图2-41 德根的扑翼机借助氢气球的浮力升空，德根脚踩在固定的横杆上，双手驱动两根杠杆使得两侧的翼面上下扇动

　　由于当时的通信手段并不发达，凯利并不知道实情。得知了德根的成功后，凯利马上将自己多年的研究成果发表在当时的期刊《自然哲学、化学与艺术》上，论文题为"论空中航行"（On Aerial Navigation）。

　　正是在这篇论文中，凯利以鸟为例明确地提出了升力在飞行中的作用，奠定了研发固定翼飞行器的可行性。他精辟地总结到，研发一个比空气重的飞行器即是"用动力克服空气阻力并制造一个可支持重量的平面"。所以飞机的重点就是机翼，而这也是为什么现在英语中把飞机叫作"Plane"的原因。

接着对于升力产生的原因，凯利没有照搬牛顿的"碰撞解释"。"碰撞解释"是说，迎面而来的气流通过撞击翼面产生了向下的偏折，因此根据牛顿第三定律它对于翅膀就有一个向上的力，这就是升力。

但凯利注意到，翼面的形状对于升力大小影响甚巨。他通过观察和实验得出鸟类翅膀的升力系数在迎角为 6° 的时候约为 0.7，这比他做旋臂机实验时使用的倾斜平面要高 3 倍多。而鸟类翅膀的横截面是上拱的弧形，那为什么这个形状对于产生升力如此有效呢？

"碰撞解释"只关注被翼面前沿劈开的两股气流中的下面那股，而凯利则注意到了上面的那股。他认为这股气流沿着翅膀前缘曲面向上流动，并在拱顶制造了一个"轻微的真空"，这样从前方流入的气流就从向上运动变为贴着翅膀上沿流动，最终从翅膀后沿流出，翅膀后部是向下倾斜的，因此流出的气流就有一个向下的速度。而气流向下偏转一定是因为受到了一个向下的力，同样根据牛顿第三定律，气流对于翼面也有一个向上的力，这就是升力。

这里需要注意的是，从总的效果来看，气流偏折所产生的反作用力的确是升力产生的原因，但是翼面上表面的气流为何偏折凯利并没有搞清楚。

通过使用鸟类翅膀的升力系数，凯利估计，一个自重为 91 千克的飞行器，翼面为 18.6 平方米，迎角为 6°，以 10.7 米/秒的速度飞行时，它需要的推力是 93 牛顿，功率约为 1000 瓦。

虽说这并不是一个很大的数字，但凯利清醒地认识到通过人体的肌肉力量无法持续提供上述动力。鸟类的胸肌（用于扇动翅膀）占了全身肌肉的三分之二，而人类挥动上肢所使用的肌肉连全身肌肉的十分之一都不到，因此人类飞行必须依赖外部发动机。可惜当时凯利手边只有蒸汽机可用，他计算了当时最好的瓦特蒸汽机的功重比，答案是仅有 10 瓦/千克。笨重的锅炉将蒸汽机挡在飞行器领域的大门外。

由于缺乏可用的发动机，凯利从重飞行器领域黯然离场，其兴趣转向

了气球和飞艇这类轻飞行器（见图2-42）。但让人没想到的是，30多年后他又杀了回来，这时他已经70多岁，却迸发出了令世人惊叹的创造力。

图2-42　凯利设计的可操控气球和飞艇，可以看出他在飞艇设计中使用了大量的翼面用来提供额外的升力

# 2.6 利用升力，"空中蒸汽马车"是怎样的方案？

1843年4月8日，世界上第二早的画报《法国画报 (*L'Illustration*)》用头版刊登了一则新闻——英国人威廉·塞缪尔·亨森 (William Samuel Henson，1812—1888) 设计了一架比空气重的飞行器，并成功拿到了专利。由于采用蒸汽机作为动力，因此取名"空中蒸汽马车"(Aerial Steam Carriage) (见图2-43)。

图2-43 《法国画报》上亨森"空中蒸汽马车"的插图

当时的飞行器设计层出不穷，并不算新鲜的事情，申请专利也不是特别困难，是什么让"空中蒸汽马车"登上大报头条的呢？

主要原因就是它的尺寸。

"空中蒸汽马车"形似一只大鸟，它的翼展达到了惊人的45.7米，宽度为9.1米，总面积为416平方米，而且它还有一个巨大的三角形水平尾翼，加上尾翼的话，总面积达到了557平方米。作为比较，现在一个标准篮球场的面积是420平方米。

亨森的"空中蒸汽马车"能赢得世人目光的另外一个重要原因就是其设计技术细节丰富。

首先是动力。为驱动这只"机械大鸟"亨森设计了一台高压蒸汽机，输出功率为25～30马力。蒸汽机带动设置在机翼后方的两支推力螺旋桨，每支螺旋桨有6个叶片。如果算上锅炉和其中91升的水，蒸汽动力部分总重为272千克，而整个飞机重量达到了1.36吨。

其次是结构。它的翅膀由横向的空心管作为主梁，横截面用纵向的"肋条"做成上拱的弧形，并且对整个机翼使用支杆和张线进行了加固（见图2-44）。

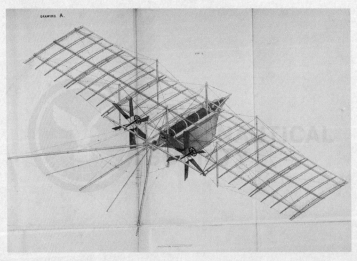

图2-44 亨森的"空中蒸汽马车"设计图（1843年）

亨森甚至还想到了起飞困难的解决方案，那就是制造一个斜坡，利用重力再加上螺旋桨的推力一起让"空中蒸汽马车"达到起飞所需要的速度。

亨森的设计一经见报马上就为他引来了商业合作伙伴。这些人准备筹建一个"空中运输公司"，于是开始了大规模的宣传造势。他们在宣传材料上描绘了亨森飞机出现在伦敦、巴黎甚至埃及和印度等其他大洲的景象，向人们展示出一个极为广阔的应用前景。

不过在启动这个大项目之前，亨森必须制造一个小号的模型机来证明方案的可行性。于是他找来了一位工程师助手约翰·斯特林费罗（John Stringfellow，1799—1883）。四个月后，模型机造好了。它的机翼和尾翼总面积有 3.7 平方米，自重为 6.4 千克。但这架模型机没能成功飞起来。

之后的一年，两人埋头制造一架新的模型机，到了 1845 年，新模型机终于造好了。可能是为了解决升力不足的问题，新模型机的机翼和尾翼面积大了一倍，达到 7.4 平方米，翼展有 6 米，不过重量也随之增加到 12.7 千克。实验再一次失败了。在其后的两年中，两人又进行了很多次尝试，但都以失败告终。

媒体逐渐失去了耐心，商业合伙人也选择退出，公司的筹建计划最终泡汤。1847 年，亨森心灰意冷，他放弃了自己的航空梦，移民去了美国。

很多人觉得这是一场投机骗局，不过没有证据显示亨森和斯特林费罗从中谋取私利。事实上，斯特林费罗在多年后的一封信中提到，如果能把资金用来完善设计和实验而不是用于唤起公众期望，"空中蒸汽马车"的命运或许就截然不同了。

有意思的是，亨森正是在凯利著作的启发下开始了飞机的研发，而在"空中蒸汽马车"事件的刺激下，凯利这位航空元老复出了。

1843 年，亨森风头正劲时，凯利从专业角度提出了一些质疑。

人类是喜欢品头论足的生物，我们的文化中充满了批评，对新事物更是不缺批评。但一个高质量的批评非但不会阻碍进步，还会带来新的思

路，而批评质量的一个判断标准就是看它在批评之后有没有提出建设性意见。凯利做到了后者。

他认为亨森飞机巨大的薄机翼结构过于脆弱，于是建议像船甲板那样将机翼分成三层，每层间隔2.4~3米，这样每层机翼的面积不至于过大，且层与层之间的气流也不会过于相互干扰。可惜亨森并没有理会这个建议。

于是已经70多岁高龄的凯利决定亲自动手验证自己的想法。6年后的1849年，"小男孩滑翔机"（The Boy-carrier）诞生了（见图2-45和图2-46）。

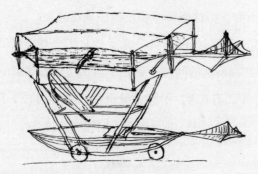

图2-45 凯利"小男孩滑翔机"的手稿

图2-46 凯利"小男孩滑翔机"的现代复制品

虽然它没有动力，却是一架全尺寸的载人飞机。由于凯利年事已高，一位10岁的小男孩充当了飞行员。凯利在实验结果中记录到："……从坡上冲下来的时候，飞机可以离地飞行数米远，或者顶着微风通过用绳子牵拉，飞机也能飞行同样的距离。"

虽然飞行距离十分可怜，但在这架滑翔机上反映出了可贵的空气动力学思想。因为它的机翼不是平的，而是有一个上反角（Dihedral）。上反角的设计有助于加强飞机侧滚的稳定性（见图2-47）。

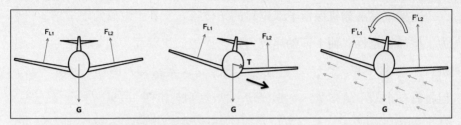

图2-47　上反角机翼具有侧滚稳定性的原理图

　　对于上反角的作用，这里简单解释一下。当飞机匀速向前飞行时，在垂直方向上，重力与机翼的升力平衡。如果突然有一个扰动让机身发生了侧滚，此时升力的大小虽然不变，但是方向发生了变化，升力与重力的合力不再平衡而是有一个斜向下的分力。这个分力让飞机产生了侧滑。根据运动的相对性，当侧滑发生时，我们也可以认为是空气逆着侧滑方向向飞机吹来。对于这个侧向风来说，两侧机翼产生的升力不一样大。迎风一侧的机翼迎角大，产生的升力大，而背风侧机翼迎角小，产生的升力小，这样的两个力就会对重心产生一个转矩，最终将机身重新摆正。

　　可能是在实验中发现三翼产生的升力并没有大很多，但自重增加了不少，凯利又回归了单翼设计。3 年后，他的新飞机问世，名为"可控降落伞"（Governable Parachute）。从这个名字就可以看出，这依然是一架无动力的滑翔机（见图2-48）。

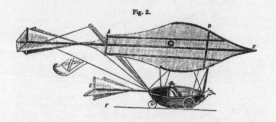

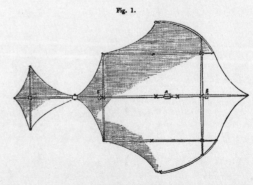

图2-48　凯利"可控降落伞"滑翔机的设计图（1852年）

这架单翼滑翔机保留了双尾翼的结构特点，其中上面的固定尾翼只是为了增加稳定性，而下面的尾翼可用于操控。机翼面积为43.4平方米，飞机自重为68千克。由于资料缺失，我们对这架滑翔机的详情所知不多。但是有一个故事流传甚广，据说这一次凯利雇用了一位车夫来做飞行员。结果滑翔机降落后，车夫跳出来向凯利抱怨道："爵士，我是被雇来赶车的，而不是来飞的。"

1973年，有人制造了一架"可控降落伞"的复制品，并在一个电视节目中成功起飞，这从侧面证实了凯利"可控降落伞"滑翔机的可行性（见图2-49）。

值得一提的是，虽然亨森在1847年就退出了航空领域，但他的合作伙伴斯特林费罗却坚持了下来。

图2-49 凯利"可控降落伞"滑翔机（现代重建）

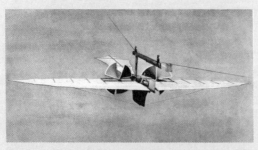

图2-50 斯特林费罗的1848模型机（重建）使用滑索进行飞行实验

1848年，斯特林费罗制造了一架新的模型机，翼展为3米，自重为4.5千克。为了摆脱室外天气的影响，斯特林费罗租了一间空厂房进行实验。在发射模型机时，他使用了一套滑索系统（见图2-50）。首先将模型机用特制支架悬挂在滑索上，滑索向下倾斜，然后启动蒸汽机，当螺旋桨转速最大时释放模型机。在螺旋桨推力和重力加速下，模型机加速到达指定位置然后脱离滑索，最后进入自由飞行状态。

据称多次失败后，模型机终于飞起并撞到了终点处挂着的帘子上。还有说法是在 1848 年 8 月的一次演示中，这架模型机飞行了 12 米远。不过上述说法都没有可靠的资料支持。但模型机的失败却在当时有目共睹，因为如果翼面产生的升力大于重力，那么就能看到滑索松弛的现象，不过在公开测试中人们并没有看到这一现象。

20 年后的 1868 年，斯特林费罗在水晶宫第一届航空展上获得 100 英镑的奖金。但这个奖并不是颁给他的模型机，而是颁给他的蒸汽机的（见图 2-51 和图 2-52）。

他的蒸汽机输出功率为 810 瓦，算上锅炉总重为 5.9 千克，功重比为 137 瓦/千克，是 15 个参赛产品中功重比最高的。作为对比，17 年前吉法德在飞艇上用的蒸汽机总功率为 2200 瓦，自重为 160 千克，功重比仅为 14 瓦/千克。虽然这个比较并不公平，因为吉法德飞艇蒸汽机是"实用级"

图 2-51　斯特林费罗的单缸蒸汽机和锅炉

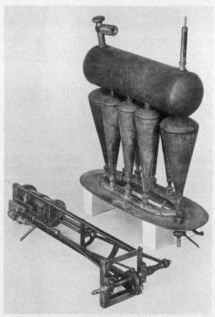

图 2-52　斯特林费罗锅炉的结构（去掉外壳）

的，它的续航达到了4小时，而斯特林费罗的只是模型级别的，不过这其中的进步还是可圈可点的。

可惜的是，终其一生，斯特林费罗也没能让他的模型机飞起来。

与理论研究不同，任何一个实际工程都是多目标优化问题，没有例外。有时候哪怕忽略了一个小问题，整个工程都会失败。因此泛泛地说某一个方面比其他方面更重要，就像相声《五官争功》中所展现的场面，各方永远吵闹没有结论。

不过在某一历史阶段，对特定的历史任务，各个方面之间确有轻重缓急之分。戴着历史的后视镜我们不难判断，在飞行器设计的四个主要方面——结构、动力、空气动力学和操控性上，亨森和斯特林费罗的努力搞错了方向。

此时重飞行器的最短板在空气动力学上，但这两人始终聚焦于动力，以至于没能给世人展示一个可飞行的模型机，实在遗憾。而凯利滑翔机的成功在于他对基本空气动力学原理的重视。

商战讲究利益的争夺，而科技史一样充满荣誉的争夺，不能免俗。对于"到底谁是航空之父"这样的问题，威尔伯·莱特（Wilbur Wright，1867—1912）在百年之后评论道："凯利爵士将飞行的科学推到了前人无法企及的高峰，甚至在他之后的一个世纪中，这座高峰依然鲜有人触及。"

我想这话由另一位伟大的发明家说出，较为公允。

# 2.7 动力歧路，马克沁的"飞机"为何飞不起来?

在斯特林费罗去世后，有一位著名发明家进入了飞行器研发领域，他就是旅居英国的美国人海勒姆·马克沁（Hiram Maxim，1840—1916），第一款真正意义上的自动武器——马克沁机枪的发明人。

1890年，马克沁制造了长度范围从几十厘米到数米、宽度范围从几厘米到接近一米的各种尺寸的翼面，并且还制造了约50种螺旋桨。在经过了大量实验之后，他得出如下结果：在97千米/时的风速下，每平方米的翼面可以产生约382牛顿的升力；而使用螺旋桨推动的话，产生约176牛顿的升力正好需要1马力的动力；最后，长而窄的上拱曲面对于产生升力来说最有效。

这些实验结果让他相信，重飞行器是非常可行的。于是马克沁自掏腰包开始制造一架飞机。这一出手就是大手笔。

四年后，马克沁终于造好了飞机。这架飞机像是凯利"可控降落伞"和亨森"空中蒸汽马车"的一种组合。它的中央有一张巨大的六边形翼面，而开放式的机舱则悬挂在中央翼面下方。两层长而窄的弧形机翼加在中央翼面以及机舱的两侧，并且能继续叠加到5层之多（见图2-53和图2-54）。中央翼面前后还设有两个可上下转动的升降舵面，用于控制飞机的俯仰。

飞机总长度为38.1米，宽度为31.7米。中央翼面面积为130平方米，两侧配置两层机翼后，算上前后两个升降舵，总面积达到了372平方米。

图2-53　马克沁飞机配置两层机翼的样子

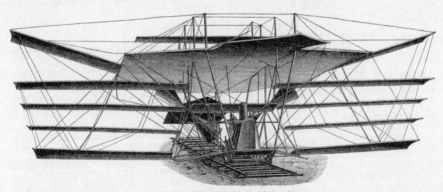

Maxims Flugmaschine, 1890—94.

图2-54　马克沁飞机5层机翼满配时的样子（实验中并未使用如此多的翼面，通常只有两层）

由于体型较大，飞机的结构部分使用了强度较高的钢管，翼面表层用的是制造气球囊皮的材料，并用支杆和张线进行加固。

最令马克沁引以为傲的是飞机的动力部分。虽说勒诺瓦燃气机早已问世，但此时内燃机技术还很不成熟，于是马克沁选择了更为成熟的蒸汽机作为飞机的动力。他自己研制了两台复合式双缸蒸汽机，输出总功率达到了360马力，自重只有272千克（见图2-55）。选择复合式蒸汽机的好处是，高压蒸汽在汽缸中进行一次膨胀做功后还具有不少剩余的内能，将这些"尾气"再送入另外一个汽缸进行二次膨胀，这样就能最大限度地利用蒸汽的内能。

图2-55　马克沁飞机上的蒸汽机

为了产生足够的蒸汽，他还专门设计了一个水管锅炉（见图2-56）。用2000根细铜管盘成A字形的水管锅炉，总的加热面积达到了74.3平方米，并使用点火迅速热值高的汽油作为燃料。算上锅炉的话，动力部分的自重为726千克，即使再加上272千克的锅炉水，可以算出其功重比为270瓦/千克。这比斯特林费罗获奖蒸汽机的功重比高了1倍，性能不俗。

图2-56　马克沁飞机上的水管锅炉

两台蒸汽机分别驱动两支巨大的螺旋桨，其直径为5.4米，单支重量为61千克，最高转速可达每分钟425转。实验中测力计显示飞机启动时螺旋桨最大能产生接近9800牛顿的推力（见图2-57）。马克沁还对螺旋桨的效率进行了估算，他算出自己螺旋桨的效率约为60%。

图2-57 马克沁与自己的飞机合影

从图2-57中可以看出，马克沁的飞机颇为壮观。虽说比亨森"空中蒸汽马车"的尺寸略逊一筹，但亨森的设计只停留在了纸面上，而马克沁的飞机则是真真切切地立在了人们眼前。

不过如此巨大的飞机给实验增添了难度，在运行中如何保证人员以及飞机本身的安全呢？

马克沁想到了一个稳妥的办法，他铺设了一段550米长的铁轨作为飞机跑道，铁轨两边还有两排限位用的木轨，木轨距离铁轨的垂直高度约为0.6米（见图2-58）。除了飞机机身正下方的轮子，它的两侧也探出辅助轮，辅助轮位于木轨下方。这样一来飞机即使起飞，它的高度也被限制在0.6米，辅助轮贴着木轨下沿滑行，不会完全飞起来，这样就避免了从高处失控坠落。

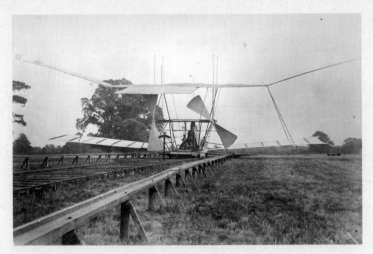

图2-58　马克沁飞机实验所使用的铁轨和特制的限位木轨

　　这种方式的另外一个好处是由于轨道限位，不需要担心控制方向的问题。

　　1894年7月31日，马克沁进行了一场大型实验。实验的基本原理直截了当：当蒸汽机的动力输出增加时，螺旋桨推力增加，于是飞机的速度增加，随着速度增加升力也随之增加。他在机身下方的轮子上安装了测力计，然后在飞机滑行中用纸带记录，这样就能得到升力的连续数值。

　　实验中，飞机共搭载人员3人、91千克燃料以及272千克的锅炉水，最终飞机的总重达到了3.6吨（约8000磅）。

　　马克沁先让蒸汽机工作在部分负荷状态谨慎地进行了两次滑行，通过测力计的数值发现，飞机已经明显产生了升力。

　　当进行第三次滑行时，他给蒸汽机加到了最大压力。随着速度增加，机上人员感到飞机的重量迅速变轻，当跑到1000英尺处时，飞机便开始离开地面。意外突然出现了。由于升力过大超出了限位木轨的承受能力，一大截木轨被飞机拔起。马克沁见状急忙关闭了蒸汽机，但不幸的是，这截木轨戳入了机身，对机身造成了严重损坏。

测力计纸带记录的数据显示，在1000英尺处，飞机的升力的确超过了飞机的自重（约8000磅）（见图2-59）。

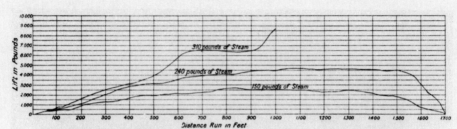

图2-59　马克沁飞机实验中测得的升力数值，图中纵轴单位为磅；蒸汽机的输出动力与蒸汽压力直接相关，可认为曲线上的蒸汽压力数值为"油门"大小

虽然飞机并未真正起飞，而且实验还出了事故，但马克沁却自信地认为自己已经成功解决了飞行器的最关键问题，那就是用动力产生升力。

根据实验数据（时速72千米时推力约为8820牛顿），马克沁据此估算，这对应蒸汽机输出功率为240马力，而在这个速度下，372平方米的翼面可产生约44100牛顿的升力。这就是说用他的飞机，每1马力可以提起19千克的重量，如果速度更快，提起的重量还能增加得更多。

他认为自己的飞机最大可搭载1.8吨汽油，支撑13小时20分钟的续航，如果维持时速80千米的话，总航程可达1000千米。这在当时是一个非常可观的数字。

马克沁曾说："发动机是飞机研发的首要问题，给我一个发动机，我就能给你一架能成功飞起来的飞行器。"现在发动机有了，飞机飞上天就只是时间问题了。

尽管从后世的角度看来，此时距离莱特兄弟的飞机起飞还剩不到10年时间，马克沁的豪言壮语似乎是一个伟大的预言，但可惜这是一个严重的误判。

究其原因，马克沁走上了斯特林费罗的老路。他没有意识到自己的飞机实验的严重局限性——飞机在轨道上滑行是一个一维运动，而空中的飞机飞行是一个三维运动，后者面对的情况要复杂得多。这个误判使他将飞行问题过分简化为推力与阻力的平衡以及升力与重力的平衡问题，因为推力产生速度、速度产生升力，于是他认为动力就是一切，认为重飞行器的问题只剩下发动机。一叶障目，他搞错了飞行问题的优先级。

马克沁忽视了飞机的姿态问题（飞机在空中有三个转动的自由度），当无法维持飞机的正确姿态时，再大的推力也只是适得其反。人们需要的"飞机"是能在空中平稳前进、转弯并能安全起飞降落的飞行器，而不是一台装有翅膀的发动机。当时关于重飞行器基本的空气动力学问题其实还远没有被搞明白，而这个忽视空气动力学以及控制系统所产生的苦果，接下来的很多航空先驱们都要品尝到。

马克沁的实验费钱费力，但可供借鉴的成果却寥寥无几，在一年之后就基本偃旗息鼓了。他的飞机从头到尾都没能离开轨道，只能称其为大型的升力实验装置，距离可飞行还差得远。

## 2.8 地面效应，阿德尔的"风神"是动力飞行还是跳跃？

眼见英国这边重飞行器的研发走在了前面，身在气球之乡的法国人也不甘人后，在19世纪中后期出现了让-玛丽·勒布里斯（Jean-Marie Le Bris，1817—1872）、阿尔方斯·配诺（Alphonse Pénaud，1850—1880）、费利克斯·杜·坦普尔（Félix du Temple，1823—1890）等一批重飞行器的发明家，但他们这些人的成就都不及下面这位。

> 1890年，法国电信工程师克莱门特·阿德尔（Clément Ader，1841—1925）造出了一架重飞行器，并称其为"Avion"，这就是法语"飞机"一词的由来。这架飞机形如一只巨大的蝙蝠，没有尾翼，前置一支四叶螺旋桨，桨叶完全仿造羽毛制造，整个飞机像是一次仿生学工程实验的产物（见图2-60）。

阿德尔将自己的飞机命名为"Éole"意思是"风神"，它源自希腊风神埃俄罗斯（Aeolus）这个词。

"风神"长为4.6米，翼展为13.7米，机翼面积为29.2平方米，空重为167千克，坐上驾驶员后总重为298千克。发动机依然是蒸汽机，输出功率为20马力，自重为51千克，功重比为288瓦/千克，这个指标与马克沁的蒸汽机相比毫不逊色。

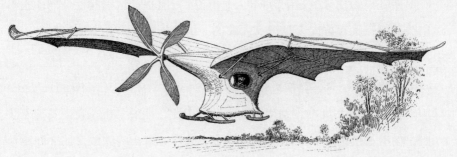

L'OISEAU DE M. ADER.

图2-60　阿德尔的"风神"

　　10月9日，阿德尔在一处花园中试飞了"风神"飞机。结果飞机成功依靠自身的动力起飞并贴地飞行了50米，虽然离地高度只有20厘米。法国人当然认为这是重飞行器领域的第一次载人动力飞行，声称飞机的发明比莱特兄弟早了13年。这与全世界人民的常识产生了冲突。

　　不过从技术视角出发，问题的意义在于，阿德尔在1890年的这次试飞是否算真正意义上的飞行？他是否为人类的知识库增添了新的东西？

　　后世大部分学者认为阿德尔在1890年的实验并不算真正意义上的飞行，一个原因是"风神"的这次短暂飞行借助了"外力"，而这个"外力"就是地面。尽管与飞机没有直接接触，但地面却通过改变近地空气流场分布的方式间接对飞机施加了力。

　　总的来说，地面对于飞行起到的是正面作用。当一架飞机以不到一个翼展的高度贴地飞行时，它所受到的升力比在远离地面时要大，并且受到的阻力要小。今天，我们管这种现象叫作"地面效应"（Ground Effect）。要解释地面效应，就有必要仔细分析翼面上的空气流动，尤其是翼尖附近的空气流动。

　　首先我们先要解决一个问题，那就是维持升力要不要做功？

根据升力的定义，它的方向与自由流的方向垂直，因此一个匀速水平运动的翼面在垂直方向上是没有位移的，也就不需要做功。那么这个说法有没有问题呢？

德国著名空气动力学家亚历山大·马丁·李比希（Alexander Martin Lippisch，1894—1976）曾给出一个有趣的类比。他说飞机在空中飞行很像人们在浮木上行走，假设每根浮木都无法单独支撑人的体重，那么即使水平方向上没有任何阻力，但为了保持自己待在水面上，人必须不断迈向下一根浮木，而从一根没入水中的浮木迈到下一根高出水面的浮木，你必须"向上攀登"，这意味着必须做功（见图2-61）。

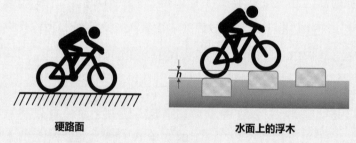

硬路面　　　　　　　　　　水面上的浮木

图2-61　自行车骑行在硬路面和水面浮木上的区别，用于理解飞机在空气中飞行

不过大师举的这个例子稍微有个小漏洞，因为即使是在水平面上人行走时的重心也是不断起伏的，而将自己的重心抬起必须做功。如果将行走改为骑自行车上述类比将更有说服力，骑车时人的重心起伏很小，这就是为什么骑自行车是比走路更有效的交通方式（当然这是在路况良好的情况下）。

运用这个类比，我们来考察一下飞机的飞行。

飞机在飞行的时候，机翼的作用就是将迎面而来的气流向下偏折，而空气也给了机翼一个向上的反力，这就是升力。这就像是用自行车的后轮压下浮木，与此同时浮木也给了车轮一个向上的反力使其抬高一样。容易知道，浮木越大，那么它自身的下沉就越少，车手"向上攀登"的高度也就越小，所需要做的功就越少。当浮木无限大时，车手就如同在硬路面骑行一样，不需要通过做功来保持自己的水平高度。这就是对应无限大的机翼的理想情况，此时机翼可以通过向下偏折无限大质量的空气来获得升力，这就如同踩在坚硬的路面上一样。可见对于理想的无限大的翼面，维持升力无须做功的说法的确没有问题。

但对于有限的实际翼面，情况就不同了。

我们知道，机翼产生升力时，机翼上方的空气相对于远处的自由流来说压强较低，而下方的压强相对较高，因此空气有从机翼下方向上方流动的趋势。这种趋势在翼尖最为显著，因为空气可以从翼尖外侧绕上来。空气的这种绕翼尖转动叠加上向前的水平运动就会在机翼后面形成一条螺线形的尾迹，这就是翼尖涡。以翼尖为界，翼尖涡在机翼外侧会造成空气向上运动，而内侧则会向下运动（见图2-62）。

图2-62 翼尖涡以及下洗流的形成

在低速情况下，这个翼尖涡是气动阻力的重要组成部分，它会产生诱导阻力（Induced Drag）。因为翼尖涡的形成，翼尖附近的机翼遇到的气流有了一个向下的速度分量，因此实际产生的升力并不再严格与自由流方向垂直，而是向后偏了一个角度，于是就产生了水平向后方向的分力，这就是诱导阻力（见图2-63）。

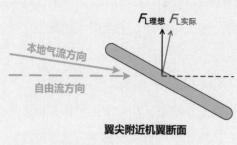

图2-63　诱导阻力的成因示意图

同时由于诱导阻力的存在，机翼的升力减小，因此可以认为翼尖涡让飞机的有效翼展变小了。但当飞机贴地飞行时，翼尖涡的形成受到了地面的阻碍，这就相当于有效翼展又变大了。同时，由于下洗流冲击到地面时受阻，因此会在机翼下方形成一个升压区，升压区能提供一个额外的力"托起"机翼，仿佛一个"气垫"，这就是地面效应（见图2-64）。

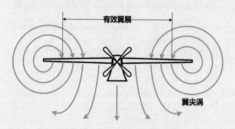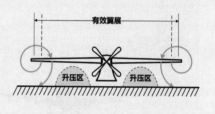

图2-64　地面效应产生原理示意图

现代研究表明，在翼展一半以下的高度内，地面效应就比较明显了。当翼面距离地面为四分之一的翼展时，诱导阻力可减小20%多，当距离地面十分之一的翼展时，诱导阻力可减小近50%。不过当机翼高度超过一个翼展以上时，地面效应就可以忽略不计了。

因此，阿德尔的"风神"能起飞是利用了地面效应，假设它往上再飞高几米，很可能就会因为升力不足而跌回地面。

不过只要能在空中高速移动，利用地面效应的飞行完全可以称为飞行，没有必要过于狭隘。今天依然有人在研制地效飞行器，这种飞行器在一些应用场景下具有优势，比如在海面上，地效飞行器就比同样载重的飞机更加省油（因为诱导阻力低），而比传统的轮船更加高速（因为没有水阻）。

阿德尔的"风神"让人质疑的更重要原因是它缺乏有效的操控系统。

说"风神"没有操控系统是不公平的，实际上它有一套非常复杂的操控系统。"风神"蝙蝠翅膀状的机翼不是固定死的，而是可以进行多项调节，比如前后移动，收拢和放开以增减翅膀面积，翼尖部分可向上或向下弯折，翼面的拱曲度也能改变。除了翼面的控制，还要照顾到发动机的运行，为实现上述控制功能，阿德尔设计了两个脚踏板和6个转盘。可惜飞行控制属于毫秒必争的工作，他的这套控制系统完全不实用（见图2-65）。

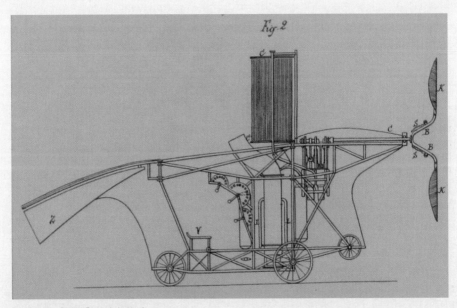

图2-65 "风神"的内部构造

科技史笔记 飞天之道

不仅如此，"风神"也没有尾翼，或者任何可以提供飞行稳定性的措施，而一个具有弧形机翼的飞机在现实中是很容易发生俯仰失稳的。因此，后世学者通常认为阿德尔在1890年的飞行不是一次"可控的动力飞行"而是一次"动力跳跃"。

不过在当时，阿德尔的成功却吸引了法国军方的关注。1892年，阿德尔获得了法国军方的正式资助。在接下来的5年间，他打造了"风神2号"和"风神3号"两架飞机。资料显示"风神2号"只造好了蒸汽发动机，飞机整体并未完成。

1897年"风神3号"完工（见图2-66）。飞机长为5.5米，翼展为15.3米，机翼面积为38平方米，空重为245千克，算上1位飞行员总重为455千克。在动力上，阿德尔安装了2个"风神1号"上的蒸汽机，输出功率达到了40马力（见图2-67）。螺旋桨也相应增加到2支。

不过在实验中这架飞机自始至终都没能脱离地面。法国军方见状便终止了与阿德尔的合同。

图2-66 阿德尔的"风神3号"（注意下方探出身子的驾驶员）

与莱特兄弟的飞机比较，阿德尔的"风神1号"与"飞行者1号"总重相似，都在330千克附近，而在动力方面，前者甚至还要优于后者（20马力比12马力）。但在有资金支持的情况下，阿德尔甚至没能复制自己最初的成功，更不用说对"风神"飞机进行迭代改进了。由此可见，阿德尔没能解决固定翼飞机飞行中的基本空气动力学问题，因此他没能获得最先发明飞机的荣誉也并不冤枉。

图2-67　阿德尔"风神3号"的蒸汽发动机（背部）

对于阿德尔没能搞清楚的这些基本的空气动力学问题，将由与他同时代的一位德国人给出答案。

## 2.9 被忽视的实验,"飞人"李林达尔的研究工作为何重要?

就在法国人阿德尔努力让自己的动力飞行器起飞的同时,德国人奥托·李林达尔(Otto Lilienthal,1848—1896)走上了另外一条路,这条路早就由英国人凯利开了一个好头,但直到此时他的继承者才姗姗到来。这条路便是无动力的滑翔机。

亨森、斯特林费罗、马克沁以及阿德尔等人的失败告诉我们,飞行这道难题远比想象中的棘手,而人们惊讶地发现对于空气这个"老朋友",我们还远远谈不上熟悉。

李林达尔曾在后来说道:"只有进行飞行实践,一个人才能真正理解飞行……对于在飞行中如何应对飘忽不定的风这样的问题,不身处天空便无法领悟……人类飞行的快速发展之路只有一条,那就是进行系统性的、积极的飞行实践。"

1889年,李林达尔制造出了自己的1号滑翔机。与前辈凯利使用平面机翼不同,这架飞机的机翼模仿了鸟类的翅膀,其横截面是向上拱起的弧形。同样的几何尺寸下,弧形机翼的升力更大,阻力更小。李林达尔1号滑翔机的翼展为11米,机翼最大弦长1.4米。尽管升力测量的结果很乐观,但1号滑翔机并未飞起来。第二年的2号滑翔机同样也不成功。

这里他与阿德尔一样犯了一个错误——没有给飞机加装尾翼，这导致了很大的稳定性问题。今天除了一些军事用途的飞机，尾翼已经成为飞机的标配。尾翼分为两种，垂直尾翼和水平尾翼，前者像鲨鱼立起来的背鳍，而后者像一副小机翼。对于最常见的民航客机来说，两者通常交叉在一起组合成一个"倒T"形。

我们来简要解释一下尾翼的作用。

垂直尾翼的作用是保持方向稳定性，假设滑翔机正迎风飞行，此时垂直尾翼与气流方向平行，没有升力，尾翼上只有一个很小的摩擦阻力。但当有一个扰动气流使得航向左右偏转时，此时垂直尾翼就与风向产生了一个迎角，气流会在尾翼上产生明显的升力，同时阻力也会增加，于是整个气动力相对滑翔机重心就产生一个力矩，而这个力矩是回复性的，它将机身扭转回平衡位置（见图2-68）。

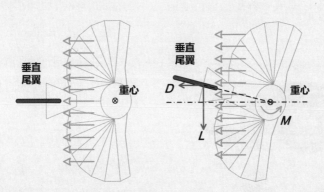

图2-68　垂直尾翼提高飞机方向稳定性的原理

水平尾翼的工作原理与垂直尾翼类似，它保证的是飞机俯仰的稳定性。假设滑翔机倾斜向下飞行并达到平衡，飞机受到的总气动力的力心在重心处，两者平衡。此时水平尾翼与气流方向平行，仅受到一个很小的摩擦阻力。当受到一个扰动使得机头下压时，水平尾翼就与气流产生了一个负的迎角，并产生了明显的升力，阻力也会增加。于是水平尾翼上的总气动力相对重心会生成一个回复力矩，这个力矩将机身扭转回初始的平衡位

置。受到扰动导致机头上扬时，也可做同样的分析。

不过这里的问题会稍微复杂一些，因为机头下压时，机翼的迎角减小，此时机翼上气动力的力心不再与重心重合，所以也会产生一个扭转力矩。一个正确的机翼设计应该是在迎角减小时气动力的力心前移，这样就能产生一个方向与水平尾翼相同的回复性力矩（见图2-69）。

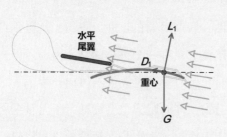
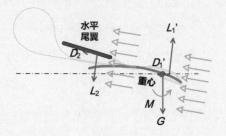

图2-69 水平尾翼提高飞机俯仰稳定性的原理

图2-70 李林达尔的滑翔机试飞（1891年）

1891年，摸索了两年之后的李林达尔为他的滑翔机加装了尾翼（见图2-70），造出了3号滑翔机。3号滑翔机的弧形机翼弯度很大，为1/10，机翼面积为10平方米。在乡村的小山上进行多次试飞和调整后，3号滑翔机终于成功起飞，最大滑翔距离约为25米。

1892年，他又相继制造了4号和5号滑翔机。为获得更大的升力，这两架飞机的机翼面积增大到15～16平方米。后者从10米的高处起飞，最远可飞行80米。

这里需要补充说明一下，与通过转动尾翼来进行操控的凯利滑翔机不同，李林达尔的滑翔机属于悬挂式滑翔机（Hang Glider），即利用移动躯干或者摆腿来调节身体重心，从而对飞机姿态进行控制（见图2-71）。

图2-71　悬挂式滑翔机的身体姿态，（a）起飞，（b）中途，（c）平衡，（d）降落

调节重心的控制方式简化了飞机结构，而对于一个工程中的实用结构，简单就意味着可靠。同时人体的反应速度还是不错的，比如当一个足球迎面而来时，正常人能在几分之一秒内让身体做出躲避反应。

不过这种控制方式也有局限，最大的问题在于它限制了机翼的尺寸。要想滑翔机飞得远就要求机翼产生更大的升力，这样就要求有更大的机翼，然而更大的机翼增加了整机的转动惯量，控制这样的飞机就需要更大的力矩。但通过移动重心产生的力矩是很有限的，机翼过大，飞机就会变得笨重，即很难响应驾驶员的动作。更糟糕的是，一些扰动气流却能在大翼面上产生很大的力矩，使得飞机失去平衡。

不难看出，悬挂式滑翔机做得好就需要在升力与操控之间进行一些取舍。

因此到了1893年在制造6号滑翔机时，李林达尔并没有继续增加机翼面积反而是缩小了一点，机翼面积为14平方米，翼展为6.6米，展弦比为3.5，自重仅有20千克。

6号滑翔机身上有多处出色的设计。比如为了防止突然的上升气流将尾部吹起，水平尾翼可以绕轴自由向上翻起，这样就能避免机身出现"倒栽葱"的风险。还有机翼的"伞骨"支撑结构可改变翼面的弯度，这样就能通过实验找到最合适的翼型。不仅如此，它的机翼还能折叠，非常方便

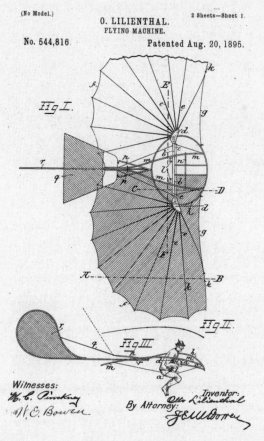

运输。这些设计都非常成功，并让李林达尔于同年获得了专利（见图2-72）。

为了进行滑翔机试飞，李林达尔不仅在房顶上搭建用于滑翔实验的跳板，还四处寻找附近的小山丘作为实验地点，甚至找到了柏林西北100千米外的"犀牛山"（Rhinow Hills），而这座小山还曾被他冠以最佳试飞地的称号。

1894年，感觉打包设备去试验场还是不方便，他便在柏林的郊区堆了一座人工小山，取名"飞行山"（Fliegeberg）。这座小山拥有火山般的外形，高

图2-72　李林达尔滑翔机的专利文件配图（1895年的美国专利版本）

达15米，底面直径约为70米。做成这种近似完美锥形形状的好处是能利用任何方向的来风（见图2-73）。

这一年，李林达尔的滑翔机依然在持续改进。8号滑翔机成为一款量产机型，并开始对飞行爱好者销售。之后的11号滑翔机更是创造了366米的滑翔纪录，而它的机翼面积甚至比6号机更小一些，为13平方米（见图2-74）。

接下来对于大升力与操控性这对矛盾，1895年，他终于找到了一个解决方案——双翼滑翔机。相比于一张巨大的单翼，两个叠放的双翼转动惯

图 2-73 "飞行山"原址今天成了李林达尔的纪念馆

量更小，对于扭矩的响应更快，因此更容易控制。而双翼机的稳定性也超出了预期，于是他制造了 3 架机翼面积不同的双翼滑翔机，机翼面积从小到大，分别是 18 平方米、20.5 平方米和 25 平方米，并进行了大量的试飞。实践证明，新的双翼机可以在约 40 千米/时的风中飞行（见图 2-75）。

图 2-74 李林达尔 11 号滑翔机模型

图 2-75 李林达尔驾驶双翼滑翔机的照片

滑翔机成功之后，李林达尔并没有止步于此，他开始着手为滑翔机引入动力。可惜不幸突然降临。

1896年8月9日，一个天气晴好的夏日，当李林达尔像往常一样驾驶着11号滑翔机飞行时，一股上升气流将他托起，为了压下机头，他向前摆动过大，致使右机翼脱落，滑翔机失速下坠。坠机导致他背部重伤，并于第二天离开了人世。

李林达尔在生前常对人说"牺牲是必要的"，没想到这句话竟成了他的墓志铭。

他生前驾驶着滑翔机进行了2000多次飞行，被誉为"飞人"，因此后世的人们常以为李林达尔是一位纯粹的实践者，他的成功来源于试错积累下的经验，但这是一个大大的误解。

在滑翔机成功之前，李林达尔做了相当详细而且深入的理论工作。最重要的工作是从1866年到1889年的20多年中，他对翼面的升力和阻力进行了系统性的实验。他不仅改进了凯利的旋臂机设计，制作了很多架旋臂机，旋转半径从1米到3.5米，速度范围从1米/秒到12米/秒，而且对实验误差进行了分析，比如他细致地减去了机械摩擦和旋臂杆子所造成的阻力矩（见图2-76）。

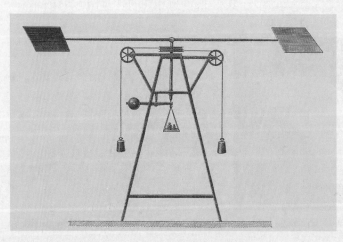

图2-76 李林达尔的旋臂机

不仅如此，他也认识到了旋臂机制造的流场带有涡流，为了尽可能贴近实际情况，他研发了能在自然风中测量翼面升力和阻力的装置。当然利用自然风的一个难处就是需要知道自然风的风速，为此他还设计了一个测量风速的装置（见图 2-77）。

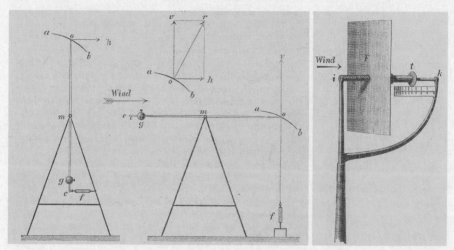

图 2-77　李林达尔发明的在户外进行升力和阻力测量的弹簧秤装置，以及测量风速的弹簧秤装置

对于科学实验而言，设计好并做出来仅仅完成了一半的工作，后面还要对数据进行分析和处理。很多人偏重前者而忽视后者，他们认为数据处理费时费力却"没有什么新东西产生"，但事实上，后一半的工作往往更为关键，因为有时候仅仅是一些数据展现形式上的变化就能带来新的洞见。在这方面，李林达尔给我们树立了榜样。

与前辈们分开记录升力与阻力不同，李林达尔将自己测量出的升力和阻力画在了一张图上（见图 2-78）。

如图 2-78 所示，翼面沿着水平方向运动，迎角 α 作为变量。翼面上总的气动力用矢量箭头来表示，它的垂直分量是升力，水平方向就是阻力，箭头前面的角度值表示翼面迎角。最外侧的四分之一圆弧起到角度计的作用，矢量箭头延长出的虚线用来方便读取总气动力的实际角度值。当时人们已经

知道，翼面垂直迎风时的气动力是最大的，因此李林达尔用这个值做了归一化处理，即用不同迎角下的气动力除以翼面垂直迎风时的气动力。

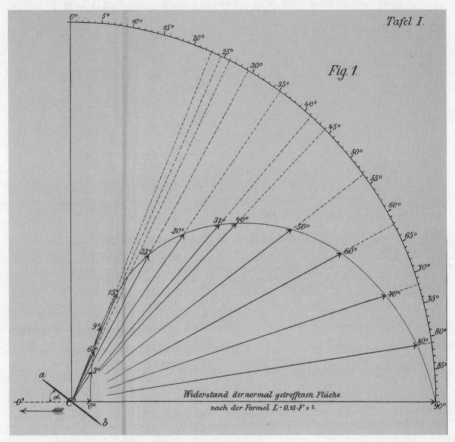

图2-78　李林达尔绘制的翼面总气动力与迎角的关系图

从这张图上我们可以很容易看出，翼面的阻力是随着迎角的增加而单调增加的，但升力则不同，它是先增加然后减小。一个更重要的信息是，如果我们做一条通过原点与曲线相切的直线，那么这根切线的角度就代表了升力与阻力比值最大时的迎角，很容易推论出，在这个角度下进行飞行是最有效率的。

事实上，李林达尔发明了今天在飞机设计上的一个必备图表，就是极曲线图。这个图反映的是升力系数与阻力系数的比（简称升阻比），而升阻比是判断翼型优劣的一个最基本指标。

运用这个极曲线图，将同样面积的曲面机翼和平面机翼进行对比，李林达尔"重新发现"了凯利几十年前的一个结论——曲面翼型的升阻比大，即空气动力学性能更好（见图 2-79）。

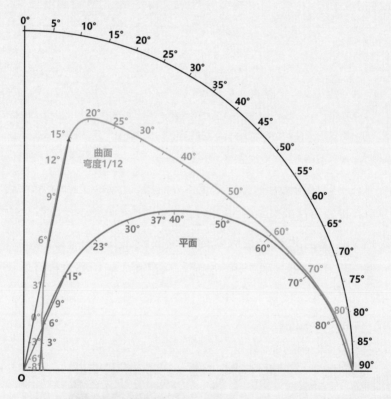

图 2-79　平面和曲面翼型的极曲线比较图

在图 2-79 中，容易看出蓝色曲线（对应曲面）比灰色曲线（对应平面）高，因此在同样迎角的情况下，气动力的斜率就越大，即升阻比越大。比如图 2-79 中同样 15° 迎角的情况下，曲面和平面的阻力差不多，但升力却差了一倍多。这个结果解释了为什么鸟类的翅膀都是上拱的曲面（见图 2-80）。

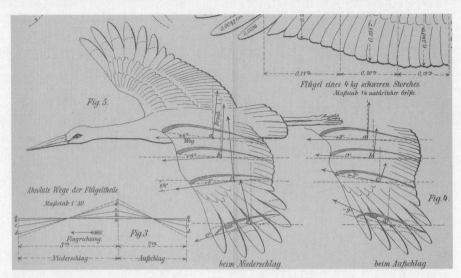

图2-80 李林达尔所著的《鸟类飞行——航空的基础》中的插图，其中有关于弧形翼面迎角的分析

李林达尔的这些实验数据后来被多方引用，包括美国科学家兰利，而莱特兄弟在设计自己的滑翔机时，也仔细参考了这些数据。

2019年，德国莱布尼兹大学的一位教授马库斯·拉斐尔（Markus Raffel）复现了李林达尔的工作，他通过风洞和实际户外飞行对李林达尔的滑翔机进行了全面测试，证明了李林达尔在一百多年前的成功绝非偶然（见图2-81和图2-82）。

图2-81 德国莱布尼兹大学的拉斐尔教授驾驶李林达尔滑翔机在大型风洞中的实验

图2-82 拉斐尔教授驾驶李林达尔滑翔机在实际环境中飞行

通过理论与滑翔机实践，李林达尔已经搞清楚了固定翼飞行器在空气动力学方面的基本问题，接下来只要匹配上合适的动力，一架真正的飞机就大功告成了，而资料显示他的确也在事故前的2～3年开始了一些与发动机相关的测试。于是后世有人断言如果没有那次事故，欧洲将先于美国造出飞机。

鉴于当时在空气动力学和发动机这两方面欧洲一直保持领先的事实，这样的论断看似是顺理成章的。不过历史总是会在必然中夹杂一些偶然，欧洲人万万没有想到甚至在今天依然不能服气自己在飞机研制方面败给了美国人。

## 2.10 机翼翘曲，一对自行车厂兄弟为飞机研发带来了什么独到见解？

1899年5月30日，美国史密森学会（Smithsonian Institution）的工作人员收到了一封来信，寄信人的目的是想获得一份资料清单，他说他正准备进行一项有关飞机的系统性研究，因此希望获得所有目前已经知晓的研究成果。这封目的明确的信函并非出自大学教授或者像爱迪生那样的发明大家之手，而是来自俄亥俄州一位名不见经传的自行车厂主，他名叫威尔伯·莱特（见图2-83）。威尔伯对于飞机的兴趣来自3年前，那一年他在报纸上读到了关于李林达尔的新闻。

作为美国最大的博物馆机构和学术组织，史密森学会很好地履行了自己科普民众的义务。巧的是，时任学会会长的天文学家兰利正以花甲之龄积极地进行着飞行器的

图2-83 莱特制造的自行车（收藏于美国国家空军博物馆）

研发。仅仅过了两天后，威尔伯就收到了兰利的助理——生物学家理查德·拉斯本（Richard Rathbun，1852—1918）的亲笔回信。拉斯本不仅给出了一份详尽的资料清单，还附上了4本书，这其中就有李林达尔的《飞行问题及滑翔实践》（*The Problem of Flying and Practical Experiments in Soaring*），当然也少不了他的老板兰利的大作《机械飞行实验史》（*Story of Experiments in Mechanical Flight*）。

得到了这些当时航空领域的权威著作后，威尔伯大喜过望，马上支付了1美元的资料费。后世学者常以略带调侃的语气评说：史密森学会对于人类航空的最大贡献莫过于将资料交到了"正确"的人手中（这里莱特兄弟的英文名Wright与right同音）。

于是在19世纪的最后一年中，莱特兄弟的航空事业从研读资料开始正式起步。这不是什么"灵光闪现"的传奇故事，而是真正现代意义上的技术研发。此时，兄弟二人的左手里有兰利等人总结的最前沿的空气动力学知识，右手里则有李林达尔在滑翔机方面的成功实践经验，起点不可谓不高。

接下来他们需要面对的问题就是：进行实际的飞行器研发该从何处入手呢？

任何一个从事实际制造业的人最终都会发现，所有在真实物理世界中运行的事物从来都不会是简单的，它有着多种制约因素，甚至会牵扯到当初完全没有预料到的方面。不过在事物发展进化的过程中，每一个阶段往往会有一个主要因素在起作用，解决了它就能保证事物的顺利运行并进入下一个发展阶段，这就是我们常说的"抓住主要矛盾"。

比空气重的飞行器研发正是上述典型的复杂工程，它涉及至少四大方面内容：动力、结构、空气动力学和控制。那么哪一项才是飞机研发一开始的"主要矛盾"呢？

前面提到的发明家马克沁就选错了方向，他抱有动力至上的想法，认为只要发动机足够强，门板也能飞上天，甚至大学者兰利也是这样认为的，他还是莱特兄弟的启蒙作家之一。但是兄弟二人却没有受其影响，他们没有急于去做动力飞行的实验，而是追随了李林达尔的脚步，先从滑翔机开始进行实验。

由于认为李林达尔已经解答了飞机在空气动力学上的基本问题，因此莱特兄弟选择了"控制"作为飞机研发的"主要矛盾"，后世学者普遍认为正是这个选择铺就了莱特兄弟的成功之路。

有意思的是，莱特兄弟之所以能做出正确的历史性选择很可能与他们的背景有关，那就是自行车制造。飞机与自行车在一点上很相似，那就是两者要想保持平衡必须持续运动，飞机失去速度会坠落，而自行车的车轮停转则会倒下。我们在后面还将见到自行车的影子。

虽然继承了李林达尔的衣钵，但是莱特兄弟对于悬挂式滑翔机的局限性有着清醒的认识。他们的最终目标是制造动力飞行器，而要承载驾驶者、发动机以及燃料，飞机的翼面一定会大幅增加，这会使得重心调节的方式几乎无效。

而对于依靠气动力来抵抗重力的飞机来说，最佳的控制手段就是气动力本身。首先，气动力是随着速度的增加而以二次方增加的，这意味着速度越快，气动力越大，而越大的力越容易生成一个大的力矩，这个大力矩使得飞机姿态的调节变得迅速。其次，利用气动力无需复杂的结构，像前面介绍的水平尾翼和垂直尾翼只要在后方增加一个能转动的舵面，就能当作控制面使用。最后，控制力矩的大小也很容易调整，只要增减控制面的面积即可。

由于是在空中飞行，飞机的运动自由度比汽车高很多，除了多一个高度方向的平动自由度，更重要的差异是在转动上（见图2-84）。正常在地面上行驶的汽车只有绕垂直轴进行方向调节这一个转动自由度，在航空领域我们称其为偏航（Yaw），但飞机还多了两个转动自由度，那就是俯仰（Pitch）以及滚转（Roll）。

为了更好地理解这两种转动，我们可以试想自己正在水中游泳，所谓俯仰就是我们的身体绕着左右横穿腰部的一根横轴转动，比如头朝下扎猛子这个动作，而滚转则是身体绕着从头到脚的一根纵轴转动，比如我们从自由泳换成仰泳的时候身体就完成了这种转动。

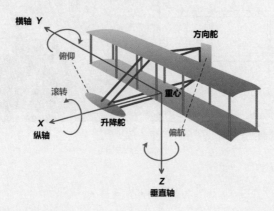

图2-84　飞行器的三种转动自由度

容易理解，通过设置一个垂直舵面即方向舵，我们可以实现偏航控制，而将一个方向舵平放我们就得到了升降舵，它可以实现俯仰控制。那么滚转呢？

在平飞的情况下，两侧机翼上的升力相同，因此这两个力绕着纵轴的力矩相互抵消了，飞机不发生滚转。如果希望发生滚转那么就需要两侧机翼上的升力不一样，这要如何实现呢？

莱特兄弟找到了一个方法，这就是机翼翘曲技术（Wing Warping）。他们已经知道，机翼上的升力与来流速度、表面积以及迎角有关，而这三个量中，机翼翘曲改变的就是迎角。由于当时的机翼都是木制的，具有很好的弹性，利用拉动张线的方法能让翼面产生变形，这种变形可让一侧的翼面前沿上扬，而让另一侧下沉，这样就造成了一侧的机翼迎角大于另

侧，最终导致两侧机翼上的升力不同（见图2-85）。

用一个去掉两头的空饼干盒可以很直观地演示机翼翘曲所产生的那种变形（见图2-86）。当然，这种变形是较为夸张的，在机翼上并不需要如此大的变形。

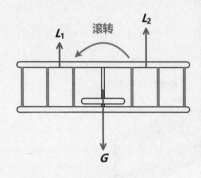

图2-85　在机翼翘曲技术原理

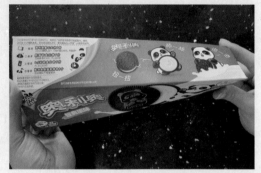

图2-86　两手分别捏住盒子两端的不同对角，同时挤压或者拉伸就能让上下两个平面产生翘曲

不过话说回来，让飞机实现滚转又有什么好处呢？

答案是容易转弯。

仅仅通过偏转方向舵是可以实现转弯的，此时机身不发生滚转，仅仅是机头绕着垂直轴转动。一个物体做圆周运动会产生离心力，因此需要有一个力提供向心力，否则物体就会被甩出去。飞机在做这种"平转"时，这个向心力由推力的一个分力来提供（简化分析可参考图2-87）。

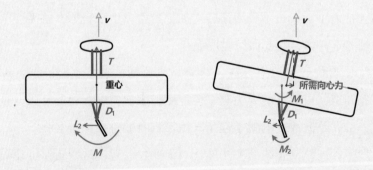

图2-87　飞机平转时的受力分析

　　同样的航速下，飞机的转弯半径越小，所需要的向心力也就越大，因此在做小半径转弯时，推力的分力所提供的向心力就不够用了。那么还有什么力可供利用呢？

　　根据飞机的受力平衡条件可知（见图2-88），推力与阻力平衡，而升力与重力平衡，通常情况下升力是要远大于阻力的，因此利用升力的分量产生向心力是更好的做法。而飞机在发生滚转时，重力的方向不变，但是升力是垂直于翼面的，于是两者不再抵消，而是产生了一个侧向的分量（见图2-89）。由于翼面上的升力很大（与重力是一个级别的），因此利用这个升力的分力实现小半径转弯就较为容易，这就是现在飞机最常用的倾斜转弯（Banking Turn）。

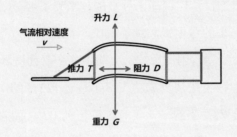

图2-88　飞机的基本受力平衡条件

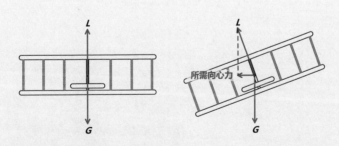

图2-89　飞机在进行倾斜转弯时由升力提供向心力

　　1899年，莱特兄弟制作了一个翼展为1.5米的双翼模型机，在这架模型机上，他们用拉线放风筝的形式进行了飞行实验。实验证明，机翼翘曲技术是可行的。甚至为了凸显机翼翘曲技术的有效性，莱特兄弟去掉了飞机的尾翼，不过后来证明这是一个错误。

模型机成功后，两人又制造了一架全尺寸的双翼滑翔机，这架飞机是为载人准备的，它的翼型借鉴了李林达尔所发表的成果。翼展为5.2米，机翼弦长（宽度）为1.5米，弯度在1/20到1/23之间，机翼总表面积（两层机翼）为15.3平方米，飞机自重约为24千克（见图2-90）。

不过在实验中两人发现，只有在很大的风速下这架滑翔机才能起飞，分析结果表明，机翼实际产生的升力仅在设计计算的1/3到1/2之间。

面对升力不足的问题，两人使用了一个简单粗暴的方案——将机翼面积增加一倍。于是1901年，第3架滑翔机诞生了（见图2-91）。它的翼展为6.7米，机翼弦长（宽度）为2.1米，机翼总面积（两层机翼）达到了27平方米。不过飞机的自重也增加了近一倍，来到了45千克。为了继续增加升力，两人又将翼型的弯度提高到了1/12。不过这导致稳定性出了问题，使得飞机的操控性变差，因此后续的实验中这个弯度被降为1/19。

虽然在实验中，新滑翔机成功飞出了最远122米的距离，但是升力的测量结果依然是令人失望的——仅有理论值的1/3！而且增大机翼面积带来的弊端也显现出来，那就是滑翔机的操控性变差。

莱特兄弟终于意识到，这方面出了大问题。

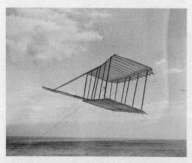

图2-90 莱特兄弟的1900年滑翔机

图2-91 莱特兄弟的1901年滑翔机

# 2.11 回归基本问题，莱特兄弟造飞机前都做了哪些准备工作？

在科学技术发展史中，白手起家开创一个领域固然令人敬佩，但搞一些"拿来主义"也并不丢脸，毕竟连牛顿都说自己"站在巨人的肩膀上"。具体到了发明创造上，事事都从头做起既不现实也无必要，果真如此的话，以人类短暂的生命与有限的精力，进步将是多么得缓慢。

从 1899 年开始研读文献资料到 1901 年的滑翔机成功起飞，莱特兄弟仅仅用了两年时间就站在了世界的前列，这是一个令人惊叹的速度。其中史密森学会提供了当时欧洲航空领域最先进、最权威的资料，功不可没，而兄弟两人也很好地吸收借鉴了前人的成果，尤其是李林达尔的实验数据，起点颇高。

不过，"拿来主义"虽然快捷却也不乏陷阱，尤其是在进行创新型工作时。前人成果的获得到底经历了怎样的过程？这些成果是否依赖于某些特定的条件？诸如此类的问题从成果本身中难以找到答案。即使前人的成果已经经历过一定的检验，但在新的环境中应用时，我们依然要保持谨慎的态度。

在这里，莱特兄弟被上了一课。

两年时间的飞行实验清楚地显示，他们制造的滑翔机实际产生的升力与理论计算值有差距。本来实践与理论之间有差距是再正常不过的事情，但是他们的这个差距实在是太大了——实测值仅有理论值的三分之一。

　　造成这种巨大差异的原因可归为两个方面，一个方面就是莱特兄弟算错了。由于他们在进行滑翔机设计时直接借鉴了李林达尔的实验数据，那么可以往前追溯推出李林达尔的数据出了错。尽管证伪一个理论不失为一项不错的成果，但在此时它却不那么令人高兴。

　　因为这意味着，升力不足的问题只能依靠增大机翼面积的方法来弥补，但此举牵一发而动全身。增大机翼面积不仅会导致机翼变重，也会增大对控制面的需求，进而延伸到机身其他结构，其结果就是使得整个飞机自重大幅增加。1901年的滑翔机机翼面积比1900年的增加了76.5%（27平方米对15.3平方米），而自重则增加了87.5%（24千克对45千克）。更要命的是，莱特兄弟发现增大机翼面积后，翼面产生升力的效率却降低了，本来1900年的滑翔机升力还在理论值的三分之一到二分之一之间，但在1901年的滑翔机身上，这个比例直接降为了三分之一。

　　另外一个方面的原因就是理论计算没错，但是制造工艺或者材料不过关（比如机翼的帆布蒙皮漏气）导致飞机性能低下，而改进制造工艺以及寻找新的材料是一个长期且充满不确定性的工作。瓦特就曾被汽缸加工精度不足产生的漏气问题困扰了6年之久，如果不是威尔金森出手相助，独立冷凝器提高热效率这个成果将永远无法展现，而第一笔订单的到来也将遥遥无期。

　　因此无论最终是哪个方面的原因，它们都让人类飞行的前景黯淡了起来。

　　这的确是一个令人丧气的结果。他们阅读了当时最前沿的研究成果，使用了最权威的数据，设计出了更好的控制系统，但是却在最基本的空气动力学问题上栽了大跟头，甚至连栽跟头的真正原因也没能找到。1901年8月，威尔伯在归家的火车上失望地告诉弟弟："再过50年，人类还是飞不起来。"

　　一份鼓励来得非常及时。尽管滑翔机实验没什么出彩的地方，但当时著名的航空专家奥克塔夫·沙尼特（Octave Chanute，1832—1910）还是看到了这项工作的意义，并邀请他俩给西部工程师协会做了一场报告。

> 沙尼特生于法国，幼年跟随父亲移民美国。他的专业是土木工程，他设计过很多铁路桥，比如第一座在堪萨斯城内跨越密苏里河的汉尼拔大桥。50岁时沙尼特开始利用业余时间研究航空科学，结果一发不可收拾，竟然将业余爱好干成了第二专业（见图2-92）。1894年他将多年收集到的资料编纂成《飞行器的发展》（*Progress in Flying Machines*）一书。这本书一经推出就成为经典，它是当时世界上最新、最系统的关于重飞行器的著作，当然也毫无悬念地出现在了莱特兄弟的资料单中。

在报告会上，威尔伯开诚布公，他毫不讳言自己的实验出了问题，并对实验结果与理论计算结果之间的巨大差异尽可能地给出了自己的分析。在报告会之后，莱特兄弟也与沙尼特进行过多次沟通。

图2-92 沙尼特设计的双翼滑翔机（1896年）

正是在这场报告会之后，莱特兄弟做出了自己的判断——李林达尔的数据有误。

尽管事后看这个判断有些草率，但它却将莱特兄弟的努力引向了一个正确的方向——他们要从最基本的空气动力学问题弄起。

第一步就是要验证李林达尔的数据。

前面提到过，李林达尔对实验数据进行了处理，他将测得的翼型上的升力除以了一个同面积的垂直平面上的阻力。这里，莱特兄弟没有采用传统的旋臂机做实验然后再进行数据处理这种方式，而是干脆用实验手段直接对这两个力进行比较。令人惊叹的是，兄弟二人只用了一个自行车车轮就实现了这个功能。

他们将两个翼型垂直固定到车轮圈相距90°的位置上。其中一个翼型为平面，它与风向垂直；而另一个为曲面，它的迎角可以调整。易知，在"车轮实验"中，如果曲面翼型上产生的升力与平面翼型上产生的阻力大小相等，那么这两个力对轮心产生的力矩大小相等，方向相反，车轮不会转动（见图2-93和图2-94）。

图2-93 莱特兄弟的"车轮实验"

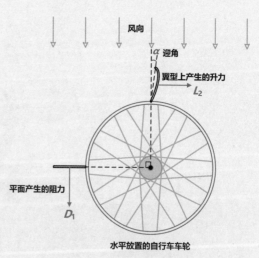

图2-94 "车轮实验"测量升力的原理

两人根据李林达尔图上的数据进行了计算，一个面积为 0.093 平方米的曲面翼型在迎角为 5° 时，其上产生的升力应该正好与一个 0.061 平方米的垂直平面上的阻力平衡。

但要想这个装置正确工作还缺一个重要因素，那就是风。于是两人便将车轮放置在户外的风中进行实验。不过很快他们就发现一个严重问题——自然风的风向比较多变，很难得到想要的方向。因此他们又将车轮装在了一辆自行车的前头，通过骑行造风，这样产生的风向就稳定多了，并且通过车速还能得到风速。不仅如此，他们每次实验都迎逆风各骑行一次，以消除自然风带来的影响。

通过多次实验两人发现，他们制作的曲面翼型需要 18° 的迎角才能让车轮平衡，这比李林达尔实验中的 5° 的角大得多。人们已经知道迎角越大，升力越大，这意味着李林达尔给出的升力系数偏大。

接下来当把曲面翼型换成平面时，他们发现需要更大的迎角（24°）才能让车轮平衡，这证实了李林达尔关于"曲面翼型优于平面"的结论。

不过莱特兄弟也意识到，仅凭"车轮测试"还不足以一锤定音，因为自然环境下不可控的因素太多，骑行时所产生的风速并不均匀。当时进行空气动力学实验的主流设备是旋臂机，时任史密森学会的会长兰利就制造了一架直径为 18.3 米的大型旋臂机。但旋臂机也有自己的问题，当它转动的时候周围的空气也被带动，因此待测物体是在自己的尾流中运动的，持续运转时，待测物体与空气之间的真实相对速度将很难判断。

幸运的是，就在莱特兄弟进入航空领域的 30 年前，一种更好的空气动力学实验设备已经诞生了，这就是风洞。旋臂机是让待测物体运动，从而让物体"感受"到风，这与飞行时的情况一致。而风洞则是根据相对性原理制造的，它让空气运动吹到待测物体身上，从而模拟出飞行时的情况。这样做除了消除尾流的影响，还有一个实际操作上的好处——在一个静止的物体上安装测量装置要容易得多。

1901年10月，莱特兄弟自己动手制造了一个简单的风洞装置，它的基本结构就是一个风扇配上一段管道。管道是开放的，由一个木制的四方的盒子制成，长为1.8米，宽高各为0.4米。空气由风扇从一端吹入并从另一端吹出，风扇由自行车厂中的内燃机提供动力。待测模型放置在盒子中部，其上方有一个可开启的玻璃窗用于放置模型和进行观察。这个风洞可产生速度为40~56千米/时的风。

图2-95　莱特兄弟的风洞（复制品）

图2-96　莱特兄弟制造的升力系数测量装置——升力天平，为了降低垂直平面对风的干扰，莱特兄弟将其裁成了几条

不过扇叶旋转吹出来的风并不是均匀平直的，而是带有涡流成分，为此莱特兄弟又花了一个多月才找到解决方案，就是在管道进风口加装了两级矫直栅格。最终的成果见图2-95。

风洞造好后，莱特兄弟又进行了一项创新，那就是发明了"升力天平"装置（见图2-96）。在他们之前，凯利也好，李林达尔也罢，都是直接测量升力的大小。不过要想判断翼型在升力方面的优劣，还要进行一些必要的数据处理，因为升力大小与翼型表面积、风速和升

力系数三者有关。只有得到升力系数，才能在不同翼型之间进行横向比较。而莱特兄弟的这个发明就可以直接测出升力系数。

"升力天平"由两组可绕轴自由摆动的平行四边形连杆组成，两组连

杆几何尺寸相同，分上下两层。上层的横杠用于固定待测翼型，而下层植杆用于固定垂直平面。平行四边形连杆的作用是无论连杆摆到哪个角度，翼型的迎角都是不变的（见图2-97）。

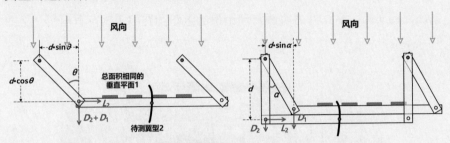

图2-97　莱特兄弟"升力天平"装置的测量原理

上下两层连杆的竖杆之间的相对角度可以锁死，锁死后两层连杆就只能一起绕轴转动。比如，让上下两层连杆的竖杆重叠然后放置于风洞中，此时由于翼型上的升力作用，两层连杆都向右摆，当达到某个角度 $\theta$ 时，升力力矩与阻力力矩平衡，连杆便停留在这个角度。

接着，让两层竖杆之间打开一个小角度然后再次放入风洞中进行实验，此时上下两层连杆整体依然会向右摆，不过摆动的角度变小。然后再次扩大这个角度继续进行实验。当两层竖杆之间的相对角度达到某个角度 $\alpha$ 时，装有翼型的上层竖杆则会与风向平行。

通过简单的力矩平衡条件可知（由于对称性我们可以只考察半边的装置受力情况），

$$D_1 \cdot d \sin \alpha = L_2 \cdot d$$

已知翼型上的升力：$L_2 = C_L \rho A v^2$，垂直平面上的阻力：$D_1 = k \rho A v^2$，其中k为一个系数。

代入整理：

$$\frac{C_L}{k} = \frac{L_2}{D_1} = \sin \alpha$$

这样就得到了一个非常简洁的结果，即升力系数就是角度 α 的正弦值乘以一个常数。

　　莱特兄弟使用薄钢片制造了40多种翼型，进行了大量实验。在这些系统性的实验之后，升力实测与理论值的差距问题终于水落石出了（见图2-98）。

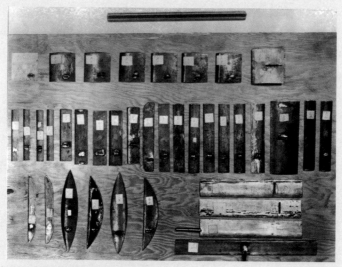

图2-98　莱特兄弟进行风洞实验的各种翼型

# 2.12 三轴控制，"飞机发明人"的称号莱特兄弟为何当之无愧？

莱特兄弟发现的第一个问题就是斯米顿系数的值过大。

当时的升力系数和阻力系数都是以一个平面垂直于气流放置时所受到的气动力作为基准而得出的比值。垂直平面受到的气动力的表达式为：$F = kAv^2$，（其中 $A$ 为面积，$v$ 是风速，$k$ 就是斯米顿系数）。此时公认的 $k$ 值为 0.13（国际单位制），这是早在 1759 年英国工程师斯米顿得到的结果。虽然后来凯利通过自己的实验质疑过这个数值的准确性，但他的工作并没有受到影响，因此很多人依然不加验证地使用这个一百多年前的数值，其中就包括李林达尔。

这里需要澄清一下，李林达尔的实验本身并没有错误，他只是在处理数据时使用了斯米顿系数。幸运的是，尽管使用了错误的斯米顿系数值，但他在作图时做了"归一化"处理，即用测得的升力除以垂直平面上的阻力，这样一来斯米顿系数就被消掉了。得益于这种数据处理方式，李林达尔的图表也没有错误。

可惜莱特兄弟并没有看到这一点，他们直接用 $F_L = C_L kAv^2$ 去计算升力，因此就得出了过大的升力值。其实在莱特兄弟之前，兰利已经用自己设计的大型旋臂机得到了正确的结果。他的测量值是 0.08，与现代值已经非常接近了。

不过，仅仅是斯米顿系数过大还不能解释全部问题，代入修正的斯米顿系数后，升力测量值还是仅有计算值的

一半。

莱特兄弟发现的第二个问题是机翼展弦比的影响。

所谓展弦比就是翼展与平均弦长的比值，对于一个矩形翼面，它的展弦比就是长除以宽。

之前已经分析过，升力的产生是有代价的，它会伴随产生翼尖涡，这就是气动阻力的重要部分——诱导阻力的来源。由于翼尖涡的存在，机翼的升力减小且阻力增加，于是可以认为机翼的有效面积变小了（见图2-99）。

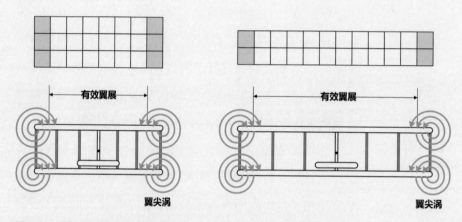

图2-99　翼尖涡导致机翼的有效面积缩小，而大展弦比可以削弱这个效应

因此一个自然的思路就是增加翼展。随着翼展的增加，"无效"翼尖所占翼面的比例就会降低，整个机翼的升力/阻力比就会提高（见图2-100）。更有利的一点是，翼型上产生的升力并不是均匀分布的，而是靠近前缘的部分产生的升力更多，因此升力的力心在距离前缘1/4弦长的位置。这样我们就可以将机翼做窄，从而降低摩擦阻力和自重。

李林达尔的实验数据是用展弦比为6.48的翼型测得的，但莱特兄弟一开始并没有注意到这个问题，他们1900年的滑翔机的展弦比只有3.5，1901年的甚至更糟糕，展弦比只有3.2。

图2-100 世界最大的飞行鸟类——漂泊信天翁,其翼展可超过3米,可以做到水平滑翔22米高度仅下降1米,每天可持续飞行1000千米,利用上升气流甚至可以滑翔几个小时而不用扇动翅膀

除了上述两个问题,其实还有第三个问题——有效迎角,不过莱特兄弟当时并没有发现这个问题,它是由后世学者分析出来的。我们下面来简单解释一下。

李林达尔翼型的横截面线型是一段圆弧,最大弯度在1/2弦长处,而莱特兄弟机翼的最大弯度靠近机翼前缘,这使得两者的空气动力学性能有所不同。

这里需要补充一个"零升迎角"的概念(见图2-101)。与平面在迎角为0°时升力也为零不同,弧形机翼在迎角为0°时依然可以让来流向下偏折从而产生升力,只有当迎角为一个负角时,升力才为零,此时的迎角称为零升迎角。在零升迎角的绝对值上,李林达尔翼型要大于莱特兄弟翼型。

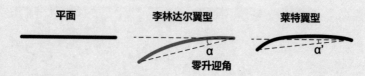

图2-101　零升迎角概念示意图

　　就是说在同样的迎角下，李林达尔翼型的"有效迎角"更大，而我们知道，迎角越大产生的升力也越大，这就让莱特兄弟产生了李林达尔测量的升力系数偏大的错觉。

　　上述三个问题综合起来就是莱特滑翔机实测升力与理论计算值之间差值过大的原因。最后一个问题在这里只是比较基准的问题，因此只要前两个问题解决后，理论就有足够的精度去指导实践了。

　　1902年，莱特兄弟的第三架滑翔机出炉。新滑翔机的展弦比比前一架提高了一倍，达到了6.5，而机翼面积只有微小的增加（如表2-1所示）。即使如此，这也是李林达尔最成功的11号滑翔机机翼面积的2倍多，可见他们对于自己的飞行控制系统非常有信心。

　　今天看来比较奇怪的一点是，莱特兄弟把滑翔机的升降舵设置在了机头而不是通常的机尾，之所以要这么做是因为鉴于李林达尔的事故，他们希望飞机失控后头朝下冲向地面时升降舵能起到一些缓冲作用。

表2-1　莱特兄弟三架滑翔机的性能比较表

| 莱特滑翔机 | 机翼弦长 | 翼展 | 机翼面积（双翼） | 弯度 | 自重 | 展弦比 |
|---|---|---|---|---|---|---|
| 1900年 | 1.5m | 5.2m | 15.3m² | 1/20 ~ 1/23 | 24kg | 3.5 |
| 1901年 | 2.1m | 6.7m | 27.0m² | 1/19 | 45kg | 3.2 |
| 1902年 | 1.5m | 9.8m | 28.3m² | 1/20 ~ 1/24 | 51kg | 6.5 |

经过实机测试，新滑翔机的升力也终于达标了。但是，实际的飞行实验却暴露出了另外一个严重问题——滚转稳定性。

具体现象是，当左侧机翼（相对于驾驶员来说）被偶然的气流扰动（比如一阵侧风）抬高时，飞机向右侧滚转，并发生向右的偏航。理论上，为了让机翼恢复水平，驾驶员可以使用"机翼翘曲"让右侧机翼上的升力增加，这样机身就能向左侧滚转，从而恢复初态。

但实际情况却是，当使用"机翼翘曲"让右侧机翼上的升力增加时，飞机的机头却开始不自觉地向右侧偏航。由于现在飞机向右转动，导致左侧机翼上的风速增加，因此升力也增加，这抵消了"机翼翘曲"操作给右侧机翼增加的升力。你越是增加翘曲的程度，飞机就越向右偏，于是进入一个恶性循环，最终结果就是飞机绕着右侧机翼以一个螺旋线轨迹坠地。莱特兄弟将这种现象形象地称为"打井"（Well-digging）。

由于使用"机翼翘曲"技术进行转弯更加有效，莱特兄弟从一开始就没给滑翔机设置任何垂直翼面。现在出了"打井"现象，他们认为可能跟此有关，于是又把垂直尾翼给装了回来，并且还一下装了两个。可惜，问题并没有得到解决。

"打井"现象出现的真正原因是，机翼上升力的增加总是伴随着阻力的增加。当使用"机翼翘曲"技术让右侧（相对于飞行员来说）机翼上的升力大于左侧时，机身绕纵轴 $X$ 逆时针滚转，按理说飞机应该向左转弯。但要注意的是，右侧机翼升力增大的同时，它上面的阻力也随之增大，这就造成两侧机翼上的阻力不同。这个阻力差提供了一个绕垂直轴 $Z$ 顺时针转动的力矩，它使得机头向右偏。这就是被称为"反向偏航"（Adverse Yaw）的问题（见图 2-102）。

经过反复实验，莱特兄弟终于抓到了这个造成"打井"现象的根本原因。而解决"反向偏航"问题也并不困难，只要将固定的垂直尾翼改为可

以转动的方向舵即可。而在实际飞行中只需要注意在进行滚转动作的同时也要将方向舵打到同一方向。

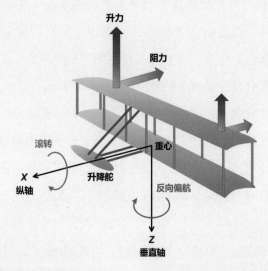

图2-102 "反向偏航"问题的受力分析

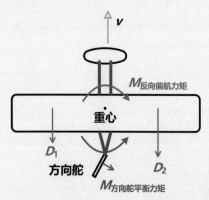

图2-103 用方向舵解决"反向偏航"问题

比如前面我们想要实现向左侧滚转,那么就要在进行"机翼翘曲"的同时将方向舵也打向左边。这样一来,方向舵上产生的气动力力矩就会抵消两侧机翼阻力差所形成的偏航力矩(见图2-103)。由于使用滚转进行倾斜转弯更加有效,方向舵并不会被单独使用,因此莱特兄弟将方向舵连入了"机翼翘曲"控制结构中,实现了联动。这样驾驶员只需要控制机翼翘曲一个动作即可,方向舵的动作则是自动完成的。

在这套高效的控制系统的加持下,莱特兄弟1902年的滑翔机大获成功。莱特兄弟驾驶着它进行了200多次滑翔。1902年10月，在沙尼特的见证下，莱特兄弟进行了多次飞行演示，其中最远的一次飞了180多米，而单次飞行持续时间最长的一次达到了半分钟，创造了新的纪录（见图2-104）。

图2-104　莱特兄弟1902年的滑翔机

就这样，世界上第一架可操控的重飞行器诞生了。

接下来，摆在莱特兄弟面前的只剩下了最后一道难题——动力。

第 **3** 章

动力之心

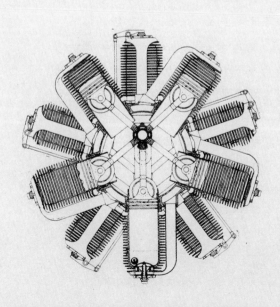

从凯利对飞机原理的解释中不难发现，飞机飞行依靠升力，升力来自速度，而速度又来自推力。可见，要使飞机起飞并保持在空中，必须有一台强大的发动机提供推力。

在这里，大自然可以给我们提供一个参考。鸟类飞行依靠扇动翅膀制造推力，它们身体中控制翅膀的胸大肌和喙上肌这两组肌肉加起来可占体重的1/4至1/3之多。

不过发动机的动力越强劲，其自重也越重，要抬起自身所需要的升力就越大。这个矛盾体现在蒸汽机身上便会陷入一个死循环。因此马克沁的飞机虽大，但只能称其为"大型升力装置"，而阿德尔的"风神"也仅能借助地面效应实现"大跳"，无法远离地面。

问题的关键在于功重比——飞机发动机不仅需要动力强大，自身还要足够轻。必须配置锅炉的蒸汽机显然有着自身的"基因缺陷"，而当时的新事物——电力在这方面也是力不从心，由于化学电池储能密度低下，它的功重比甚至还不如马克沁和阿德尔制造精良的闪蒸蒸汽机。

内燃机的出现和发展打破了僵局。它不仅把飞机送上天空，更让飞艇变得实用。此后，内燃机不仅是飞机的动力之心，更成为整个航空工业发展的推动力。

# 3.1 / 比蒸汽机还早，内燃机的概念是何时出现的?

在讲述莱特兄弟将发动机与滑翔机结合之前，我们先来回顾一下飞机的动力之心——内燃机的诞生过程。

实际上，内燃机的概念比蒸汽机出现得还要早。

在本系列图书的《科技史笔记·蒸汽动力》中提到过，作为公认的实用蒸汽机的发明人，纽卡门蒸汽机上的三大关键组件中没有一个是纽卡门发明的。锅炉早已应用于酒厂，摆动横梁常见于矿井，其中关键的关键——活塞汽缸来自高压锅的发明人丹尼斯·帕平（Denis Papin，1647—1712）。而帕平关于活塞汽缸的想法则来源于他的老师，荷兰大科学家惠更斯。

> 1680年，惠更斯有感于火药产生的强大推动力，产生了用其驱动更加通用的动力机械的想法。不过与推动子弹的气体膨胀过程不同，他设计了一个让火药燃烧后产生"负压"然后"拉"动活塞做功的"火药发动机"（Gun Powder Engine）（见图3-1）。

惠更斯"火药发动机"的简要工作过程如下：当火药燃烧时气缸A中的气体膨胀，同时从单向通气管D中排出；而当气体冷却时产生负压，并将活塞B下拉从而提升滑轮右侧的重物。这与纽卡门的大气压式蒸汽机异曲同工，两者的工作方式都是"间接"的——并非用气体膨胀做功，而是用收缩后的"负压"让外界大气做功。

但它与蒸汽机的一个重要区别是，在惠更斯的火药发动机中，燃烧发生在做功结构（活塞气缸）的内部，这正是"内燃机"名称的由来。而蒸汽机中的燃烧则是在一个外部结构（锅炉）中产生的，所以相应的蒸汽机被归为"外燃机"。

可惜身为伽利略与牛顿之间承上启下的大科学家，惠更斯并没有对通用动力这等技术类"小问题"过分在意，天体运行与光的本质才是他的兴趣所在，所以他并没有继续跟进内燃机这个想法。但是他的学生帕平却将毕生精力投入到了老师所提出的"小问题"中。

经过实验研究帕平发现，老师的装置尽管在原理上没有问题，但是没办法做到实用。一个最主要的问题是气体冷却的速度太慢，这导致它的输出功率很低，干不了什么活。这似乎与火药的威力完全不相

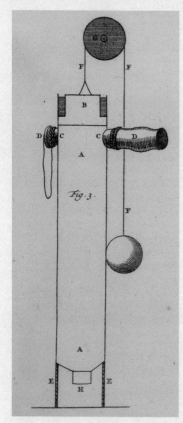

图3-1 惠更斯的火药发动机（1680年），A为气缸，B为活塞，C是带有止回阀D的通气管，活塞下方H处装填火药进行点火

称。简单地与枪弹发射过程对比一下就能发现其中的缘由——由于这个"负压"的工作方式，火药中所蕴藏的能量绝大部分在燃烧阶段就损失殆尽了，并没有用到做功上。也许帕平想过把老师的做功过程"正过来"，即利用气体膨胀来推动活塞，这的确是更加合理的方案，但是他无法做到。

技术反映的是人类驾驭自然的能力，它的一个核心思想就是"控制"，即调整影响结果的各个因素让过程朝我们想要的方向进行。于是为了控制，我们把想要的过程从自然界的纷繁复杂中隔离出来，将庞然大物分解

成为小块逐个击破，或者将转瞬即逝的过程减慢到可以观察的程度。对于火药发动机来说，活塞和气缸能否承受高温高压，能否做到不漏气都是决定成败的关键。显然控制燃烧过程超过了那个时代的技术能力，而与之相比蒸汽要温和得多。

尽管帕平没能将火药发动机制造出来，但通过研究他意识到活塞气缸是一个非常好的动力结构，不够好的只是里面的工作介质。如果只是想制造"负压"，那么气体热胀冷缩远不如气液相转化时的体积变化大（水的气液相产生的体积变化是1000倍这个量级）。于是帕平把目光转向了蒸汽，而烧水也比烧火药经济得多。

即使排除火药过于昂贵的经济性因素，还有一个技术基因对内燃机的实用性产生了很大的限制，那就是"内燃"本身。一套动力机械要想实用，它必须能够连续运行。对于内燃机而言，燃料在气缸内燃烧，但火药是固体燃料，它的填充与灰烬的排放都难以自动处理。而对于"外燃"的蒸汽机来说，锅炉可以使用任何可用的燃料"烧水"，进入汽缸的只有水蒸气，而水蒸气是流体，用两个阀门就能很好地控制。

但是"内燃"这个技术基因也有一个优势——它无需庞大的锅炉，它的工质是空气，空气无处不在，随用随取。

此时还是17世纪，蒸汽机还没有出现，内燃机概念诞生得太早，它免不了被搁置、被遗忘的命运。但好的技术基因不死，条件不足时它们就像生物体的隐性基因一样保持着沉默，当条件具备后，它们又会被"重新发明"出来。

内燃机要等待的东风是一种新型的燃料——煤气。

其实人们早在15世纪就在煤矿中发现了煤气并知道它可以燃烧，但是由于气体燃料不好贮存，因此一直没有被大规模利用。工业革命启动以后，人们又在炼铁厂的废气中找到了大量的煤气，它是在干馏煤炭制焦炭的过程中产生的。这种煤气的可燃成分是一氧化碳，伴有少量的氢气和甲

烷，同时还有大量的氮气和二氧化碳。瓦特公司的优秀员工威廉·默多克（William murdoch，1754—1839）在制造蒸汽机之余研究"废物利用"，他发明了煤气灯，将煤气引入了照明领域。后来随着煤气灯的普及，煤气的大规模生产和管道运输系统也开始配套建设，煤气产量大增。与此同时，在蒸汽机的技术"溢出效应"下，高压容器、机械传动等领域获得长足进步，材料质量和制造精度都明显提高。

于是在火药发动机出现的180年后，当煤气灯照亮了欧洲大都市的街道时，内燃机这一古老的概念终于被唤醒了。

气体燃料的使用让之前火药发动机的缺点不复存在——煤气燃烧前是气体，燃烧后的产物也是气体，可以像蒸汽那样用阀门控制。

1860年，移民法国的比利时工程师艾蒂安·勒诺瓦（Étienne Lenoir，1822—1900）造出了第一台实用的燃气发动机。如果只看外观，甚至很难看出它与当时一台高压蒸汽机有什么区别。两者同样都有着卧式双作用气缸，使用曲轴连杆传动并配有惯性飞轮，甚至还都配有标志性的瓦特式惯性调速器（见图3-2）。

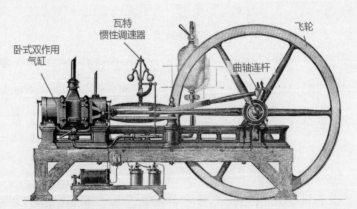

图3-2 勒诺瓦的燃气发动机（1860年）

这种机械结构上的同一性似乎暗示，只要气体燃料出现，内燃机的发明就是一种历史必然。而这也削弱了勒诺瓦工作的创新性，以为只要向蒸汽机的汽缸中充入煤气和空气就万事大吉了。

觉得此事简单的人们忘了一件事。尽管主体机械结构的确可以从蒸汽机那边借鉴，但是有一点内燃机是与蒸汽机有本质不同的，那就是"内燃"。为了做到这一点，就要提到前面说到过的技术的核心要素——"控制"。显然在内燃机这里最关键的控制对象就是燃烧，而实现燃烧控制的第一个步骤就是点火。

精确控制点火的时机对于内燃机的正确运行至关重要。点火的最佳时间是在气缸压缩到最小容积的时候，此时燃烧膨胀可以让气体对外输出最大的功。不过煤气的燃烧是一个十分迅速的过程，其间还会产生高温高压。因此要想在比一眨眼的时间还短的时间内并且保证气缸气密性的情况下做到精确点火并不容易。

勒诺瓦的电学知识帮助了他。20 年前他刚移民法国时接触到了电镀行业，并对电学发生了兴趣。20 年后，他对电学的热爱终于有了回馈，他利用鲁姆科夫高压线圈为自己的燃气发动机组成了一套电点火系统（见图3-3）。

鲁姆科夫高压线圈就是一个小型的变压器。初级线圈使用很粗的导线，匝数只有几匝到几十匝，而次级线圈使用非常细的导线，缠上几万甚

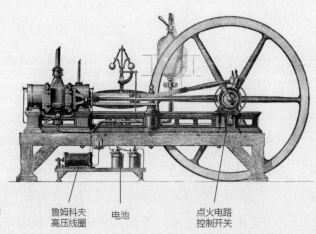

图3-3　勒诺瓦的燃气发动机的电点火系统

鲁姆科夫
高压线圈　　电池　　点火电路
控制开关

至上百万圈，这样就能得到很高的变比。假设变比为1万，那么一个几伏的伏打电池组就能实现几万伏的高压。同时利用电磁铁特性自动让初级线圈不停地通断，从而实现连续的高压脉冲。这种上万伏的高压脉冲就可以在次级线圈导线的两端产生电火花。

图3-4 勒诺瓦燃气发动机的点火控制开关

接下来勒诺瓦在主轴旁设计了一个圆形开关，这个圆形开关当活塞运行到气缸底部时就会接通电路，之后就会断开，这样电火花的产生就与活塞运动同步了（见图3-4和图3-5）。

于是当接上点火电路后，勒诺瓦的燃气发动机正确转动了起来，并输出了连续而持久的动力。

与蒸汽机相比，勒诺瓦的燃气发动机还有一个重要优势，就是它的启动十分迅速，而且可以做到随用随点火，不必像启动蒸汽机那样必须等待锅炉烧开。

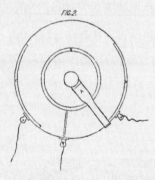

图3-5 勒诺瓦燃气发动机点火控制开关的电路原理

不过也有人对燃气发动机的耐用性提出了质疑，毕竟气缸内的燃烧十分剧烈这对于金属表面可能是灾难性的。但是令人惊讶的是，人们拆开了一个运行了一个月的气缸后发现，尽管外面很脏，但是气缸内表面几乎光滑如新。

1860年勒诺瓦获得了专利——"一种由空气燃烧膨胀驱动的空气发动机"。至此，燃气发动机大功告成，它轻巧紧凑，一经发布就引起了广泛的关注。一家法国报纸甚至宣称："蒸汽时代结束了。"

不过要想实现这句豪言壮语，燃气发动机还需经历一次脱胎换骨。

# 3.2 四个冲程只有一个做功，奥托循环为何能提升内燃机的效率？

在人类的技术史中，极少有那种横空出世的创造，大部分创造都是前人工作的一种延续或者修改，那些失败的改变在实践中被淘汰，而那些成功的改变遂添入人类的知识库中，为后人的创造提供"零件"。

下面我们就来仔细看看世界上第一台实用内燃机的内部。

勒诺瓦在设计内燃机的时候"照搬"了卧式双作用高压蒸汽机的设计要素。它的主体结构就是一个密封的活塞气缸。气缸左右侧壁各有两根通气管，其中左侧为进气管，用来吸入煤气与空气的混合物；右侧为排气管，用来排出燃烧后的废气。气缸外侧的两个滑阀用来控制通气管的开闭，当进气槽与通气管联通时，燃料混合气就能进入气缸，当排气槽与通气管联通时，废气就能从气缸中排出。滑阀连杆与活塞连杆都铰接到曲轴上，这样通过调节凸轮就能实现进气与排气时机的自动控制。它与蒸汽机唯一的不同是在气缸两端有两个电极，两个电极分开一小段形成一个放电间隙，它们各自连接到高压线圈的两端。

由于结构相似，勒诺瓦内燃机的工作过程也与一台高压蒸汽机很类似，图3-6展示了活塞一次循环下内燃机所经历的关键过程。

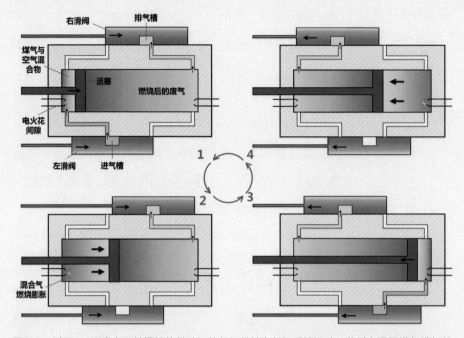

图3-6　过程1：活塞在飞轮惯性的带动下从气缸前端向气缸后端运动，此时左滑阀进气槽与前部通气管联通，煤气与空气混合物被吸入气缸。过程2：当活塞运动到接近气缸中间时，火花放电发生，混合气燃烧膨胀将活塞快速推向底部。与此同时气缸底部的通气管与右滑阀排气槽联通，上一次产生的废气被排出。过程3：同样借助飞轮的惯性，活塞从后端向前端运动，此时气缸后端的通气管与进气槽联通，煤气与空气混合物被吸入气缸。过程4与过程2相同，只是方向相反。由上述过程可知，活塞循环一次经历了两次燃烧膨胀做功的过程，因此被称为双作用式

作为一种通用动力，勒诺瓦对自己的燃气发动机寄予厚望。

1863年，勒诺瓦将自己的内燃机装到了一辆三轮马车上，他将其称为"Hippomobile"（见图3-7）。不过因为煤气体积太大不方便携带，这台车的内燃机中烧的不是煤气而是松节油。为此勒诺瓦还专门设计了一个原始的化油器。这样，世界上第一辆三轮摩托车就问世了。

以今天的眼光来看，勒诺瓦三轮车的结构保留了太多马车的元素。它的车厢底面高于轮子的上沿，犹如一个露台，司机和乘客高高在上地坐在露台上，而所有动力结构都隐藏在车厢的下部。

尽管应用了当时最先进的内燃机技术，但Hippomobile的速度却令人

图3-7　勒诺瓦的三轮摩托
车Hippomobile（1863年）

大跌眼镜——一段长度仅为18千米的路开了足足3个小时，这对应着6千米/时的平均速度。这个速度不要说跟马车（15～20千米/时）相比了，与一位走路的行人（4～5千米/时）相比也快不了多少。

Hippomobile速度低下的源头在于发动机动力"羸弱"，它的排量为2.5升，却仅能产生1.5马力的输出功率。今天同等排量的家用轿车发动机的动力可以比它高100倍。而且这与使用松节油的关系不大，因为松节油的热值与汽油相当。

由此不难得出一个推论：勒诺瓦的内燃机热效率很低。所谓热效率就是发动机输出的机械功与燃料热值的比值。当时的运行数据也能证明这一点。以煤气为燃料时，勒诺瓦内燃机1马力每小时的耗气量高达100立方英尺，简单计算可知，这相当于5%的热效率。这远远地落在改进型康沃尔蒸汽机（Cornish engine，热效率12%～17%）的后面，仅能与老式的瓦特蒸汽机打个平手。

内燃机在交通领域的第一次亮相以惨败收场。

制造一辆实用的道路机动车的难度超过了勒诺瓦的想象，看来这道蒸汽机做了近百年的难题并没有那么容易被解决。

幸运的是，得益于当时已经遍布城市的煤气管网，同时由于自身启动

迅速的特点，勒诺瓦燃气发动机可以实现"即插即用"，这让它在固定应用场景（比如小型车间）找到了一些生存空间。在1860—1865年这六年中，算上授权在内，勒诺瓦的燃气发动机一共制造了约5000台，每台燃气发动机的输出功率不超过6马力。这个成绩对于一个初生的新技术已算不错，而勒诺瓦也因此逃过了"先行者的诅咒"，富足而平安地度过了晚年。

内燃机的诞生并没有一举改变能源动力领域的格局，它与蒸汽机诞生之初的境遇相同，偏安一隅，成为当时主流动力的一种补充。没人能想到，一位农产品销售员改变了这一切。

> 1860年，28岁的德国人奥托正奔走于德国的西部城市，他的工作是贩卖当时非常时髦的殖民地农产品，比如咖啡、糖、大米和茶叶等。正是这一年，勒诺瓦的燃气发动机在法国问世了。

我们不知道推销员奥托投身于内燃机研发的初衷。也许在那个生产力飞奔、新事物层出不穷的时代，允许更多"奇迹"的出现。我们只知道，就在1860年晚些时候奥托仿造出了一台勒诺瓦燃气发动机。他将煤气换成了液体燃料，尽管如此，由于缺乏原创性，他的专利申请失败了。

不过奥托并没有放弃，从此他一直潜心对勒诺瓦的燃气发动机进行改进。2年后，奥托终于有了一个全新的想法，这就是四冲程内燃机。所谓冲程（Stroke），就是活塞从气缸一端的极限位置移动到另一端的极限位置的距离。由于需要吸气或者排气，并不是所有的冲程都用来做功，于是发动机几个冲程能做一次功就被叫作几冲程发动机。按照这个说法，对于只有一个进气口的气缸，如果按照勒诺瓦循环的工作方式，它就是一台二冲程发动机。如果气缸两端都有进气口，那么它来回两个冲程都能做功，因此可被称为二冲程双作用发动机。

乍看起来，奥托的想法有点"南辕北辙"——4次冲程才能做1次功，这意味着输出功率降为了勒诺瓦内燃机的四分之一，这不是相当于输在了起跑线上？不过换一个角度思考，正因为每个冲程都做功，勒诺瓦内燃机的燃料消耗也是奥托的4倍，这么高的燃耗正是勒诺瓦燃气机被人诟病的地方。而且它的热效率很低，只有约5%。所以只要奥托把热效率提高到其4倍，两者的输出功率就能打平。不过说着容易做着难，奥托的第一台四冲程内燃机仅仅运行了几分钟就以失败告终。

又经过了两年无果的奋斗，到了1864年，奥托的财务状况已经岌岌可危，幸运的是，他为自己找到了一个合伙人——尤金·兰根（Eugen Langen, 1833—1895），兰根的父亲是一位富有的糖业大亨，因此他也同时为自己的事业找到了资助者。于是两人成立了一个公司开始专心进行内燃机的研发。这样世界上第一家专业制造内燃机的公司诞生了，这就是世界著名发动机公司道依茨公司的前身。

新公司的第一台发动机并没有遵循奥托的四冲程路线，它由兰根主导设计。这台新的内燃机叫作大气压式燃气机（Atmospheric Gas Engine），它有一个很长的直立气缸，并且还有一枚非常沉重的活塞，它的活塞连杆做成了齿轨的形状，通过上方的齿轮和棘轮装置与一个惯性飞轮耦合（见图3-8和图3-9）。

其工作方式如下：活塞从底部向上运动，同时吸入燃料与空气的

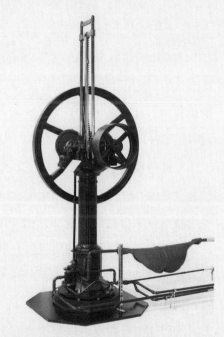

图3-8　奥托-兰根大气压式燃气机的实物（1866年）

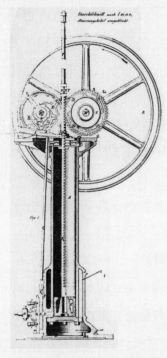

图3-9 奥托-兰根大气压式燃气
机的内部结构

混合物，当运行到十分之一的位置时，开始点火，然后活塞被迅速推高，活塞在上升过程中棘轮是松开的，因此不对外做功。当气缸内的气体冷却后，活塞在重力和大气压的双重作用下向下运动，此时棘轮咬合，系统开始对外做功。由此可见新的内燃机每2个冲程做1次功，因此是一台二冲程发动机。

到这里我们惊奇地发现，兰根复活了一个古老的想法，那就是前面提到的惠更斯的火药发动机。不过与火药发动机不同，这台新的发动机没有浪费气体燃烧膨胀时所产生的能量，它把这一大块能量存储到了活塞的重力势能中。

尽管设计有些奇怪，但奥托-兰根的大气压式燃气机性能不俗，它的热效率是勒诺瓦燃气机的2倍。在1867年巴黎举办的世界博览会上，它技压群雄获得了金质奖章。在之后的5年中，这种大气压式燃气机销售了约1万台。新公司取得了开门红。

不过这台内燃机的工作方式也给它带来了一个致命缺点，那就是输出功率很难提升——它的转速很慢，通常不超过每分钟80转。我们知道功率等于做功量除以做功的时间，同样的做功量下，速度慢就意味着功率低。其次为了存储燃烧释放的能量，它的单位马力的活塞质量达到了50千克，为了支撑和抑制产生的振动，气缸和底座都相应地做得很笨重。因此，新内燃机的输出功率最大也没能超过3马力。不仅如此，安装这种发动机对工厂的层高也有要求——至少要有3~4米的净空，这与内燃机紧凑的设计目标几乎背道而驰。

于是多年之后，奥托又回到了当初的想法，攻关四冲程发动机。不过此时他已不是一个人在孤军奋斗。由于燃气机的成功，道依茨公司吸引了像戴姆勒和迈巴赫这样的优秀人才。

1876年，时隔14年后，奥托的四冲程内燃机终于被研制成功。

新内燃机的运转又快又安静，它的工作过程可以清晰漂亮地分解为吸气、压缩、做功、排气四个步骤，这就是今天耳熟能详的"奥托循环"。它的热效率在之前的大气压式燃气机的基础上又大幅提高。到了1878年，四冲程内燃机的耗气量已经从勒诺瓦时代的100立方英尺降低到28立方英尺，效率提高了近4倍。

不过对于自己的四冲程循环为啥能有如此高的效率，奥托却给出了一个错误的解释。

奥托认为四冲程内燃机成功的关键在于他控制了燃烧。具体来说就是他向气缸注入混合气体的方式实现了某种燃料分层，这种分层使得气缸内的燃烧是渐进式的、相对缓慢的，从而热量是逐渐释放的，气体的压力也是逐渐提高的，这样就可以更持久地推动活塞做功，而那种快速燃烧也就是通常人们说的爆炸是有害的，因为它的做功过程是脉冲式的。这就是奥托的"燃料分层"（Stratification of the Charge）理论。

可是奥托无法给自己的分层理论找到证据，他的"燃料分层"只是一种假想。而受限于当时的技术水平，其他人也无法看到气缸内部所发生的燃烧过程，因此既不能证明也无法证伪奥托的理论。尽管如此，这个理论依然引起了同时代不少人的怀疑，因为它与基本的热学常识产生了冲突。

从勒诺瓦开始，人们已经知道内燃机气缸承受的温度比蒸汽机要高得多。因此，与蒸汽机上的做法相反，为了防止内燃机气缸过热变形，它的外围都会包上水套进行冷却。不过在气体燃烧的过程中，这项措施会造成一个无法消除的散热损失。而根据能量守恒原理，散热损失越小，那么可

对外做的功就越大，因此燃烧过程应该是越快越好。如果奥托的"缓慢分层燃烧"为真，那么这种过程不仅不值得追求，反而应该尽力避免。

造出了当时最先进发动机的人竟然不知道自己的发动机先进在哪里，这正是奥托的尴尬之处。

有时候最了解自己的人不是自己，而是对手。

在奥托四冲程内燃机获得成功的2年后，也就是1878年，刚毕业两年的苏格兰年轻工程师杜加尔德·克拉克（Dugald Clerk，1854—1932）取得了一项重大突破——他造出了一台二冲程内燃机，它的效率与奥托内燃机不相上下（见图3-10）。

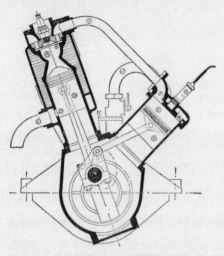

图3-10 克拉克的二冲程内燃机结构图，左侧为活塞气缸，右侧是一个注气用的加压泵，在现代内燃机中，泵的功能由曲轴箱实现

4年后，克拉克在一篇论文中公布了自己和奥托的发动机高效的真正秘密。令人惊讶的是，它竟然与燃烧过程没有关系。

我们再把奥托循环的四个步骤重复一遍，那就是"吸气、压缩、做功、排气"。从直觉上来看，提高发动机的效率应该主要在第3步上使劲，因为只有在这一步气体燃烧膨胀并推动活塞做功，只有这一步才是"有用"的。但克拉克却说效率的提高不是在燃烧膨胀做功阶段，而是在这之前，这关键的一步竟然是"压缩"。这有点像是说百米赛跑的最终成绩并不是取决于奔跑过程，而是在于之前的准备活动。

要想真正理解这一点，我们必须用到一些数学。

我认为人类智能中最高级的能力是抽象，而数学则是抽象的最高成就。它让我们撇开表象、干扰和无数细枝末节，呈现出问题的"主要矛盾"。同时它将问题简化，帮助我们从具体的事物中提炼出模型。这些模型虽然简化，却反映着大自然的底层规律，它帮助人们理解自然，同时也给人们以指导。

而克拉克的手中正握着一件利器，那就是源自卡诺的热机模型。结合热力学两大定律和理想气体状态方程，克拉克将内燃机的循环过程凝练在了一张p-V图上（见图3-11和图3-12）。

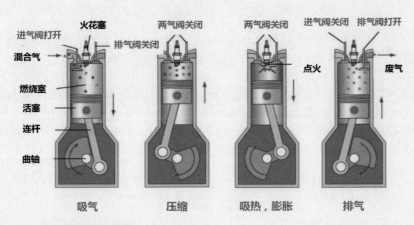

图3-11 奥托循环过程示意图

在图3-12中，奥托循环的4大过程对应着5段曲线。需要注意的是，这里将混合气体的燃烧过程简化为一个高温热源对空气加热的过程，而这个过程是瞬时的，这样就避免了处理气缸内部复杂的化学反应。

在这张图上，具体精细的机械结构消失了，纷繁复杂的过程清晰了，取而代之的是一根根数学曲线，正是从这些曲线中克拉克读懂了奥托发动机的真正奥秘。这

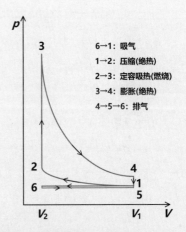

图3-12 奥托循环过程的p-V图

就是模型的伟大力量。

## 扩展知识栏

为了不导致混乱，下面我用现代书写格式来复现克拉克的推导过程。

以下是奥托循环热效率的推导过程。

已知：

（1）热力学第一定律（能量守恒）微分形式：$\mathrm{d}Q = \mathrm{d}U + \mathrm{d}W$

（2）理想气体内能只是温度的函数：$\mathrm{d}U = nc_{\mathrm{v}}\mathrm{d}T$，$c_{\mathrm{v}}$为定容比热容，此处认为是一个常数

（3）理想气体状态方程：$pV = nRT$，微分形式：$pdV + Vdp = nRdT$

（4）理想气体定压比热容与定容比热容的关系：$c_{\mathrm{p}} = c_{\mathrm{v}} + R$，$c_{\mathrm{p}}$为定压比热容

（5）比热容比（即等压比热容与等容比热容的比值）：$\gamma = c_{\mathrm{p}} / c_{\mathrm{v}}$

推导：

（a）对于绝热过程有：$\mathrm{d}Q = 0 \rightarrow \mathrm{d}U + \mathrm{d}W = 0$

$\rightarrow nc_{\mathrm{v}}\mathrm{d}T + pdV = 0$

$\rightarrow c_{\mathrm{v}}pdV + c_{\mathrm{v}}Vdp + Rpdv = 0$

$\rightarrow (c_{\mathrm{v}} + R)pdV + c_{\mathrm{v}}Vdp = 0$

$\rightarrow \gamma pdV + Vdp = 0$

$\rightarrow \gamma \mathrm{d}V / V = -\mathrm{d}p / p$

$\rightarrow \gamma \ln(V) = -\ln(p)$

$\rightarrow pV^{\gamma} = C$

同时还可推出 $pV \cdot V^{\gamma-1} = nRTV^{\gamma-1} = C$，即 $TV^{\gamma-1} = C$

（b）1→2绝热压缩过程，气体对外做负功，气体温度升高：

$$W_c = mc_{\mathrm{v}}(T_1 - T_2)$$

（c）2→3 定容燃烧过程，无做功，气体温度升高：

$$Q = mc_v(T_3 - T_2)$$

（d）3→4 绝热膨胀过程，气体对外做正功，气体温度降低：

$$W_e = mc_v(T_3 - T_4)$$

（e）4→5→6 定容排气过程，无做功

内燃机效率：

$$\eta = \frac{W_e + W_c}{Q} = \frac{mc_v(T_3 - T_4) + mc_v(T_1 - T_2)}{mc_v(T_3 - T_2)}$$

$$= \frac{(T_3 - T_2) - (T_4 - T_1)}{T_3 - T_2} = 1 - \frac{T_4 - T_1}{T_3 - T_2}$$

1→2 绝热压缩过程有 $T_1 V_1^{\gamma-1} = T_2 V_2^{\gamma-1}$

3→4 绝热膨胀过程有 $T_3 V_3^{\gamma-1} = T_4 V_4^{\gamma-1}$

由于 $V_1 = V_4$，$V_2 = V_3$

$T_3 V_3^{\gamma-1} = T_4 V_4^{\gamma-1}$ 变为 $T_3 V_2^{\gamma-1} = T_4 V_1^{\gamma-1}$，则有 $T_1 / T_4 = T_2 / T_3$，最终可得

$$\eta = 1 - \frac{T_4}{T_3} \cdot \frac{1 - \dfrac{T_1}{T_4}}{1 - \dfrac{T_2}{T_3}} = 1 - \frac{T_4}{T_3} = 1 - \left(\frac{V_2}{V_1}\right)^{\gamma-1} = 1 - \frac{1}{r_c^{\gamma-1}}$$

其中 $r_c = \dfrac{V_1}{V_2}$

经过一系列演算，最终我们发现奥托循环的效率神奇地只与一个变量有关，那就是气缸最大容积与最小容积的比值，如今我们称为压缩比（$r_c$）的量。

$$\eta = 1 - \frac{1}{r_c^{\gamma-1}}$$

对于空气来说，比热容比 γ=1.4 是一个常量，由此我们可以做出热效率关于压缩比的图像（见图 3-13）。从图 3-13 中不难看出，在 1 到 5 这个区间内，增加压缩比对于热效率的提升作用是十分明显的。

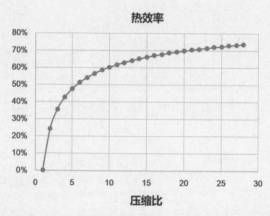

图 3-13　理想空气奥托循环的热效率与压缩比关系

必须注意的是，上面的模型是真实内燃机模型的最简化版本，用它预测真实内燃机热效率的误差很大。比如对于压缩比为 10 的奥托内燃机来说，它的理论最大热效率可达 60%，但是如果考虑到气缸内是燃料与空气的混合物，那么这个最大热效率将下降到 47%，如果再考虑进去散热损失、有限的燃烧速度、燃料损失及不完全燃烧等问题，真实内燃机的最大效率很可能只有 30%。

然而即使是如此简化的一个模型，由它得出的数量关系在趋势上却是正确的，它完全可以帮助我们定性阐述很多问题。

不过这世界上的明白人并不是只有克拉克一个，一位法国人很早就洞悉了高效内燃机的秘密，他叫阿尔方斯·博·德·罗夏（Alphonse Beau de Rochas，1815—1893）。

1862 年，早在奥托成功研制出四冲程内燃机的 14 年前，德·罗夏就在一份专利中首次提出了四冲程循环的概念。不仅如此，在一本小册子中他还给出了设计高效内燃机的四条"指导意见"：

（1）尽可能实现大的气缸容积/表面积比；

（2）（在固定的气缸容积下）要提高输出功率就要尽可能提高转速；

（3）尽可能实现最大的膨胀比；

（4）尽可能提高膨胀的初始压强。

对此我们逐一做一下解释。第（1）条所说的方案可以减小热损失，这也是为什么大型内燃机比小型内燃机更高效的原因，因为容积随线度的3次方增长，而表面积只有2次方增长。第（2）条也很关键。由于输出功为压强与体积的乘积，因此在一次做功冲程输出功固定的情况下，加快转速就能提高功率。第（3）和第（4）条讲的就是前面分析的压缩的作用。

非常可惜的是，德·罗夏没有去实现自己的四冲程内燃机，他的"指导意见"停留于纸面，并没有给同时代的人带来多大影响。

如果我们摒弃历史马后炮的优势，去设身处地着想一下就会明白德·罗夏的做法其实并不难理解。人们在设计新事物的时候总是免不了参考旧事物，勒诺瓦就是以蒸汽机为模板进行改造才创造出了内燃机，所以当时的很多工程师不免落入了旧思路——双作用蒸汽机的每个冲程都能做工，而四冲程内燃机的做功频率太低，这可能大大降低发动机的输出功率，抵消压缩冲程所带来的好处。这就是为什么四冲程的想法连德·罗夏自己也没有重视，甚至后来在奥托成功时他也没有去为自己争取优先权。

倒是一些德国人帮这位法国人争取到了荣誉。为了规避昂贵的专利费，奥托的竞争对手们翻出了德·罗夏的专利和出版物，就这样，奥托的四冲程内燃机专利失效了。

不过今天我们依然可以公平地说，在四冲程内燃机这件事上，奥托的贡献无人能比。因为想法与应用中间还隔着相当远的距离，其间任何一个技术细节没有解决都可能断送全部前程。奥托赌上全部身家与十多年光阴，克服了无数技术问题才将四冲程内燃机造了出来，并将它投入了商

用。从这一点上看，德国人摘走四冲程循环的桂冠无可厚非。

尽管失去专利权对于奥托来说是一个噩耗，但对于内燃机的发展来说，这却不失为一个好消息。

垄断的破碎导致了内燃机技术的广泛传播。众多公司成立起来开始制造内燃机。由于四冲程技术带来效率的大幅提升，内燃机开始与蒸汽机展开正面交锋。在竞争中，奥托的道依茨公司中有人精准地抓住了一个应用场景，正是从这里出发，内燃机开始了它的动力王者之路。

# 3.3 路线之争，戴姆勒是如何将内燃机引入交通领域的？

虽然奥托的四冲程专利被废，但人们依然将四冲程循环称为奥托循环，奥托由此声名远播，道依茨公司也顺理成章地成为内燃机的顶级制造商。在1876年之后的10年中，奥托直接以及授权制造的四冲程内燃机的销量超过了3万台，打破了他与兰根的大气压式内燃机所创造的销售纪录。更重要的是，在奥托之前长达15年的时间里，内燃机的功率从来没有超过6马力，而在他之后，十几马力的内燃机很快就问世了，甚至上百马力的内燃机设计中也不存在可见的技术障碍。

这给了奥托极大的信心。在他的领导下，道依茨公司给内燃机发展设定的路线是大幅提高输出功率从而与蒸汽机在固定应用场景中展开竞争，这是一条重型化路线。但是此时身为公司技术总监的戴姆勒却与奥托产生了分歧，他认为内燃机要走结构紧凑的轻型化路线，而对于轻型内燃机的应用场景，戴姆勒给出的答案是交通。

从公司利益的角度看，两个人都没有错。奥托看到的是一个巨大市场中的现成机会，而戴姆勒赌的是未来。

这是一个无法调和的矛盾。1882年，戴姆勒离开了道依茨公司，随他离去的还有公司的首席设计师迈巴赫。两人一起创办了戴姆勒发动机公司（Daimler Motoren Gesellschaft），简称DMG。在这个新公司中，他们两人将攻克一道蒸汽机一百年都未解决的难题——造出实用的道路

机动车。

　　前面分析过，蒸汽动力在道路应用上步履维艰的根本原因在于自身的技术基因——蒸汽机是"外燃"的，它需要一个大锅炉来生产蒸汽，这导致它的功率自重比很低，动力性能"羸弱"。内燃机去掉了与水相关的部分，直接用空气作为工质，这从原理上就减去了一大块重量，获得了基因优势。话虽如此，由于内燃机的工作温度和工作压力都比蒸汽机高得多，在保证结构强度和热效率的情况下，一台实用的内燃机想要提高功率自重比绝非易事。

> 一个关键难题是：内燃机要做小，其气缸的容积必然受限，那么如何在有限的容积内实现更大的输出功率？

　　对于这个难题，法国人德·罗夏其实早在20年前就已指明出路——提高转速。

　　在戴姆勒之前，内燃机的转速通常是每分钟80~120转，从来没有超过每分钟200转。而戴姆勒与迈巴赫却将设计目标定在了每分钟1000转，一下子拉高到之前的5倍！这样一来，理论上利用同样容积的气缸可实现5倍的输出功率。

　　不过提速的好处说起来容易做出来难，这里需要量变引起质变。由高转速引发的新问题需要全新的设计，比如点火和阀门的控制、曲轴箱的密封以及更高效的润滑和散热系统等，其中点火系统是内燃机正确运行的关键。

　　尽管早在1860年勒诺瓦就在自己的燃气机上使用了高压线圈点火器，它的原理与今天使用的火花塞完全相同，但是受限于所处时代的电气知识与制造水平，尤其是较为原始的化学电池，早期的高压线圈点火器经常不动作或者错误动作，使其运行并不可靠。

　　于是有人想到用明火火焰来点火，再通过一个机械"快门"来控制点火时机（见图3-14和3-15）。这种点火器的起源甚至比勒诺瓦的第一台燃气机还要早20多年。

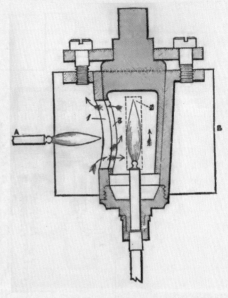

它的基本原理如下：一束小火苗在一个圆柱形的小隔间内维持燃烧，这个小隔间可通过一个旋转门与气缸相通。当到了点火时机时旋转门正好打开，这样气缸内的燃料混合气就被点燃。不过在气缸内的气体爆燃后，这束小火苗会被吹灭，因此需要在隔间外部再设置另一束小火苗将其重新点燃。

图3-14　明火式点火器（1838年，William Barnett设计）侧视图

奥托在自己的四冲程内燃机上就使用了"快门"明火式点火器。这种点火器在低速情况下工作良好，但是火焰有一个从熄灭到重新点燃的过程，因此在高速情况下不容易可靠工作。如果能做出一个"吹不灭的火焰"不就能克服上述

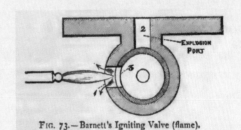

FIG. 73.—Barnett's Igniting Valve (flame).

图3-15　明火式点火器俯视图

缺点了吗？这正是戴姆勒的热管式点火器的基本思路（见图3-16）。

在热管式点火器中，一根铂金管子（U）伸入一个与气缸底部联通的小室（W），这根热管由一束外部火焰（T）加热而保持在白炽状态。当活塞运动到气缸顶部时，燃料空气混合物被挤进小室并接触到热管。由于在压缩后温度升高，此时混合气很容易被点燃，从而开始燃烧膨胀并进入做功冲程。在气体膨胀过程中，热管由于外部火焰的加热始终保持着高温，这就相当于有了一束不会熄灭的火焰。

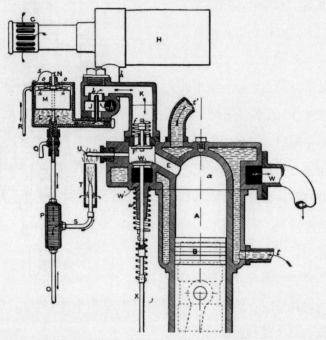

图3-16 戴姆勒的热管式点火器

　　除了热管点火器，戴姆勒和迈巴赫还更换了阀门。之前从蒸汽机那边搬来的滑阀换成了形状很像蘑菇菌盖的"蘑菇阀"，这种阀门实现开关动作的速度更快，密封性也更好，同时在高压下工作也没有滑阀的磨损问题。

　　戴姆勒与迈巴赫为高速内燃机做了很多精巧的设计，解决了众多技术难题，不过还有一个大问题却超出了他们两人的能力范围。这个问题就是燃料。

　　此刻尽管在热效率方面内燃机完全占据了上风，但它却有一处短板——注入气缸的燃料必须是气态的。在固定应用情形下气态燃料并无问题，但是用在交通工具上就很麻烦了（参见图3-17）。因为气态燃料所占据的体积很大，为了保证足够的续航里程，必须设计一个很夸张的储气装置，或者对气体进行降温压缩。前者有碍整车结构，后者增加运行成本。

幸运的是，几乎与内燃机同时，一个古老事物的全新用途被人们挖掘了出来。而围绕着它，一个庞大的工业部门正在冉冉升起，这就是石油。

从 1859 年美国宾夕法尼亚州打出第一口现代化工业油井之后，石油的产量便开始攀

图 3-17　背着煤气包的北京公交车（约 20 世纪 50 年代）

升。到 1884 年，仅美国一国的石油产量就达到了 2400 万桶，同时数百家炼油厂如雨后春笋般拔地而起。

石油是一种复杂的有机混合物，其主要成分是碳和氢以及少量的硫。炼油的一个最基本方法就是分馏，即利用石油中不同组分的沸点不同将其分离。石油中分子量越小的组分其沸点也越低，因此处于分馏塔的较上层位置，这些被称为"轻油"，反之分子量较大的组分则处于底层，被称为"重油"。

有趣的是，当时人们对于各种石油组分的价值判断与今天完全不同。最重的馏分是沥青，它是很好的建筑和造船材料，次重的重油可以制作蜡烛或者作为锅炉的燃料，再往上是润滑油，接着是广泛用于照明的煤油，而最轻的汽油则通常被当作废料，虽然偶尔也被洗衣店当作干洗剂。

汽油遭到嫌弃是有原因的，因为它高度挥发而且闪点很低，这给储存和运输带来了巨大的风险，很容易引起事故，而它也的确引发了不少事故，以至于英国等一些国家政府禁止使用低闪点的石油馏分用作照明，而照明是当时人们对石油最大的需求。

但在戴姆勒眼中，汽油的缺点摇身一变成了优点。

为了保证燃料在气缸内与空气均匀混合，通常在液体燃料进入气缸前要对其进行雾化或者汽化，这个步骤叫作"化油"。之前提到的最早的三

轮摩托车 Hippomobile 就使用了松节油作燃料，而勒诺瓦所使用的化油手段是使用明火加热！我想没有人愿意坐在这样一辆车上。但如果使用的是汽油，化油过程就要安全许多。

戴姆勒正是利用汽油易挥发的特性，设计出了一款表面化油器（见图3-18）。它的工作原理十分简单，用一根底部多孔的管子向油箱吹入空气，在气泡浮出的过程中它便能吸收大量蒸发出来的油气，而再经过一段管路后，进入气缸的气体就已经混合均匀了。

而且由于汽油更轻，意味着氢元素的占比更高，同样质量下燃烧产生的热量也越多，这有利于提升发动机功率。更令戴姆勒高兴的是，作为一种炼油"废料"，汽油的价格十分便宜。这让他的内燃机可以

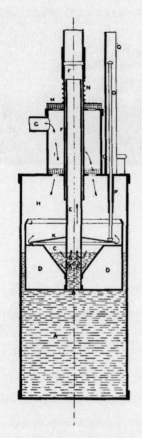

图3-18　戴姆勒的表面化油器

在运行成本上与烧煤的蒸汽机不相上下。

就这样，经过了3年的艰苦研发，报废了数台原型机后，第一台高速内燃机终于在1885年问世了（见图3-19）。

新内燃机的最高转速达到了每分钟900转，最大输出功率为1.1马力。由于外形相像的原因，戴姆勒给新内燃机起了个外号叫"摆钟"。

以"摆钟"内燃机为模板，戴姆勒又造了一个只有0.5马力的缩小版。他把这台缩小版内燃机安装到了一个形似自行车的特制两轮车架上，这样世界上第一辆摩托车诞生了（见图3-20）。

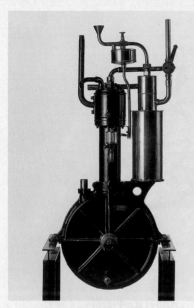

图3-19　戴姆勒的高速内燃机

图3-20　世界上第一辆摩托车（1885年，戴姆勒）

值得注意的是戴姆勒的摩托车车身两侧有两个辅助小轮，正常行驶时它们是离地的，但在转向时可以用脚踩下以方便转向，或者在停车的时候使车身保持站立。

不过平心而论，由于马力太小，这辆摩托车的实际应用价值并不大。迈巴赫曾骑着这辆摩托车沿着河边开了3千米，其间的最高速度不过每小时12千米，也就跟脚蹬的自行车差不多。

一年后的1886年，两人造了一台新的1.5马力的内燃机并将其装到了一辆四轮马车上（见图3-21）。这辆车由皮带传动，并且具有两档前进速度。在1887年的试验中，这辆车载着4名乘员开到了16千米的时速。这个速度只能说稀松平常，它甚至都没有超过50年前的蒸汽车。不过考虑到其仅有1.5马力的动力，这辆车的表现也算及格。

同年，为了展示高速内燃机的通用性，戴姆勒与迈巴赫又将它们装到了船上，而他们的高速发动机在船上的表现非常好（见图3-22）。

图3-21 戴姆勒制造的第一辆四轮汽车（1886年）

图3-22 戴姆勒摩托艇的广告

　　创业之初，戴姆勒和迈巴赫曾设想内燃机可以用在任何交通领域，包括"水上、陆上和天上"，如今距离他们夸下的海口只剩下天空了。

# 3.4 缺失的理论，莱特兄弟是如何制造高效螺旋桨的？

在戴姆勒之后，由内燃机驱动的汽车工业异军突起，在此后十几年的发展中，汽车的实用性得到了大幅提升，其中发动机相关技术功不可没。

到了 1902 年，当滑翔机试飞成功后，曾经扑朔迷离的人类动力飞行的前景顿时就在莱特兄弟的眼中变得清晰起来。现在只要给滑翔机装上一台发动机，然后让它驱动一个推进器，那么一架动力飞机就大功告成了。此时发动机已经有了一个比蒸汽机更好的选择——内燃机，而推进器如果不采用自找麻烦的扑翼方案的话，螺旋桨是当时唯一可行的选择。

此处有一个小插曲。有一种说法是如果李林达尔没有在试飞时出事，那么他很可能先于莱特兄弟造出动力飞机。这个说法值得商榷。历史资料显示，李林达尔虽然同样掌握了可靠的滑翔机技术，但在动力方面却钻入了扑翼机的死胡同，这可能与他对鸟类飞行的痴迷有关。而以后世的观点来看，在滑翔机的基础上造出一架动力扑翼机几乎不可能成功。

定下了内燃机加螺旋桨的方案后，莱特兄弟便做了简单的分工，弟弟奥维尔去找一台合适的汽油发动机，而哥哥威尔伯则去制作螺旋桨。

兄弟二人很快发现，他们把事情想简单了。

本来威尔伯认为在螺旋桨这件事上可以再次发挥一下

"拿来主义"，毕竟从英国海军的"阿基米德号"算起，螺旋桨已经在船舶上使用了半个多世纪，而在飞艇上，螺旋桨更是成为标配。但当他查阅资料时却惊讶地发现，竟然没有一个系统的理论来指导螺旋桨设计，所有成果都是通过实验用"试错法"得出的。

考虑到之前在滑翔机上应用"拿来主义"所犯的错误，这一次威尔伯在使用别人的成果上谨慎了许多。缺乏可靠的理论作为指导的话，不仅可能再次误用数据，甚至无法对数据的好坏做出判断。于是他决定如果没有现成的螺旋桨理论可用，他们两兄弟就自己搞一个！

其实要说当时完全没有螺旋桨理论也是不客观的，比如就有一个"动量理论"可以用来预测螺旋桨的理论效率。

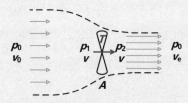

图3-23　螺旋桨"动量理论"的物理模型

下面简要介绍一下"动量理论"。

试想有一个包围螺旋桨并且截面平滑的流管（如图3-23所示），追随流管进口端的是一段空气柱，我们看看它在从出口端排出之前都经历了哪些过程。假设这段空气柱的压强是$p_0$，速度是$v_0$。第一阶段，由于流管直径逐渐缩小，这段空气柱便开始加速，在到达螺旋桨前面时，它的压强变为$p_1$，速度变为$v$；接着是第二阶段，通过螺旋桨时由于桨片对空气施加了一个作用力（螺旋桨的推力$T$），因此螺旋桨前后气体的压力有一个突变（我们假设螺旋桨很薄，空气的速度还来不及改变），通过后气体的压力变为$p_2$，速度是$v$；第三阶段，气体从螺旋桨后端继续加速，最终到达出口时压力降为环境压力$p_0$，而速度增加到$v_e$。

在上述物理过程中，一共有$p_1$，$p_2$，$v$和$v_e$四个未知数，需要4个方程。首先，只看流管进出端的话，可以根据动量的变化率等于推力列出1个方程。其次，推力也等于螺旋桨两侧的压力差，又得到1个方程。最后对螺旋桨两侧的流体使用伯努利方程，就能再得到2个方程。这样我们就有了4

个方程，能求解出所有的未知量。必须注意，此处不能"跨过"螺旋桨使用伯努利方程，因为伯努利方程的前提条件是流体能量守恒，而螺旋桨是要对流体做功的。

"动量理论"的确是一个正确的理论，它可以给出螺旋桨的理论效率与流速、面积和设计推力之间的变化关系，而且它也相当简洁。

但很可惜，这个理论太"宏观"了，它的简洁在于抛弃了螺旋桨桨叶与空气作用的细节，因此对于一些重要问题，比如螺旋桨的形状应该设计成什么样，它无法给出任何有用的指导。

而在螺旋桨形状的问题上，凭着对于空气动力学的理解，莱特兄弟有了一个天才的发现，这个发现用一句话概括就是：螺旋桨的桨叶应该是一个扭转机翼！

我们来解释一下这句话的含义。

螺旋桨的桨面是与行进方向垂直的，因此螺旋桨推力的实质就是桨叶上的升力，这跟机翼上产生升力的过程是完全一样的，遵循同样的空气动力学原理。

由此出发便不难推出合理的桨叶形状应该具备下述两点特征：

## 第一

桨叶横截面应该是一个上拱的曲面，这与选择翼型时的道理是相同的，上拱曲面的升力/阻力比更大。

## 第二

桨叶形状细长比短粗好，因为桨叶尖端和轴端对于产生升力来说都是无效的，尖端是由于翼尖涡的影响，而轴端则是因为线速度太低。因此将桨叶做成细长的形状可以降低无效部分的占比，相当于机翼增加展弦比的做法。

螺旋桨还有一个特有的问题。与机翼不同，螺旋桨旋转时桨叶上距离转轴不同位置处的线速度是不一样的，越靠近桨梢线速度越大，但机翼的翼尖和翼根处的速度是一样的。我们知道，同等条件下，速度越大产生的升力就越大。如果我们直接将机翼做成桨叶，就会产生一个问题——由于迎角处处相同，桨叶在桨梢处产生的升力将远大于桨轴处。

因此要想在一片桨叶上实现比较均匀的升力分布，可以试想将桨叶沿着垂直于半径的方向剪成细条，然后依次微调每一根细条的迎角，越靠近桨轴的细条迎角越大（见图3-24）。如果我们剪得足够细，且过渡足够平滑，那么就能实现一个"连续"变化的迎角，最终的桨叶看上去就是一个"扭转"的机翼形状。

上述分析只是原理性的，实际设计中的计算要复杂得多。最大的麻烦在于桨叶除了转动产生的速度，它还要跟随飞机同时向前运动，因此桨片的实际迎角要小一些（见图3-25）。这一点莱特兄弟也注意到了。

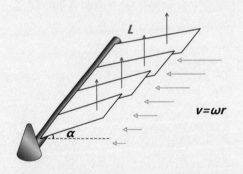

图3-24　桨叶的"扭转"（为方便示意使用平面为例）

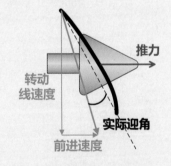

图3-25　螺旋桨桨叶的实际迎角

有了这个发现后的莱特兄弟难掩喜悦之情，他们在给友人的信中说："……（关于螺旋桨的）这些秘密竟然保存了这么多年，直到被我们发现，这太令人吃惊了！"

至此，关于螺旋桨形状的最基本的秘密就被莱特兄弟解开了。第一个系统的螺旋桨理论被建立起来，仅仅花费了不到半年时间。

接下来就是实践了。他们选用自己在风洞测试中的"9号"翼型作为桨片的基本形状,这个翼型并非具有最大的升阻比,但它的优点是在一个较宽的迎角范围内都有不错的升阻比,这让螺旋桨在不同速度下都能保证一定的效率。

他们为"飞行者1号"制造的螺旋桨直径为2.59米,由三层云杉木的薄板黏合而成(见图3-26)。经测试这支螺旋桨的效率达到了66%,而当时螺旋桨效率都落在40%到50%之间,甚至直到1910年,欧洲的飞机发明家们才追上这个效率水平(参见图3-27和图3-28)。更令人惊讶的是,莱特兄弟对于螺旋桨效率的计算值与实测值之间的误差不超过1%!

图3-26 "飞行者1号"的螺旋桨实物(1903年)

图3-27 英国"罗伊1号"三翼飞机(Roe I Triplane)的螺旋桨(1909年)

图3-28 法国"安托瓦内特4号"(Antoinette IV)飞机的螺旋桨(1908年)

我们再来看看发动机这边的情况。

1902年12月，"飞行者1号"的动力需求被提了出来——至少8～9马力，且自重不超过180磅（约82千克）。简单计算可知，发动机的功重比为70～80瓦/千克，并非一个很苛刻的要求，这个数值甚至比前面的斯特林费罗、阿德尔和马克沁的蒸汽机还要低。但当时内燃机技术水平最高的地方在法国和德国，美国还比较落后。所以当奥维尔询问了他能联系到的发动机供货商后，所有人都给出了否定的答复。于是他只好找来自家自行车厂的机械师查尔斯·爱德华·泰勒（Charles Edward Taylor，1868 — 1956）自己动手制造一个。

为了降低发动机自重，泰勒使用了当时在工业界冉冉升起的新材料——铝。在当地铸造厂的帮助下，泰勒使用一种铝合金（铜占8%，铝占92%）制造出了发动机的主体部分。但气缸是独立的，使用铸铁制造，其他的零件则使用钢材。

为了追求轻量化，这台发动机的结构非常简单。它没有化油器，油箱挂在机翼的支柱上，利用重力让汽油流入进气管，并依靠发动机产生的热量将汽油气化。它使用电火花点火，启动时借助电池打火，之后电池就被撤掉，然后使用永磁电机和一个通断电路制造火花。

成品发动机有4个气缸，自重为77千克，可以输出12马力的功率，性能超出了既定目标。泰勒用了6周便超额完成了任务，其高效令人惊叹（见图3-29）。

现在螺旋桨和发动机都已具备，最后一步就是用传动系统将它们组合起来。而在传动方案的

图3-29 "飞行者1号"发动机内部（复制品）

选择上，我们又能瞥见莱特兄弟
的老本行（见图3-30）。

他们用自行车链条实现了
23:8的传动比，从而将发动机950
转/分的转速降低到螺旋桨合适
的330转/分转速。

威尔伯经过计算得出，2个
转速较慢的螺旋桨比1个转速较

图3-30 "飞行者1号"发动机及链条传动机构

快的螺旋桨产生的推力更大，因此采用了双螺旋桨方案。同时，为了避免
"陀螺效应"妨碍转向，他让其中一根链条"8"字形连接螺旋桨，这样两
支螺旋桨的转动方向相反，产生的角动量就相互抵消了。实测两支螺旋桨
可以产生约402牛顿推力。

1903年12月，"飞行者1号"终于大功告成。这是一架双翼飞机，它
长为6.4米，翼展为12.3米，空重为274千克，加上驾驶员后，其起飞重
量为338千克。

试飞地在北卡罗来纳州的斩魔山（Kill Devil Hill）。这里其实算不上
山，只是一个平缓的沙丘。为了方便飞机起飞，兄弟二人修建了一段18米
长的简易滑轨作为跑道。滑轨主体是木制的，上面包有铁皮，飞机就放置
在轨道上的滑车上。

12月14日，哥哥威尔伯首次进行试飞，不过由于操作原因他拉起机头
太急，导致飞机失速坠落，所幸人没有受伤，而飞机也仅仅是轻微损坏。

12月17日，弟弟奥维尔再次试飞。这一次"飞行者1号"成功飞行了
12秒，并在37米外平稳降落。在场的摄影师留下了航空史上毫无疑问最著
名的照片——在北卡罗来纳州的一个沙丘上，世界上第一架真正意义上的
飞机起飞了（见图3-31）。

图3-31　世界首次载人动力飞行（1903年12月17日，莱特兄弟）

　　这是人类科技史上最精彩的瞬间之一，但更值得珍视的是在这张照片的背后，莱特兄弟在实验室中的四年多时间。在这些日子里，他们的工作是阅读、计算、实验和制造，很多工作单调、细碎，甚至让人感到无聊。但正是这些平凡的工作从平庸中淬炼出卓越，并最终成就了不朽。

# 3.5 / 先发后至，美国飞机落后于欧洲是否是莱特之过？

科技史上，涉及"谁是第一"的问题从来都不缺争议，这里面除了史料不详或者冲突带来的考证困难，更多的原因是夹杂了民族情感。甚至在当事人所处的时代，这样的争议就已经发生了，如今的这些争议不过是历史的一些回响。

> 1908年，当威尔伯来到法国推销他的飞机时，法国媒体送给他的称谓是"骗子"。造成这种巨大的误解并非只因为法国人小肚鸡肠，也与莱特兄弟的行事风格有关系。

除了在1903年通过老友沙尼特发表了他们关于滑翔机的实验成果，莱特兄弟对于自己的动力飞机三缄其口，最主要的动机是保护商业机密。因此，"飞行者1号"在1903年的成功并没有几个人知道。兄弟两人决定，在专利获批前，不发表关于动力飞机的实验细节，也不进行公开的飞行演示，只邀请友人进行必要的见证。

这一招的确有效，但也给自己惹了麻烦。比如法国人欧内斯特·阿奇肯（Ernest Archdeacon，1863—1950）就是一位较真的人。这位富有的律师"发烧友"在1898年就与人共同组建了世界上最早的航空俱乐部——法国航空俱乐部（Aéro-Club de France），之后他与石油大亨多伊奇一起

在法国设立了多伊奇航空大奖。桑托斯·杜蒙就曾在1901年成功驾驶着飞艇绕埃菲尔铁塔一圈而摘得此奖。

1903年，从沙尼特那里了解了美国的航空发展情况后，阿奇肯就对莱特兄弟产生了兴趣。他复制了莱特兄弟的2号滑翔机。可能是由于得到的设计参数并不准确，再加上没有真正理解"机翼翘曲"技术，他的复制机在试飞时表现糟糕。在连续两年的不断失败后，他对莱特兄弟产生了怀疑。1905年，他写了一封颇具挑衅语气的信，希望莱特兄弟能亲自来法给他们"上上课"。

莱特兄弟收到信后并未理会，只是觉得此人"挺有意思"，接着便继续忙着改进"飞行者号"去了。从1903年的"飞行者1号"开始，"飞行者"系列一共有3架飞机，经过3代改进后，最终演化出了成熟的"莱特A型"飞机（各型号的主要参数详见表3-1）。

**表3-1　莱特早期飞机参数比较表**

|  | 飞行者1号（1903年） | 飞行者2号（1904年） | 飞行者3号（1905年） | 莱特A型（1907年） |
|---|---|---|---|---|
| 翼展 | 12.29m | 12.29m | 12.34m | 12.50m |
| 机翼弦长 | 1.98m | 1.98m | 1.98m | 1.98m |
| 机翼弯度 | 1:20 | 1:25 | 1:20 | 1:20 |
| 升降舵面积 | 4.46㎡ | 4.46㎡ | 7.71㎡ | 6.50㎡ |
| 方向舵面积 | 1.95㎡ | 1.95㎡ | 3.23㎡ | 2.14㎡ |
| 发动机 | 12hp | 15~21hp | 15~21hp | 25~30hp |
| 空重 | 274Kg | 345Kg | 322Kg | 363Kg |
| 最大航速 | 约48Km/h | 约48Km/h | 约58Km/h | 约64Km/h |

由于莱特兄弟对质疑并无实质性回应，而阿奇肯在法国航空界的影响力很大，因此兄弟两人的坏名声就传开了。一家法国报社甚至雇用一位职业自行车手去莱特兄弟的老家代顿市打探虚实。这位车手根据自己的见闻和采访，力陈莱特飞机的成功是确凿无疑的，但大多数法国人依然将信将疑。

1906 年 5 月 22 日，莱特兄弟的专利终于获批。但是兄弟二人依然迟迟不肯进行公开演示，因为他们觉得还不够稳，必须等有人下了订单之后才能放飞机出来亮相。这次他们陷入了自己制造的麻烦之中。由于莱特兄弟推销的是新事物，所有意向采购者都秉承着"眼见为实"和"先尝后买"的原则，毕竟一架飞机的造价不菲。但莱特兄弟坚持不签合同就不给演示。就这样，经过大量的商务访问和谈判，来来回回又耗费了 1 年多时间，终于有一位客户下了订单，这就是美国陆军。而几乎与此同时英国、法国和德国的代表也都表达出了强烈的购买意愿。

莱特兄弟觉得时机终于成熟，于是决定在 1908 年夏天去欧洲巡演，首秀就选在法国。飞行场地定在勒芒，这是一座以举办汽车大奖赛而闻名的城市。不过飞行表演计划发布后并未产生多大影响，因为法国的第一架飞机已经在 2 年前成功起飞了，这就是桑托斯·杜蒙的"14-bis 号"（见图3-32）。

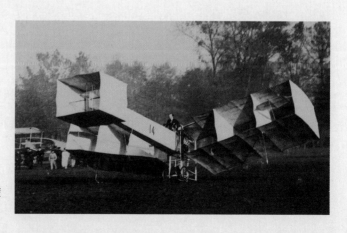

图3-32 桑托斯·杜蒙的"14-bis号"飞机

严格地说，桑托斯·杜蒙是巴西人，但这并不妨碍法国人把他当成自己人。

"14-bis号"的机翼采用的是箱式风筝的结构，翼宽（弦长）为2.5米，翼展约为12米。值得注意的是，它的机翼采用了上反角设计，这增加了飞机的滚转稳定性。升降舵和方向舵也是前置的，也采用了同样的箱式结构，弦长为2米，展长为2.5米，高为1.5米。不过它没有升力差动装置，无法实现滚转动作。

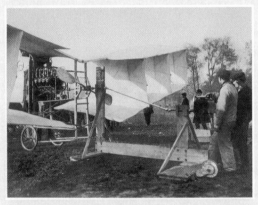

图3-33　工人用加长的摇柄启动"14-bis号"飞机的发动机

这架飞机的外形在今天看起来是颇为奇怪的，像是几个无底无盖的空盒子黏在一起。这种翼型的升阻比较低，在空气动力学上是落后的，而且飞机的螺旋桨也较为原始，犹如两支对接的船桨（见图3-33）。它的唯一优势是拥有一颗强大的心脏。

1906年10月23日，在50马力的安托瓦内特（Antoinette）V8发动机的帮助下，桑托斯·杜蒙驾驶着"14-bis号"直线飞行了约60米，离地高度约为3米，成为第一架在欧洲成功起飞的飞机。

在桑托斯·杜蒙成功的激励下，法国的造机事业风起云涌。1908年1月13日，亨利·法曼（Henri Farman，1874—1958）驾驶着瓦赞双翼飞机（Voisin 1907 biplane）完成了1千米的圆周飞行，创造了新的欧洲纪录（见图3-34）。

图3-34　法曼在1908年1月13日创造的欧洲纪录——1千米圆周飞行

　　因此当1908年8月8日美国人威尔伯·莱特站到勒芒的赛场上时，在场的观众不过几百人，除了一些专业人士，大部分法国的航空爱好者并未把他当回事。

　　在傍晚的余晖中，威尔伯利用"弹弓"轨道轻盈起飞，紧接着他就在空中做了一个小半径倾斜左转弯，飞机在空中划出了一段优雅的弧线。勒芒的这个赛场为一个椭圆形，长为800米，宽为300米，威尔伯只花了1分45秒就绕了两圈，航程约为3.5千米，轻松破掉了法国人的飞行纪录。

　　2天后，威尔伯第二次升空。这次赛场上聚集了2000多名观众。威尔伯在空中完成了两个"8"字飞行，并且做了一个史无前例的仅为28米的小半径转弯。这种小半径转弯动作必须使用滚转让机身倾斜才能实现，而法国人此时还不懂滚转，在转弯时仅能使用笨拙的平转。

　　在场的观众目瞪口呆，而法国飞行家们看到这个闻所未闻的动作后意

识到了自己与莱特兄弟之间的巨大差距，输得心服口服，一些人发出了悲鸣，"与莱特相比我们都是孩子"，"我们完全不存在"。

日后将驾驶飞机飞越英吉利海峡的法国著名发明家和飞行家路易斯·布莱里奥（Louis Blériot, 1872—1936）惊呼："为了今天所见再多等十年都值得，"随后他又补充道，"我们所有人都不是对手。"

而法国媒体的态度也是180度大转弯，不仅痛快地承认莱特兄弟是飞机的第一发明人，而且不惜打脸也要给予莱特兄弟最高规格的赞颂。法国人如此剧烈的态度转变甚至让莱特兄弟感到吃惊。

后来弟弟奥维尔也加入了进来，兄弟两人在欧洲待了一年，除了法国，还造访意大利、英国和德国，参加了各种大赛，并刷新了包括飞行距离、持续时间、速度以及高度等一系列欧洲纪录。除了拿奖拿到手软，他们还招募到了各国的代理商，斩获了不少授权生产合同。一个航空业帝国似乎正在逐渐成形。

不过在这种欣欣向荣的背后，危机也如期而至。

最大的问题就是后院起火。以格伦·柯蒂斯（Glenn Curtiss, 1878—1930）为首的后起之秀无视莱特专利的限制私自制造并售卖飞机。为了保护自己的专利，莱特兄弟开启了从1909年至1917年长达9年的专利大战。

保护自身利益无可厚非，但柯蒂斯认为莱特的专利范围定得过于宽泛，在飞机实现滚转控制的方式上，不仅包含"机翼翘曲"，甚至一切在机翼上产生差动升力的装置都被囊括其中，比如柯蒂斯所使用的"副翼"（Aileron）技术，而这项技术早在1868年就由一位英国人提出了，后来很多飞机发明家也都进行过相关实验。

莱特兄弟不仅针对柯蒂斯这种有一定规模的飞机制造商，甚至对一些著名飞行家个人也提起诉讼禁止他们驾驶非授权的飞机在美国进行公开表演，可谓锱铢必较。

结合美国这 10 年在航空业被欧洲落下的事实，不少史学家由此判断莱特兄弟阻碍了美国航空事业的发展。

虽说莱特兄弟的做法的确有问题，但将美国航空业在"一战"前的落后责任推给两人是不公平的。这种判断忽视了科技发展中除竞争外的一项重要推动力——投入。

总的来说，莱特兄弟在欧洲的表演给欧洲最顶尖的发明家指明了方向，这些受到启发的发明家随后开启了航空业最具创造力的 10 年。与此同时欧洲各个国家的当权者目睹飞行表演后，意识到了飞机的巨大潜力，他们纷纷将手中的资源投入这个新的领域，并努力扶持本国航空事业的发展。于是这些欧洲国家合力产生了一种"逆水行舟，不进则退"的竞争环境。美国人在这 10 年中并非原地踏步，而是相较于欧洲各国的海量资源投入和更雄厚的工业技术积累，做得远远不够。

这其中一个鲜明的例子就是法国。尽管勒布里斯、配诺、阿德尔等法国飞机先驱没能摸到成功的门槛，但当他们的后辈偷师了莱特兄弟的空气动力学"诀窍"后，法国因赛车而兴的发动机技术一下子就派上了用场。

手握政府的大量订单，飞机制造企业前期的研发高投入所带来的亏损问题迎刃而解，投资纷至沓来。飞机制造企业开始扩张，企业主雇用工程师，并对生产设备进行投入。到"一战"前，在不到 10 年的时间中，法国航空业已经成长为一个颇具规模的工业部门。前面提到的法曼，他的飞机公司扩张到了一千人的规模，诺姆发动机公司（Société des Moteurs Gnome）也达到了八百人的规模，一些私人的专业小公司也因大公司的订单而繁荣起来。到后来的整个"一战"期间，法国提供了参战总数四分之一的飞机和三分之一的航空发动机。

不仅如此，政府与工业界的投入也影响到了学术界。

埃菲尔铁塔的设计者，结构大师古斯塔夫·埃菲尔（Gustave Eiffel，1832—1923）在铁塔建成之后开始进行空气动力学研究。他不仅在铁塔上搭建落体实验装置测量气动力（见图3-35），后来还建造了直径达2米的大型风洞对模型机的性能进行验证。这座风洞历经百年，一直使用到了今天（见图3-36）。

图3-35　埃菲尔铁塔上的落体气动力实验装置　　图3-36　埃菲尔建造的风洞

莱特兄弟的问题并非个例，它反映了所有科学技术领域的先驱者普遍面临的一个困境。困难来自两个方面，第一个是方向。在获得成功前，先驱者要将自己有限的精力和财力押注在众多可能路径中的一个上，这里面既包含了见识也有运气的成分。

第二个是后来者。后来者沿着已经确定的方向奔跑，通常他们的速度更快，而且模仿比原创容易，改进比创新容易。

市场竞争的公平与残酷就体现在，用户购买奔驰汽车并非因为本茨发明了汽车，而是因为奔驰车是当时市场上最好的汽车。对于平庸的产品，先驱者的光环并没有什么作用。

显然，莱特兄弟对后来者的涌入没能泰然处之，他们将自己辛辛苦苦掌握的"商业机密"看得过重，把后来者统统视为"窃贼"，并妄图使用一个宽泛的专利壁垒阻拦每一个人。他们没能意识到在技术领域中，很多"商业机密"根本不需要窃取，后来者通过使用、拆解并结合实验快速学习，使这些先驱者所掌握的"商业机密"很快变为尽人皆知的"常识"。而一部分用心的后来者终会完成由仿造到创造的蜕变，并形成自己的"商业机密"。此时先驱者的领先优势丧失殆尽，之后大家比拼的是理解和运用技术的能力，以及借此造出的产品，打的是一桌明牌。

莱特兄弟在欧洲的大胜给自己制造了一种幻觉，以为在飞机技术上他们已经知道了所有秘密，并建立了足够深的护城河。事实上，在飞机技术的四大方面（空气动力学、动力、结构和控制）中，兄弟两人真正的"独门绝技"仅仅是在控制系统上。在机翼的空气动力学方面，他们的风洞实验的确更加系统，但在精度上以及对升力如何产生这种基本问题的理解上他们并没有领先德国人李林达尔太多。

而在动力方面，莱特兄弟则完全谈不上领先。他们的"飞行者1号"发动机仅有12马力，后来成熟的"莱特A型"发动机也不过25～30马力，但桑托斯·杜蒙在"14-bis号"上安装的安托瓦内特V8发动机已经达到了50马力，接近前者的2倍，功重比也比"莱特A型"的发动机高了约50%。只是"14-bis号"落后的空气动力学设计以及低效的螺旋桨抵消了它在动力方面的优势，让强大的发动机"有劲使不出来"。甚至他们的美国同胞兰利早在1903年就造出了理念颇为前卫的星型发动机（见图3-37），这台发动机

图3-37　兰利飞机上安装的5缸星型发动机（Langley-Manly-Balzer Radial 5 Engine），水冷散热，转速为950转/分，输出功率为52.4马力，排量为8.85升，自重为95.2千克

的性能与安托瓦内特发动机一样优秀（输出功率与功重比相差无几），只可惜它被兰利失败的飞机项目埋没了。

我国有句老话叫"士别三日，当刮目相待"。曾经在勒芒哀叹自己"完全不是对手"的法国人布莱里奥，仅仅一年后就驾驶着自己设计制造的"布莱里奥11型"（Blériot XI）飞机成功飞越了英吉利海峡（参见图3-38）。

图3-38　"布莱里奥11型"飞机，被认为是现存世界上最古老的尚可飞行的飞机

反观莱特兄弟则被自己发起的诉讼拖累。在1910年至1912年间，威尔伯亲自挂帅在美国各州法庭上督战，没有参与任何实质性的研发工作，而奥维尔也被推销和飞行表演牵扯了大量精力。1912年威尔伯病逝。三年后，失去动力的奥维尔卖掉了手中的所有股份，莱特飞机公司由此易主。

从1909年到1917年，莱特兄弟发起专利诉讼的这9年时间正是航空领域的一个创新爆发期，而莱特兄弟和他们的飞机公司则缺席了这期间的所有重大创新。从销售数据我们不难窥见一斑，在这9年间，公司的第一大客户美国陆军采购了 26 架莱特飞机，而采购柯蒂斯飞机的数量是 232 架，前者不及后者一个零头。

不仅如此，莱特兄弟的做法还损害了他们的公众形象，昔日的英雄如今与贪婪和不公联系在一起。给他们提供过很多帮助的老友沙尼特毫不客气地指出："曾经优秀的判断力被对财富的渴望所扭曲。"在"扭曲"这个词的选用上，他使用了"warp"，而这正是来自兄弟两人引以为傲的机翼翘曲（Wing Warping）技术。一丝惜叹溢于言表。

那么要如何破解"先驱者困境"呢?

我想在这个问题上没有什么能比莱特兄弟老父亲的话更能带给我们启发。1910 年 5 月 25 日，当奥维尔载着他们的父亲米尔顿·莱特（Milton Wright，1828—1917）飞上天空的时候，这位 82 岁高龄的老人对儿子说道："再高点儿，再高点儿！"或许这就是破解先驱者困境的唯一办法。

# 3.6 "世界上最快的男人"，V8发动机是如何把柯蒂斯送上蓝天的？

在破解了基本的空气动力学问题后，飞机的研发重心就转移到了发动机身上。这点不难理解，因为速度是飞行的根本，失去速度就意味着失去升力，飞机就不能待在天上，而要得到速度必须拥有一台强大且可靠的发动机。

有意思的是，莱特兄弟的死对头柯蒂斯可说是这方面的专家。在进入航空领域之前，柯蒂斯的身份是摩托车制造商和赛车手，速度是他毕生的追求。1903年，柯蒂斯骑着自己制造的双缸发动机摩托车创下了当时的世界摩托车的速度纪录——102.7千米/时（见图3-39）。

图3-39 柯蒂斯骑在摩托车上摆拍，这辆车装的就是他亲手制造的名为"Double"的双缸发动机

三年后他制造出了拥有更强动力的8缸发动机，它的气缸为"V"形排列，风冷散热，排量约为4.4升，最大功率达到了40马力。据说这台发动机本是一家底特律的客户

为飞行器研发订购的，但有关这位客户的资料并没有保存下来，因此究竟是什么样的飞行器我们不得而知。

1907 年，柯蒂斯将这台 V8 发动机装到了一辆特制的摩托车车架上，并骑上它参加了比赛（见图 3-40 和图 3-41）。这台装着与自身体型并不相称的大发动机的摩托车时速突破了 200 千米，最高时速达到了惊人的 219.45 千米！这个速度超过了当时所有交通工具的速度纪录，包括陆地、水上以及天空。新闻媒体送给他一个名副其实的称号——"世界上最快的男人"，而这个称号他保持到了 1911 年。

图 3-40　柯蒂斯的 V8 发动机，气缸上有制造精细的散热鳍片

图 3-41　柯蒂斯装有 V8 发动机的摩托车

正是这次出名后，柯蒂斯被电话发明人贝尔组建的航空实验协会（Aerial Experiment Association）看中，从事飞机发动机的研发工作，从此他正式进入航空领域。正是在贝尔的航空实验协会，柯蒂斯于1907年6月造出了自己的第一架飞机——"六月甲虫号"（June Bug）。

1908年7月4日美国国庆日，柯蒂斯驾驶着"六月甲虫号"拿下《科学美国人》杂志提供的飞行大奖（见图3-42和图3-43）。他的成绩是持续飞行了1.6千米，用时1分40秒，时速57.6千米。当时莱特兄弟忙于欧洲巡演并未参加这次比赛。

毫不意外，"六月甲虫号"上安装的正是柯蒂斯在成为"世界上最快的男人"时所使用的40马力V8发动机，它的自重为86千克，功重比为342瓦/千克。这比当时莱特兄弟最好的垂直4缸发动机还要略优一些（参见图3-44）。

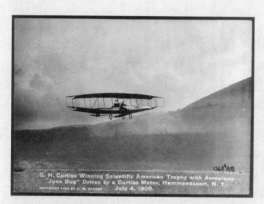

图3-42 柯蒂斯驾驶着"六月甲虫号"拿下冠军（1908年7月4日）

这次成功让柯蒂斯在航空界扎下了根。尽管在随后的一年中由于莱特兄弟的专利诉讼，贝尔解散了航空实验协会，但柯蒂斯马上就成立了自己的飞机公司。

图3-43 柯蒂斯坐在"六月甲虫号"上（注意其身后的V8发动机）

1909年8月在法国兰斯（Reims）航空展中，柯蒂斯再接再厉，用时16分钟飞完了20千米的赛程夺得冠军，平均时速达到了75千米。莱特

图3-44　莱特B型飞机的（Model B，1910年）发动机（笔者摄于苏格兰国家博物馆）

兄弟虽未亲自上阵，但有两架莱特飞机参加了比赛，不过均未获得任何奖项。

尽管在兰斯航展上，美国人守住了作为飞机诞生地的荣誉，但形势已经不容乐观。柯蒂斯在比赛中使用的发动机是他的经典V8发动机的"水冷增强版"，功率可达63马力（见图3-45）。当时另一位夺冠热门法国人布莱里奥的E.N.V.发动机同样也是V8水冷发动机，功率也差不多有60马力。虽有以偏概全之嫌，但从动力方面可以预料，如不出意外两者应该势均力敌。事实的确如此，布莱里奥仅以6秒之差位列柯蒂斯之后。

而就在一个月前，这位法国人在一个更具历史意义的事件上抢了美国人的风头。7月25日清晨，布莱里奥从法国桑加特（Sangatte）海岸起飞，在没有任何导航的情况下穿过晨雾

图3-45　柯蒂斯的兰斯航展比赛用飞机，注意他背后的发动机散热片

弥漫的海面，最终有惊无险地降落在英国多佛尔城堡旁边的草甸上。他的飞行时间是36分30秒，距离为36.6千米。这是人类第一次驾驶飞机成功飞越英吉利海峡。

创造历史的是以布莱里奥的名字命名的"布莱里奥11型"飞机，它安装了一台安扎尼（Anzani）发动机（见图3-46）。这个由意大利人创办的品牌，其发动机都是在法国设计制造的。安扎尼发动机的造型很有特点。它有3个气缸，气缸在主轴上呈扇形分布（见图3-47），两边的气缸与中间的气缸相距60°角。发动机功率为25马力，自重为65千克，排量为3.5升。从气缸顶部大量散热鳍片可以判断，安扎尼发动机使用风冷散热，这比用水冷散热更轻巧。而且由于机身较轻，虽然发动机动力

图3-46 "布莱里奥11型"飞机的机头细节

图3-47 安扎尼3型（Anzani 3）扇形发动机

比兰斯航展上的发动机逊色不少，但"布莱里奥11型"飞机并不慢，最大速度可达75千米/时。

布莱里奥的成功带火了他的飞机。不仅英国、比利时、意大利、俄国等欧洲列强争先订购，还远销至日本、墨西哥、巴西、阿根廷等国。而布莱里奥飞机的火爆，带来了整个法国航空工业的繁荣。资本与人才大量涌入，竞争与进步如期而至。

　　为了更好地理解航空发动机的后续历史发展，我们先来尝试回答一个问题：提高发动机的功率有哪些可能的手段？

　　由于当时内燃机是飞机发动机的唯一选择，因此我们将问题局限于对内燃机的讨论。从能量转化的角度看，发动机动力的最终来源是燃料燃烧所释放的化学能，因此提高发动机功率的根本方法在于让更多燃料在气缸内更快、更充分地燃烧。

　　一个较为明显的手段就是增大气缸容积。

　　但增大气缸容积会遇到一个根本性的限制，那就是燃烧的速度。

　　根据经验和直觉，我们常以为气体的燃烧是极快的，在点火后的一瞬间，燃料气体一下子全部都烧掉了。就像化学实验课上，点燃试管中的氢气，瞬间就会听到砰的一声。不过这种"瞬间"发生的错觉只是源于人类有限的感知。

　　如果我们对于时间的感知可以放缓1000倍，来到毫秒的级别，那么就能发现气体的燃烧完全不是"瞬时"的，甚至还有些缓慢。

　　在平静燃烧的理想情况下，气缸内的预混合火焰呈现一种层流结构（见图3-48和图3-49）。点火发生后，火焰层以火花塞为球心开始向外扩散，它的外面是低温的未燃烧的混合气，而里面则是高温的燃烧后的尾气。火焰真正燃烧的区域（发生氧化反应的地方）只是薄薄的一层，它的厚度通常不足1毫米。

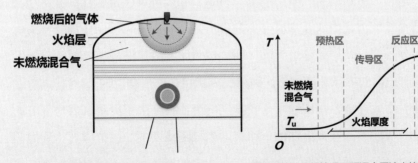

图3-48　理想情况下气缸内的火焰　　　图3-49　理想情况下预混合层流火焰的结构

层流火焰的传播速度很慢，其典型值大约仅有每秒0.5米。这就造成了一个大问题。我们假设气缸的直径为10厘米，那么从圆心到气缸壁，层流火焰的前锋需要100毫秒才能到达。对于1200转/分的转速而言，100毫秒足够曲轴转两圈，完成一整套标准奥托循环（"吸气—压缩—做功—排气"4个冲程）。可见，层流火焰的速度太慢了，它"跟不上"活塞的动作。

如果在实际工作的内燃机气缸中产生的是这种层流火焰，那么燃料是来不及充分燃烧的。所幸的是，气缸中真正产生的火焰都是湍流的（见图3-50）。

图3-50 层流火焰与湍流火焰前锋示意图

湍流大大增加了火焰前锋的面积，使得化学反应进行得更快、更有利的一点是，随着活塞速度的提高，湍流被增强，火焰的速度也随之提高。

但湍流提高火焰的传播速度也是有限的，最大只有一个数量级左右的提高，而且这需要对点火时间以及燃料和空气比例进行精确控制。而在当时的技术条件下，增大气缸尺寸就会带来一个不可避免的副作用——要想燃料充分燃烧，必须等待更长的时间，这对应着转速的降低。而转速降低意味着单位时间内做功冲程的次数减少，输出功率下降。

同时增大气缸容积还给吸气与排气两个冲程带来了困难，因为气缸的容积是随线度的三次方增加的，而表面积只随线度的二次方增加。我们假设将气缸的尺寸放大到原来的2倍，那么它的容积增大到之前的8倍，但阀门的面积只增加了4倍，这样吸入或排出一缸气体就需要之前2倍的时间。因此进气和排气效率的降低同样意味着转速的降低和功率的下降。

通过上面分析我们不难看出，燃烧速度这个条件不仅制约着气缸的容积，也制约着提高功率的另外一条路，那就是提高转速。实际上，在当时的技术条件下，气缸容积和转速呈现相互牵制的关系，增大一个就会减小另一个。

不过聪明的工程师们马上就发现了一个绕过上述困难的方法。

这个增大发动机功率的方法就是增加气缸数量。

首先，与增大单元缸容积带来的进气效率下降和转速下降等困难不同，增加的气缸中的燃烧过程与之前的是完全相同的，每多一个气缸就多一个做功冲程，因此输出功率几乎是随气缸数量线性增加的。

其二，方便设计和制造。比方说我们需要20马力~80马力之间的多款发动机产品，一旦设计测试好2缸20马力的发动机后，就可以通过叠加做出4缸40马力、6缸60马力以及8缸80马力的产品。虽说不是简单地复制，但很多关键尺寸都是相同的，很多部件也是通用的，这比设计4款气缸大小不同的发动机的工作量要小很多。

其三，随着气缸数量的增加，每个气缸的点火时间间隔更小，这样能得到更均匀的扭矩输出，并且通过点火时序控制和气缸排布还能大幅减轻发动机的振动，这对于交通应用场景非常重要。

最后，多气缸设计比同样排量的少气缸设计的表面积/体积比更大，更有利于散热。

于是，我们就会发现一个有趣的现象：在航空动力领域，世界各国的工程师不约而同地走上了8缸甚至更多气缸的路线。

## 3.7 专业航空发动机的诞生，安托瓦内特如何成为航发界最早的名牌？

尽管柯蒂斯在1907年骑着自己的V8发动机摩托车创造了速度纪录，但在发动机方面美国人还得叫欧洲人一声老师。

在历史刚刚迈进20世纪之时，一名法国电力工程师莱昂·勒瓦瓦瑟尔（Léon Levavasseur，1863—1922）对航空产生了极大的兴趣。1902年，他找到了自己的一位工业家朋友。两人的相识是因为勒瓦瓦瑟尔曾修好过这位朋友家电厂的发电机，其技术能力给人留下了深刻的印象。而他这次拜访的目的是准备将爱好转变为事业——为自己的飞机研发寻求资助，并许诺这架飞机造好后将以工业家女儿的名字"安托瓦内特"命名。

在看过设计图后，这位工业家朋友答应资助勒瓦瓦瑟尔，但是要求他先把发动机造出来。

这位工业家朋友不愧为伯乐，勒瓦瓦瑟尔在发动机上颇具天分。1902年年底，他的原型机就已经能连续运行了。一年后，安托瓦内特发动机通过了法国军方组织的一次测试，最大输出功率可达80马力。就这样，世界上第一台V8内燃机横空出世。

**1904年** 勒瓦瓦瑟尔不出意外地拿到了法国专利。

虽然当时欧洲还没有飞机能让这台发动机一试身手，但酒香不怕巷子深，安托瓦内特发动机成为那一

年欧洲赛艇比赛中大多数冠军的秘
密武器。

　　安托瓦内特V8发动机最大的
特征就体现在名字中的这个"V"
上，所谓"V"就是将气缸分成两
排布置，两排气缸之间间隔一个夹
角（见图3-51和图3-52）。这样做
最大的好处是，比起让8个气缸排
成一列，"V"形排列可以将曲轴的
长度减少近一半，让发动机更加紧
凑。虽然"V"形比直列排布增加
了发动机的宽度，但增幅并不显著。

图3-51　安托瓦内特V8发动机侧视图，藏于
米兰科学技术博物馆

　　安托瓦内特发动机的每一个气
缸都是独立制造的，使用的材料是
铸铁，活塞也用铸铁制造，因为其
强度较高。为了减重，曲轴箱体使
用了铝，而活塞连杆则使用了中空
的管状结构。

　　另一个较为独特的设计是气
门。安托瓦内特发动机每一个气缸

图3-52　安托瓦内特V8发动机正视图

的顶部有两个气门，进气在上，排气在下，因此气缸盖向外接出两根管
子，这被形象地称为"F气缸盖"（F-head）。其中进气门是"自动吸气"
的，就是说没有单独的控制结构，依靠活塞向下运动造成的真空吸气，然
后依靠弹簧复位。而排气门则由凸轮和推杆组成的控制结构控制开闭。

　　在供油系统上，勒瓦瓦瑟尔大胆进行了创新，他使用了我们今天称为
"燃油直喷"的技术，虽然他的实现方式较为原始。具体来说就是在V8发

动机的后部有一个皮带驱动的油泵，这个油泵将燃油输送到进气门上方一个小室中，这个小室有一个直径为0.2毫米的喷油孔。当进气门因为活塞向下运动造成的负压打开时，燃油也从小孔喷入缸内。虽说燃油直喷今天被归为先进技术，但评判技术先进性也要依据历史环境。由于当时的燃油杂质较多，喷油孔经常被堵塞，因此燃油直喷并不好用，不少用户在使用时自己私自改回了传统的化油器供油。

一个好的发动机不仅要看气缸、活塞、气门等功能部件，还要注意润滑和散热系统。安托瓦内特发动机在这两个系统的细节上都做到了位。

润滑油管在曲轴箱内沿轴设置，油管壁上做了密密的小孔，润滑油就从这些小孔中喷出，将所有曲轴箱内的机械运动部件都照顾到，即使没能直接喷到的地方也因为有油雾的存在而具备不错的润滑效果。

包裹在气缸外侧的水套由导热优良的黄铜制成，冷却水循环泵放置在发动机主体之后，由皮带带动。循环泵驱动从气缸水套中流出的热水流入两块由热管组成的大面积散热片中，而冷却后的水则重新泵回气缸水套内。

勒瓦瓦瑟尔使用了在当时罕见严格的工艺标准，号称尺寸误差只有0.01毫米。而且为了追求极致的功重比，他对于结构的要求是越轻越好，只给非常小的设计冗余。比如，50马力版本的V8发动机，自重为95千克，功重比为387瓦/千克，比柯蒂斯的V8发动机更出色，而后者还是使用风冷的。

欧洲航空史上的多个"第一"背后都有"安托瓦内特"发动机的身影。

**1906年** 桑托斯·杜蒙的"14-bis"成为欧洲第一架成功起飞的动力飞机。

**1908** 年 　法曼驾驶"瓦赞2型"（Voisin II）飞机完成了欧洲第一次完整的圆周飞行。

**1908** 年 　英国人的第一架飞机"英国陆军1号"（British Army Aeroplane No.1）成功起飞。

上述三架飞机中安装的都是50马力的安托瓦内特V8发动机。

在V8发动机成功之后，勒瓦瓦瑟尔再接再厉又研发出了V16发动机，其27.6升排量的版本可以达到155马力（见图3-53）。1906年，他还制造了一台V24发动机，这一次他不仅增加了气缸数量，使这台发动机的动力达到了惊人的360马力，排量也攀升到63.6升。不过由于重量太大（600千克）飞机无法使用，甚至装在赛艇上都显得太笨重。据称，勒瓦瓦瑟尔还制造过V32发动机，不过由于可查证的资料过于稀少，大多数人认为V32发动机只是停留在纸面上。

图3-53　安托瓦内特V16发动机用在了自家的"安托瓦内特7型"飞机上

尽管勒瓦瓦瑟尔的发动机享誉海内外，但他的造机事业却命运多舛。

早在1903年，他就在法国军方的资助下制造了一架实验机（Aéroplane de Villotran），尽管使用了80马力的发动机，但飞机完全飞不起来。勒瓦瓦瑟尔失望至极，拆掉发动机之后将飞机付之一炬。

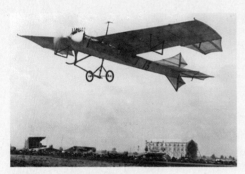

1908年，勒瓦瓦瑟尔重启飞机制造项目。在三次不太成功的尝试之后，第四次"安托瓦内特4型"飞机终于取得了不错的性能。这架飞机的机身截面为三角形，且机身窄而长，机翼则很宽大。机翼梢部后缘有梯形副翼用于滚转控制（见图3-54）。

图3-54 "安托瓦内特4型"飞机

**1909年** 飞行家休伯特·莱瑟姆（Hubert Latham，1883—1912）加入勒瓦瓦瑟尔的公司（见图3-55）。5月，莱瑟姆驾驶"安托瓦内特4型"飞机创造了1小时7分钟的欧洲持续飞行纪录。这个成绩已经可以与莱特兄弟"一战"。6月，他又在一项大奖赛（Prix Ambroise Goupy）中获得速度冠军，时速达到了85千米。

这两次成功让莱瑟姆有了信心。7月19日他开始挑战飞越英吉利海峡。不过这一次他没能成功。仅仅飞行了13千米后，他就由于发动机故障被迫降落在了海面上。不过飞行大家的确名不虚传，在海中的莱瑟姆毫不惊慌

图3-55 飞行家莱瑟姆（中间）与"安托瓦内特4型"飞机合影，右边的人是勒瓦瓦瑟尔，机翼下方涂有字样的部分是水冷散热管排

失措，他站在浮起的机身上镇静地点燃了一支烟等待救援。6天后，他的竞争对手法国人布莱里奥获得了成功。

在布莱里奥成功的2天之后，莱瑟姆试图驾驶最新的"安托瓦内特7型"飞机再次飞越海峡。可惜这一次依然无果。在距对面海岸仅有几分钟的航程时，飞机发动机再次出现故障将他抛入了海中。顽强的莱瑟姆还想进行第三次尝试，不过在接连损失两架飞机后，勒瓦瓦瑟尔叫停了飞越英吉利海峡的行动。

对于发动机故障的原因并无定论。不过勒瓦瓦瑟尔对于功重比的极致追求很可能成了双刃剑。他给机械结构的冗余度太低，这就使得发动机的可靠性不高且维修困难。对于一般的发动机故障，当时的机械师通常都是现场拆开维修，但"安托瓦内特"发动机通常需要送回厂家维修。

**1911年** 勒瓦瓦瑟尔为军方研制的飞机（Antoinette military monoplane，也叫 Antoinette Monobloc）遭遇滑铁卢（见图3-56）。尽管装

图3-56　勒瓦瓦瑟尔为军方研制的单翼飞机

备了100马力的V12发动机，这架笨重的飞机还是没能飞起来。而失去了军方的订单后，入不敷出的安托瓦内特公司马上就破产了。

此后勒瓦瓦瑟尔依然继续进行航空研发，但始终未能东山再起。

**1912**年　　这位V8发动机之父离世，身无分文。

# 3.8 / 另辟蹊径，轴不转缸转的发动机有什么优势?

作为动力系统的新物种，航空发动机的演化始于飞艇。在 19 世纪的后半期，人们为驱动飞艇实验了包括人力、蒸汽、电力和内燃机在内的各种动力。

最早将内燃机引入航空领域的是德国人亨莱因。1872 年他就把一台 4 缸勒诺瓦燃气机搬上了自己设计的飞艇。这台燃气机十分笨重，动力输出 6 马力（还有说法是仅有 3 马力）自重却达到了 233 千克，功重比约为 19 瓦/千克，与蒸汽机相比并没有体现出什么优势。不过对于一项问世仅 12 年的新技术来说，这也情有可原，而且一开始的内燃机都是为工厂这种固定应用场景设计的。

内燃机在交通领域的前景被普遍看好的原因在于"内燃"这个技术基因——燃料的燃烧和做功都在气缸内完成，省去了蒸汽机所必需的锅炉，而笨重的锅炉正是提高发动机功重比的大敌。

在奥托、戴姆勒和本茨等人的努力下，经过 40 年的技术演化，内燃机在跨入 20 世纪时终于在道路交通上率先打开了局面。虽说此时汽车领域还属一种三足鼎立的局面，蒸汽车与电动车都展现出了鲜明的优点，但在功重比这个指标上，内燃机汽车所向无敌。

所以毫不意外，飞机发动机一开始就是从汽车领域拿来的。除了为减重在曲轴箱的材料上换用了铝，莱特的直列 4 缸发动机与汽车上的发动机看不出什么区别，柯蒂斯的 V8 发动机最早也是装在摩托车上，只有勒瓦瓦瑟尔的

V8发动机算是为飞机专门设计的，可惜一开始面临"无机可用"的局面，这台日后闻名欧洲的发动机是被赛艇带火的。

但当莱特兄弟1908年的欧洲之旅点燃了欧洲航空业的燎原之火时，更多的人加入了勒瓦瓦瑟尔的行列，他们开始面向飞机设计发动机。

> 在法国创业的意大利人亚历山德罗·安扎尼（Alessandro Anzani，1877—1956）开始实验新的气缸排列方式。安扎尼发动机的3个气缸以曲轴为圆心呈扇形分布，两边的气缸与中间的气缸相距60°角。这种排列方式最大限度地缩短了曲轴长度，曲轴一短整个发动机就能沿着轴向"压扁"，实现非常紧凑的结构。

不过气缸的这种扇形布置也会带来一个问题，那就是迎风面积大，风阻大。但此时飞机的速度还很低，与陆上交通工具处于一个级别，因此风阻并不是大问题，反而有利于气缸散热。安扎尼发动机使用的正是风冷散热，而气缸容易过热是风冷发动机的通病。

这台小巧紧凑的发动机马上就被法国著名飞行家布莱里奥看中，装在了他的"布莱里奥11型"飞机上。随着布莱里奥1909年7月25日飞越英吉利海峡，安扎尼发动机也一战成名。

1909年年底，安扎尼将3个气缸间隔60°角的扇形布置改为了间隔120°角的对称布局，使其成为真正的星型发动机（Radial Engine）。气缸对称分布的好处不仅在于减小振动，同时还能减重，这是因为发动机的曲轴都需要配重，而扇形发动机的3个活塞都在上半部，为了平衡活塞的运动曲轴的配重也较大。

虽然可靠性不错，但在输出功率上安扎尼发动机还是比安托瓦内特V8发动机逊色不少。几个月后，安扎尼找到了一个增大功率的简单办法。

他将两个3缸30马力发动机前后贴在一起，并让两者错开60°角，这样就得到了一台6缸60马力星型发动机。实际上一台安扎尼6缸发动机比单纯两台3缸发动机贴在一起更加紧凑，因为两组气缸并非完全一前一后，而是在轴向上重叠大约一个气缸半径（见图3-57和图3-58）。

图3-57　安扎尼3缸星型发动机　　　　图3-58　安扎尼6缸星型发动机

1913年，他如法炮制，用两个5缸星型发动机实现了一台10缸100马力的星型发动机（见图3-59和图3-60）。

图3-59　安扎尼10缸星型发动机正视图（藏于澳大利亚维多利亚博物馆）

图3-60　安扎尼10缸星型发动机侧视图

　　不过这还不是极限，安扎尼还推出过一个20缸发动机。这台发动机由2个10缸发动机组合在一起，每个气缸直径为105毫米，冲程为140毫米，总排量为21.25升，自重为309千克，在每分钟1250转的转速下可实现200马力的动力输出，这个数据在"一战"前是屈指可数的。

　　不过10缸及以上的安扎尼发动机的销路不好，很多最初安装它的飞机

图3-61　安扎尼20缸星型发动机

后来都换用了其他发动机，而20缸的版本只有美国的伯吉斯公司（Burgess Company）的水上飞机短暂使用过（见图3-61和图3-62）。

　　这些大缸数（10缸及以上）发动机不受欢迎的原因在于，虽然它们的功率获得了成比例的提升，但其可靠性也成比例地下降了，这其中的一个重要原因是散热。

图3-62　使用安扎尼20缸星型发动机的伯吉斯公司的水上飞机

我们在考察设备时常常把目光集中在功能性的组件上，认为这些组件体现了"核心"技术，而对于辅助系统不够重视，发动机的散热系统就是一例。实际上从能量转化的角度看，发动机从燃料燃烧提取到的有用功并不占大头，今天最好的经济型轿车发动机所能实现的热效率不过50%，且实际使用时还远远达不到这个数值。20世纪初的内燃机热效率普遍只有20%，燃烧产生的能量大部分都转换为了废热。

这些废热如果不能及时散掉会产生两个严重后果，第一个是高温让材料过度膨胀产生变形，从而导致气缸和活塞之间直接接触，增大摩擦；第二个是会增加发动机爆震的概率，即燃料进入缸内遇到热点自发燃烧，并没有按照点火时序发生。这两个后果轻则降低发动机的效率，重则使得发动机停转，而发动机的可靠性在航空领域是性命攸关的大事。

由于气缸排列的方式造成迎风面较小，大功率的直列或者V型发动机都采用水冷散热，水的对流换热系数比空气高了大概一个数量级，能够快速带走大量的废热。但水冷系统构造复杂，而且会增加不少发动机的重量和成本。

像安扎尼发动机这种星型发动机的迎风面积较大，因此可以选择风冷散热，但这也是有限度的。当气缸数量多起来后，由于气缸之间相距较近，气流受到干扰，风冷散热的效率就开始下降。对于安扎尼20缸发动机来说，位于后面第二排的气缸显然会比前面第一排的气缸更热，甚至单个气缸也会有受热不均匀的情况，在满负载运行的情况下，气缸背风面明显比迎风面热。

上述两种情况在飞机启动时最为糟糕，因为此时飞机还没有速度，只能依靠自然风散热。补救的措施是为发动机增加一个风扇，但还有人另辟蹊径想出了一个巧妙的解决方案。

1895年，法国塞甘兄弟（Louis Seguin, 1869—1918；Laurent Seguin, 1883—1944）从德国奥伯鲁塞尔汽车公司（Motorenfabrik Oberursel）购买了一款发动机的制造授权，这就是诺姆（Gnome）发动机。此时的诺姆发动机只有一个气缸，功率只有4马力。

值得一提的是，塞甘兄弟的爷爷马克·塞甘（Marc Séguin, 1786—1875）也是著名的工程师，他被认为是第一批在欧洲建设悬索桥的人，并且还被法国人认为是蒸汽机车中多火管锅炉的发明人。（不过英国人显然并不同意，他们认定英国人斯蒂芬森才是真正的发明人，而法国人只有跑到铁路的故乡偷师学艺之后才能搞出这么伟大的发明。）

十年后，塞甘兄弟完成了对德国发动机技术的消化吸收，于是成立了自己的发动机公司，并决定进入当时刚出现的一个新领域——航空。在竞赛与表演的驱动下，此时飞机发明家对航空发动机的首要需求就是动力，越大越好。

前面说过，提升动力一个较容易的途径就是增加气缸数，而在如何布置这些气缸的问题上，塞甘兄弟做出了自己的创新。

他们将气缸围绕曲轴等角度排布，像自行车辐条一样。这样做出的发动机外观和前面提到的星型发动机一样，但有一个重要不同。在我们的认知中，一个发动机的气缸是固定的、曲轴是旋转的，而塞甘兄弟却将曲轴固定让气缸旋转，螺旋桨则固定到气缸套上随着气缸一起转动。

进行这种"反常规"的设计可以得到两个好处。

第一个就是由于气缸像风扇那样转动，相当于自己造出了风，对散热非常有利，尤其是当飞机启动时。

第二个好处是发动机振动小，转动更平顺。这点并不是一眼就能看出来的，不过将气缸和活塞的运动轨迹画出来后还是容易理解的。旋转气缸发动机转动平顺的秘密在于，活塞在空间中做的不是往复运动而是圆周运动，其轨迹圆心位于曲轴销上（见图3-63）。

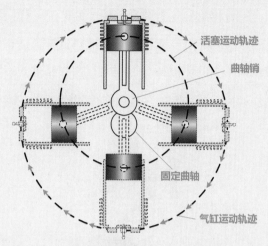

其实旋转气缸并不是塞甘兄弟首创的，这项技术早在1892年就被用到了摩托车

图3-63　旋转气缸发动机的工作过程示意图

上（见图3-64）。不过受到车轮尺寸的限制，这种发动机很难做大，并且由于安装位置的缘故，振动与灰尘问题都很大，发动机的工作条件比较恶劣，这可能就是旋转气缸技术在道路上打不开局面的原因。

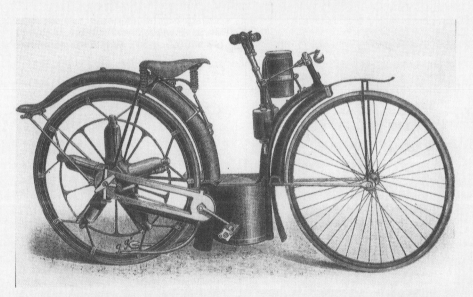

图3-64　后轮装有旋转5缸发动机的摩托车（由Félix-Théodore Millet设计），后挡泥板被巧妙地做成了油箱

与将旋转气缸装在车轮上的情况一样，把旋转气缸与螺旋桨搭配也并不算突兀，航空应用场景比道路更为合适，振动与尘土问题都小得多。而在最基本的热机循环过程上，塞甘兄弟的旋转气缸发动机与前面提到的安扎尼星型发动机、安托瓦内特V8发动机以及任何执行标准奥托循环的发动机并无不同（见图3-65）。

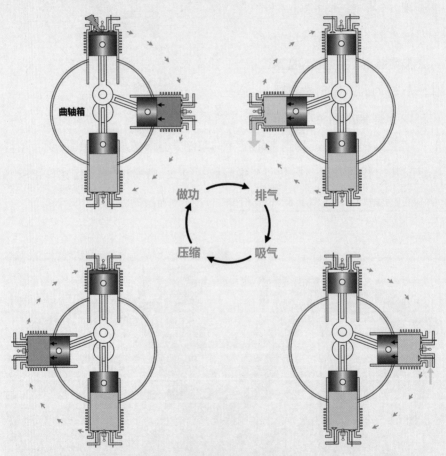

图3-65 旋转气缸发动机执行标准奥托四冲程循环的过程示意图

即使如此，要想将旋转气缸发动机做出来，简单的"拿来主义"是行不通的。首先面临的问题就是：气缸是不停旋转着的，要如何将燃油和空气输入气缸？从旋转气缸发动机的侧剖图中我们很容易意识到这个问题，进气门要连到哪里?

由于现在螺旋桨、气缸和曲轴箱(三者对应图3-66中的浅色部分)都是旋转的,只有曲轴是固定的,因此只能将曲轴做成中空的,燃油和空气混合气通过这个管道输入气缸(如图3-66虚线所示),好在这个进气过程在离心力的帮助下可以较为顺畅地实现。

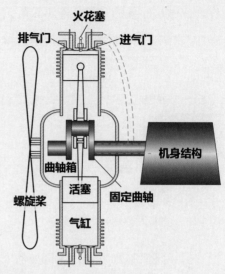

图3-66　旋转气缸发动机侧剖图

另外一个更重要的问题是点火,它甚至将气缸数为偶数的方案全部毙掉了,以至于单排旋转气缸发动机的气缸数都是奇数,我们来看看这到底是为什么。

标准的奥托循环有4个冲程(吸气、压缩、做功、排气),完成全部4个冲程曲轴需要转2周,做功冲程必需的前提是点火,因此需要每间隔1周点火1次。由于旋转气缸发动机的曲轴是固定的,因此当曲轴向上"凸"时,只有转到最上方位置的气缸其活塞将缸内空间压缩至最小,此时才能点火。

假设有一个旋转4缸发动机。我们可以在第一个周期对每个转到最上方的气缸点火,然后让其完成做功和排气冲程,而在第二个周期不进行任何点火,让所有气缸完成吸气和压缩冲程。但这么做明显是有问题的,因为做功冲程在时间轴上分布很不均匀,第一个周期有4个,而接下来的第二个周期一个没有。

一个更好的点火方案是在第一个周期中对1#和3#气缸点火,而在第二个周期中对2#和4#气缸点火,这样每个周期就都有两个做功冲程(点火与做功冲程一一对应,详见图3-67)。不过把两个周期连在一起看就会

发现，做功冲程的分布依然不太均匀，1#缸与3#缸点火相距1个周期，而3#缸与2#缸点火相距了2个周期，4#缸与1#缸点火没有间隔是紧接着的。

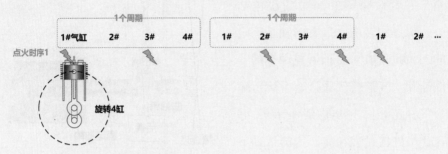

图3-67　旋转4缸发动机的点火时序

穷举之后不难发现，无论如何安排，都不能让点火在时间轴上均匀分布，而这种分布不均会影响发动机运行的平顺性。

但对于一个奇数缸旋转发动机来说，上述困难则完全不存在。只要第一个周期奇数缸点火，而第二个周期偶数缸点火，自然就能满足点火在时间轴上的均匀分布（如图3-68所示，以旋转5缸发动机为例）。

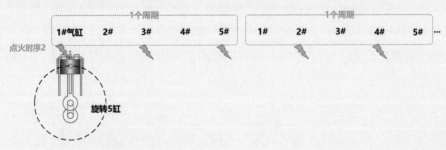

图3-68　旋转5缸发动机的点火时序

因此，为了保证发动机运行平顺，旋转气缸发动机要有奇数个气缸，与V型发动机正相反。

这里需要指出，奇偶数气缸的限制从根本上来源于奥托四冲程循环，对于克拉克二冲程循环（每循环一周点火一次），上述限制就不存在了。

从上述两个问题中可以看出，在工程技术领域，很多事情都是牵一发而动全身的。即使仅仅是曲轴和气缸谁转谁不转这一点变化，就必须对进气、供油、点火和润滑等系统进行重新设计，工作量是巨大的。

塞甘兄弟圆满完成了这一艰巨的任务。

1909 年，"诺姆欧米茄"（Gnome Omega）旋转气缸发动机问世（见图 3-69），它有 7 个气缸，排气量为 8 升，功率为 50 马力，转速为 1200 转 / 分。它的最大优势在于自重控制在了 75 千克，比同排量同马力的安托瓦内特 V8 发动机轻了足足 20 千克，且后者还使用了比较极限的"轻量化"方案。

图 3-69 "诺姆欧米茄"旋转气缸发动机（1909 年）

我们知道，由于每个冲程功能不同，四个冲程中只有一个是用来做功的，因此活塞发动机的做功是"脉冲式"的，尤其在转速不高的情况下，需要一个沉重的惯性飞轮来平滑输出，以免输出轴上的扭矩忽大忽小。而"诺姆欧米茄"发动机不需要这个装置，作为发动机的主要部件，7 个气缸连同里面的活塞和连杆一起就形成了一个巨大的飞轮！这个特性不仅省去了飞轮的额外重量，还使得"诺姆"发动机的运行极其平顺。

**？** 在图 3-69 中我们会发现一个奇怪的地方，它的气缸只有一个由推杆控制的排气门，那么进气门在何处呢？

原来塞甘兄弟将进气门设置在了活塞上。活塞上的进气门是"自动吸气"式的，没有控制机构，它在压力差的作用下打开或者关闭。比如在吸气冲程中，气缸内是负压，因此气门被打开，燃油混合气从曲轴箱流入气缸。而在压缩、做功和排气冲程中，气缸内是正压，进气门就被压下关闭。为

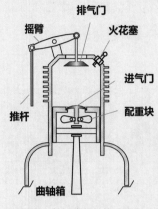

图3-70　气缸内部结构示意图

排气门
摇臂
火花塞
进气门
推杆
配重块
曲轴箱

了让气缸旋转时气门不在离心力作用下被打开，还需要增加配重结构（见图3-70）。

由于出色的功重比和优异的平顺性，"诺姆欧米茄"发动机一经推出马上就得到了市场的认可，不仅用在了法国本土的一些著名机型上，如"布莱里奥11型"飞机、"德珀杜辛1910"（Deperdussin 1910 monoplane）单翼飞机、"纽波特2.G型"（Nieuport II.G）飞机等，还在英国受到了欢迎，皇家飞机制造厂（Royal Aircraft Factory，简称RAF）、布里斯托飞机公司（Bristol Aeroplane Company）、肖特兄弟公司（Short Brothers）和维克斯公司（Vickers）的多款飞机都使用了"诺姆欧米茄"发动机。甚至这款发动机还远销到了荷兰（Van Meel Brikken型飞机）和罗马尼亚（A Vlaicu I和II飞机），并启蒙了当地的飞机制造业。

除了50马力的"诺姆欧米茄"发动机，塞甘兄弟陆续还推出了60马力的"诺姆西格玛"（Gnome Sigma）以及80马力的"诺姆兰布达"（Gnome Lambda）发动机，这两款发动机也是7缸，但单缸容积有所增加，排量分别为9.5升和11.8升。

不过这种增大单缸容积的方法很快达到了上限，为了继续增加动力，塞甘兄弟也使用了安扎尼星型发动机的方法，即将2台50马力的"诺姆欧米茄"发动机合二为一做出了100马力的"诺姆欧米茄-欧米茄"发动机，同理也产生了120马力的"诺姆西格玛-西格玛"发动机和160马力的"诺姆兰布达-兰布达"发动机（见图3-71），可谓殊途同归。

虽说诺姆发动机活塞内设置进气门的方案使得气缸外部变得简洁，但对于维修和更换零件来说，这种做法就不是很友好了，而且一旦进气门被卡住，还有发动机回火（Back Fire）的危险。

图3-71　由德国奥伯鲁塞尔公司仿制的"诺姆兰布达-兰布达"旋转气缸发动机，2排7缸，共14缸

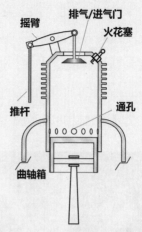

图3-72　单气门设计的诺姆旋转气缸发动机

于是1913年，塞甘兄弟又对诺姆发动机进行了重要改进，这就是单气门设计（Monosoupape）。活塞上的进气门被取消，取而代之的是在气缸壁下部打一圈通孔，当活塞运动到气缸下部露出通孔时，燃料气就从这些通孔进入气缸（见图3-72）。

除了通孔，气缸顶部气门的功能也要做一定调整，要兼具排废气和进新鲜空气两种职能。具体工作过程如下：吸气冲程开始，顶部气门打开，吸入新鲜空气，当活塞行程过半后关闭气门，此时随着活塞继续下行缸内产生负压，当底部通孔露出时，富燃料气从曲轴箱内吸入，吸入的富燃料气与之前吸入的新鲜空气混合达到理想的配比，之后等活塞再次盖住通孔时便开始压缩冲程。

可见在单气门设计中，活塞身兼做功和控制进气二职，这种设计多见于二冲程发动机。

"诺姆单气门"（Gnome Monosoupape）发动机的可靠性大大提升，这使它成为"一战"时最受欢迎的发动机，这种发动机总共制造了约25000台（包括后来收购的罗纳公司 Le Rhône 的发动机型号）。

当然市场永远不缺乏竞争，诺姆发动机带火了旋转气缸发动机技术，一大波跟随者接踵而至。1914年，有多达43种不同品牌不同功率的旋转气缸发动机被制造出来，这其中著名的有克莱热（Clerget）公司和宾利（Bentley）公司的发动机，它们与诺姆发动机最大的不同在于气缸外巨大的进气管（见图3-73和图3-74）。

图3-73 "克莱热9B型"旋转9缸发动机

图3-74 "宾利BR2型"旋转9缸发动机

# 3.9 / 奖金与荣耀，飞机在莱特之后的进步有哪些？

前面说过，莱特兄弟在1908年的欧洲巡演开启了飞机发展的一个10年爆发期。这个最具创造力的10年以"一战"开打为界分成前后两段，它的后半段明显是由战争推动的，而它的前半段则充斥着各式各样的大奖赛。在这些大奖赛的背后涌动着很多商业大亨们的身影，报业大亨是其中最活跃的一拨。

> 戈登·贝内特杯（Gordon Bennett Trophy）是《纽约先驱报》（New York Herald）的老板发起并冠名的国际大赛，英国的《每日邮报》（Daily Mail）赞助了多项赛事，而法国的 Femina 杂志甚至专门为女性准备了耐力飞行比赛。

当比空气重的飞行器翱翔蓝天时，普通人激动于人类长久以来的梦想被实现，而这些报业大亨们则敏锐地抓到了飞行之梦的影响力。

在莱特之前，布莱里奥已经是法国的飞行明星。他本是一位电气工程师，之后进入汽车行业创业并站稳了脚跟，他是当时两个著名厂家雷诺和潘哈德-勒瓦索公司的车前灯供货商。据说在1900年的博览会上，看到阿德尔并不成功的"风神3号"飞机后，布莱里奥产生了造飞机的念头，从此一发不可收。

与莱特兄弟类似，布莱里奥也从滑翔机开始造起，到

1905年，他已经造出了2架滑翔机。动力飞机的研发是在他遇到另外一个颇具才华的工程师加布里埃尔·瓦赞（Gabriel Voisin，1880—1973）后才起步的。1906年两人合作制造了两架动力飞机——"布莱里奥3号"和"布莱里奥4号"（见图3-75和图3-76），可惜这两架飞机都未能起飞，两人于是分道扬镳。这一年年底巴西人桑托斯·杜蒙成为驾机从欧洲起飞的第一人。

图3-75 "布莱里奥3号"（1906年）　　　　图3-76 "布莱里奥4号"（1906年）

不过布莱里奥并没有气馁。1907年，他瞄准了单翼飞机路线并开始了一系列研发。从"布莱里奥5号"开始（见图3-77至图3-80），他对机翼形状、机翼在机身的位置（高中低）、上反角、螺旋桨、机翼翘曲以及副翼控制等诸多基本问题进行了探索。"布莱里奥9号"和"布莱里奥10号"没有完成就被布莱里奥放弃，他最终在2年后的"布莱里奥11型"上获得了成功（见图3-81）。

图3-77 "布莱里奥5号"（1907年）

图3-78 "布莱里奥6号"（1907年）

图3-79 "布莱里奥7号"（1907年），单翼飞机的外形比较接近现代飞机，除了螺旋桨较为原始

图3-80 "布莱里奥8号"（1908年），机翼翼梢下摆的部分是副翼，用来实现滚转

图3-81 "布莱里奥11型"（1909年）

1909年7月25日，布莱里奥成功飞越英吉利海峡，摘得《每日邮报》（*Daily Mail*）大奖，而"布莱里奥11型"飞机也成为一代名机。

实际上，飞越英吉利海峡的34千米在距离上并不算什么纪录，布莱里奥之前就飞出过更远的42千米。但这条海峡所代表的意义在欧洲人心中非同一般，尤其对于英国人而言，曾经英吉利海峡就是天险，它让英伦三岛与欧洲大陆保持着舒适的安全距离，但如今在飞机面前这道天然的地理屏障不复存在。

面对法国人的捷足先登，英国人在一年后做出了回应。

1910年6月2日，英国贵族查尔斯·罗尔斯（Charles Rolls, 1877—1910）驾驶着飞机从英国这边起飞，跨越海峡后他并未落地，而是掉头成功返回，飞行时间共95分钟。这位劳斯莱斯汽车公司的创始人是位资深的航空迷，他是英国第二位获得飞机驾驶执照的人，而在这之前，他乘坐气球进行过100多次升空。不幸的是，一个月后罗尔斯的飞机在伯恩茅斯的一场大赛上坠毁，他便成了英国第一位飞机空难遇难者。对"人类首次实现来回飞越英吉利海峡"的壮举，英国媒体大肆宣传，将罗尔斯捧为民族英雄（见图3-82）。

图3-82 罗尔斯准备出发飞越英吉利海峡，注意他身后的螺旋桨传动链条，这是莱特飞机的一个标志性特征

不过此时英法之间在航空领域上的差距绝非一两次"壮举"就可以拉平。一个最令英国人尴尬的事实就是英国人没有自己的飞机——罗尔斯驾驶的飞机是肖特公司获得授权制造的莱特飞机。

这种差距可以在飞越海峡之后的境遇上看出来——英国人只收获了赞誉，法国人这边则是订单纷至沓来。为了应付生产，布莱里奥此后很少参加大赛，专心做起实业家。三年后，布莱里奥飞机公司收购了德珀杜辛公司，成立了斯帕德公司（SPAD, Société Pour L'Aviation et ses Dérivés），"一战"中产量最大的SPAD S.XIII战斗机就出自这家公司之手。

而在"一战"前，布莱里奥的量产飞机成就了不少人的飞行梦。

1910年9月23日，法国出生的秘鲁人豪尔赫·查韦斯（Jorge Chávez，1887—1910）驾驶着"布莱里奥11型"飞机成功飞越了阿尔卑斯山（见图3-83）。不幸的是，驾驶员查韦斯却没能享受到成功的喜悦，在到达目的地准备降落时，他的飞机从10米高的空中坠落，4天后查韦斯不幸去世。

同年12月21日，在法国波城（Pau）的赛场上，法国人乔治·勒加涅克斯（Georges Legagneux，1882—1914）驾驶着"布莱里奥11型"飞机创造了新的飞行距离纪录（见图3-84）。他持续飞行了近6小时，航程达到了515.9千米。在这架飞机上，安扎尼25马力的3缸扇形发动机被更大马力的诺姆旋转气缸发动机代替，后者有7个气缸，功率为50马力。

图3-83 查韦斯

图3-84 勒加涅克斯

1911年4月12日，布莱里奥飞行学校的教练皮埃尔·普里尔（Pierre Prier，1886—1950）用时近4小时飞行了400多千米，实现了伦敦到巴黎的首次不间断飞行。他驾驶的也是"布莱里奥11型"飞机，发动机也是诺姆旋转气缸发动机。虽说距离并不如之前勒加涅克斯的长，但这是在更大的地理环境中飞出来的，比赛场上转圈更能反映飞机的实用性和可靠性。

仅仅过了两年，法国人尤金·吉尔伯特（Eugene Gilbert，1889—1918）就将普里尔的纪录翻了一倍。1913年4月24日，他驾驶着飞机从巴黎南郊起飞穿越大半个法国一直飞到了西班牙，距离为826千米，飞行时间长达8小时23分钟。他的座驾是"莫拉纳-索尔尼埃G型"（Morane-Saulnier G）飞机，配备了罗纳旋转7缸发动机，功率为60马力。

不过这一年更具里程碑意义的航程是罗兰·加洛斯（Roland Garros，1888—1918）的首次飞越地中海。他从法国南部起飞，在北非的突尼斯降落，用时7小时53分钟，航程为729千米。他的座驾也是一架"莫拉纳-索尔尼埃G型"飞机，不过发动机是诺姆旋转7缸发动机，功率为80马力。

不到半年后，德国人卡尔·英戈尔德（Karl Ingold，1880—1956）又将前面两位的纪录翻了一番多。1914年2月7日早上7点35分，他从米尔豪森（Mühlhausen）起飞，晚上11点55分才降落到慕尼黑，飞行时间16小时20分，航程为1700千米。他驾驶的是阿维亚蒂克（Aviatik）双翼飞机，配备了梅赛德斯直列6缸发动机（见图3-85）。

图3-85 阿维亚蒂克双翼飞机（Aviatik B.I）

几个月后，他的同胞维尔纳·兰德曼（Werner Landmann）甚至打破了他这项已经很夸张的耐力飞行纪录。兰德曼的成绩是21小时49分，航程约为1900千米。他驾驶的"信天翁"双翼飞机同样配有梅赛德斯直列6缸发动机，功率达到了100马力（见图3-86）。

德国人在航空领域的迎头赶上已经是有目共睹。

面对荣誉和奖金，不少工程师也忍不住"下海"参加大赛。

1911年5月21日，前诺姆公司的机械师儒勤·韦德里纳（Jules Védrines，1881—1919）参加了巴黎—马德里拉力赛。他驾驶莫拉纳-博雷尔（Morane-Borel）单翼飞机，其发动机就是老东家最著名的"诺姆欧米茄"旋转气缸发动机，不过是70马力版本的（见图3-87）。

图3-86 "信天翁"双翼飞机，螺旋桨后方像犀牛角一样的装置是排气管

图3-87　莫拉纳-博雷尔单翼飞机

　　这场由著名报纸《小巴黎人报》（*Le Petit Parisien*）举办的赛事盛况空前，现场聚集了约30万观众。不过这场赛事开局不利，开幕式当天，一架飞机出现机械故障冲向观众，在慌乱中法国战争部部长不幸被飞机砸中后去世，这是当时因空难丧生的最高级别的领导人。

　　虽然开幕式发生了事故，但1911年5月25日比赛照常进行。赛程分3

图3-88　韦德里纳

段，分别为400千米、353千米和462千米，总长度为1215千米。韦德里纳是唯一一个完成比赛的，毫无争议地获得3万法郎奖金，还被西班牙国王授予了勋章。他的总成绩是37小时30分钟，在空中的飞行时间为12小时18分钟，平均飞行速度距离100千米/时只差毫厘。

　　一年后，韦德里纳（见图3-88）驾驶着德珀杜辛专为比赛设计的单翼飞机，第一次达到了 100 英里（约 161 千米）的时速。这架飞机上安装的是最新的"诺姆兰布达-兰布达"旋转 14 缸发动机，功率为 140 马力。

幸运地熬过"一战"后，这位航空老兵再出奇迹。

1919 年 1 月 19 日，韦德里纳将一架飞机降落在了巴黎老佛爷百货大楼的楼顶，赢得了商场悬赏的 2 万 5 千法郎的奖金。这座百货大楼的楼顶尺寸只有 28 米长 12 米宽，长度不够飞机减速，因此降落最后阶段飞机几乎是以失速状态跌落的，万幸的是，最终机毁但人没事。

韦德里纳并非莽夫，为了完成这一挑战，他对飞机进行了比选，最终选择了"高德龙 G.3 型"飞机（Caudron G.3），因为这种飞机速度不快，但操控性好，制动更加优良，可以在短跑道上降落。飞机的发动机是罗纳公司的旋转 9 缸 80 马力发动机，而罗纳公司在"一战"前就与著名的诺姆公司完成了合并。

不过 3 个月后，韦德里纳的好运气就用光了。在飞往罗马的途中，他遇到了发动机故障，迫降失败后不幸遇难。

"一战"前另外一个长距离飞行的著名案例发生在美国。

> 1910 年，美国报业大亨威廉·伦道夫·赫斯特（William Randolph Hearst，1863—1951）提出一个悬赏：凡在 30 天内驾驶飞机从美国东海岸飞到西海岸的人将获得 5 万美元奖金，反方向飞也行，悬赏有效期一年。考虑到当时飞机的实际性能，中途允许飞行员多次降落、补给和维修。

当时一辆福特 T 型轿车的售价大概是 600 美元，5 万美元不啻为一笔巨款。奖金虽高，但挑战难度也不低。作为参考，纽约到洛杉矶的直线距离大约是 4000 千米，以当时飞机的平均速度 80 千米/时估算，需要 50 小时的总飞行时长。这样一算，30 天的时间看似十分富裕，其实不然。

因为当时最好的飞机续航也只有4～5小时，这还是在赛场环境下实现的。而且由于当时的材料和制造工艺的问题，飞完4～5小时之后，飞机不得不进行检修。即使在最理想的情况下（每天都能飞），飞完4000千米也需要10天打底，剩下的20天必须预留给绕远路或者因为天气原因无法起飞的情况，而这几乎是不可避免的。因此当时人们普遍认为这是一个不可能完成的挑战，甚至连莱特兄弟对自己的飞机能否飞完全程都没有信心。

1911年，当悬赏马上就要过期时，美国人卡尔布雷思·P. 罗杰斯（Calbraith P. Rodgers，1879—1912）接受了挑战。他曾在莱特兄弟创办的飞行学校学习，而他的老师就是奥维尔·莱特。

对于这次长距离飞行的困难，罗杰斯是有充分准备的。他购买了莱特公司最新的"莱特EX型"飞机，"EX"是实验性的意思（见图3-89）。这个型号的飞机由"莱特B型"改造而成，双翼结构，翼展为9.6米，配有35马力水冷直列4缸发动机。它依然搭配莱特经典的后置双螺旋桨，并使用链条传动。

罗杰斯拉来了一家食品公司的赞助，他的飞机被冠名为"Vin Fiz"，取自食品公司的新款葡萄味软饮料。

图3-89 罗杰斯驾驶"莱特EX型"飞机

在路线选择上，由于当时缺乏有效的飞行导航手段，罗杰斯准备沿铁轨飞行，这样虽然绕远但是不会迷路。同时食品公司还专门提供了一小列挂有 3 节车厢的火车随他而行，三节车厢分别作为起居室、餐厅和库房使用。库房中有各种应急物资和备用零件，还有一部修理车，万一飞机迫降在离铁轨较远的地方，机械师可以开车前去抢修。而他雇用的机械师之一就是最初帮奥维尔·莱特制造发动机的泰勒，对于莱特飞机而言没人敢说比泰勒更熟悉。

1911 年 9 月 17 日，罗杰斯从纽约长岛起飞开启了这次征程。

罗杰斯本以为自己的准备万无一失，但才过了一天他就被来了个下马威。在第二天起飞时他撞坏了飞机，且损坏程度严重，此次大修一下子就花去了 3 天时间。而这次大修并没有一劳永逸地解决问题，此后各种故障和事故接连不断。而他以为不可能出错的"沿着铁轨飞行"的导航方案也遇到了问题——当多条路线交汇时，由于能见度或者判断失误，他经常选错了铁轨。

就这样一路跌跌撞撞地飞到必停之站芝加哥时，已经是 10 月 9 日了。芝加哥与纽约的铁路距离不超过 1500 千米，也就是说他花了 22 天才完成了不到三分之一的路程，赢得大奖已然无望。但罗杰斯决定不管有没有奖金，他都要继续前进。

这种执着为他赢来了声誉。与赛场上的失败者无人问津不同，此后罗杰斯所到之处，围观的人群都是有增无减。

11 月 5 日，罗杰斯终于抵达加州的帕萨迪纳（Pasadena），此时他已经逾期 19 天。在这 49 天的征程中，他的总飞行时间只有 82 小时多一点，总飞行距离由于过多的迫降和导航错误并没有准确记录，估计在 5100 千米到 6900 千米之间。

在这 49 天的旅程中，罗杰斯经历了令人生畏的十多次导致迫降的事故，其中 5 次导致飞机损坏严重需要大修，还有 2 次发动机爆炸的严重事

图3-90 罗杰斯横穿北美之旅的某次事故现场

故（见图3-90）。他在纽约起飞时驾驶的莱特飞机除了一片尾舵、一根支柱和一个集油盘，其他的部件全都换了个遍，俨然空中版的"忒修斯之船"。

几个月后，罗杰斯在加州长滩的一场飞行表演中坠机去世，他的墓碑上刻着这样一行字："我坚持了。我征服了。"（I endure. I conquer.）

美国人将罗杰斯封为"飞越大洲的第一人"，并将他的名字写入了美国航空名人堂。

除了从上述诸多故事中感受人类飞行的壮举，我们还应注意到长距离与耐力飞行并非只是用来创造纪录和英雄，它也是飞机可靠性最好的检验方式，尤其是对于飞机的动力之心而言。一个耐人寻味的数据是，在"一战"前的这段时间里，诺姆发动机公司曾自豪地标榜自己的发动机是第一个达到10小时大修间隔的发动机。10小时这个今天看来颇令人担忧的数据竟然是当时航空发动机制造商骄傲的资本。今天大客机用喷气式发动机大修间隔可达数千小时，而且它的复杂程度远超当时。

也许唯有回顾历史，我们才能真正感受到时代的进步。

## 3.10 增推减阻，飞机是如何刷新速度纪录的?

创造一个飞行距离纪录涉及诸多复杂因素，除了飞机结构和发动机的可靠性，导航、天气、飞行员的经验，甚至运气都可能是决定成败的关键。与此相对，创造飞行速度纪录时的情况就要明晰得多，它基本上由飞机的性能决定。

1903 年 12 月 17 日，在莱特兄弟的三次试飞中，"飞行者 1 号"最长飞行了 59 秒，260 米远，可以计算出飞机对地的速度约为 18 千米/时。由于是顶风飞行，加上当时 30 千米/时的风速后，可以得到"飞行者 1 号"的空速（飞机相对于空气的速度）为 48 千米/时。这就是人类第一架动力飞机的速度纪录，它是借助一台 12 马力的水冷直列 4 缸发动机实现的。

两年后，"飞行者 3 号"的最大速度增加到了约 59 千米/时，其速度的提升主要借由发动机的功率提升得到（"飞行者 3 号"发动机的输出功率为 20 马力），因为除了升降舵和方向舵的面积，它的机翼与机身结构与"飞行者 1 号"几乎一样。

1906 年，欧洲第一架动力飞机才姗姗起飞。尽管配置了 50 马力的安托瓦内特 V8 发动机，但由于不符合空气动力学的外形，桑托斯·杜蒙的"14-bis 号"的速度只有 41 千米/时多一点。

一年后，配置同样发动机的"瓦赞-法曼 1 型"飞机创造了新的欧洲速度纪录——52.7 千米/时，不过这个成绩依

然不如两年前的"飞行者3号"。而此时"莱特A型"飞机已经在25马力的功率下实现了64千米/时的空速。

1909年8月28日，在法国兰斯航展上，欧洲人终于赶超了美国人。尽管在20千米的项目上惜败给了柯蒂斯，但布莱里奥赢得了一项速度纪录——76.95千米/时。他驾驶的是"布莱里奥12型"飞机，配备了一台60马力的E.N.V.水冷V8发动机。

一年之后的10月29日，布莱里奥飞行学校的第一位毕业生阿尔弗雷德·勒布朗（Alfred Leblanc，1869—1921）在纽约举办的国际飞行大赛上再创纪录，时速突破100千米大关（见图3-91）。他驾驶的是当时的畅销机"布莱里奥11型"飞机，此次能拿下里程碑式的殊荣，飞机上搭配的诺姆旋转气缸发动机功不可没。

图3-91 坐在飞机驾驶舱中的勒布朗（跟他握手的是石油大亨多伊奇，他创立了以他名字命名的飞行大奖）

此后法国人在航空业上的大力投入结出了硕果。除了已经名声在外的布莱里奥，一批新的飞机制造公司也成立并成长起来，包括德珀杜辛、纽波特、莫拉纳-索尼尔埃等公司。在这些公司的共同努力下，法国在航空领域保持了大幅领先。

1911年，纽波特飞机公司的创始人爱德华·纽波特（Édouard Nieuport，1875—1911）在法国Mourmelon打破了同胞勒布朗创造的速度纪录，他的成绩为119.63千米/时。他驾驶的是"纽波特2型"飞机，配备了一台自己设计的仅有28马力的双缸水平对置发动机（见图3-92）。考虑到对手配置的都是50马力以上的发动机，这个成绩可以说相当惊艳了。

纽波特飞机成功的秘密在于其先进的设计理念。与当时的飞机大量使

用支柱和张线不同，纽波特
强调飞机外观的"整洁"。
"纽波特2型"飞机的机身
下部只有两个简单的"V"
形支架用于固定起落架，机
身上部只用4根很短的支柱
组成一个金字塔形结构，从
上可引出加强机翼用的张
线。其中固定张线仅仅用了
上下各一根，另外一根是活

图3-92 "纽波特2型"飞机及其配置的双缸水平对置
发动机（法国布尔歇航空博物馆）

动的，用于实现机翼翘曲。机舱也不再是镂空的，全部覆盖上了蒙皮，油
箱、各种机械结构以及飞行员的身体都处于机舱内，只有飞行员的脑袋露
出舱外。

纽波特的"整洁"风格并非单纯是审美上的，更是空气动力学上
的——减少露出的支柱和张线可以有效降低风阻，而这个结论的依据来自
当时埃菲尔在巴黎创立的风洞实验室。

"纽波特2型"飞机非常轻巧，空重仅有240千克。作为对比，"莱特B
型"飞机（见图3-93）的空重约是363千克，比前者重了50%，同时它的

双翼结构使用了大量的支柱
和张线，这产生了大量的风
阻，因此即使配备了与纽波
特差不多马力的发动机（30
马力），其最高航速却只有
68千米/时。

当然，纽波特也没有忽
视动力之心的重要性。一个

图3-93 "莱特B型"飞机（1910年首飞）

多月后，他换用了70马力的诺姆旋转7缸发动机，将自己的速度纪录提高到了133.126千米/时。

追求速度是飞机发展的一种趋势，而在纽波特飞机身上我们看到了实现高速的两种途径，简单概括就是"增推减阻"。"增推"就是增大推力，这需要增加发动机的功率，而"减阻"就是减小飞机的空气阻力系数，这需要对机翼和机身结构进行空气动力学设计。

纽波特主要是在"减阻"这条路上下足了功夫，另一位后起之秀路易斯·贝切罗（Louis Béchereau，1880—1970）追随了他的脚步并且走得更远。

> 1912年，德珀杜辛公司年仅32岁的总工程师贝切罗对机身结构做了一次大胆革新。当时的机身大部分是镂空的，类似一个用木制框架搭成的方形盒子。前面写到的纽波特也没有对机身部分做什么大改动，只是将木框架蒙皮，改善了机身的阻力。

飞机用的蒙皮是帆布类的纺织物，贝切罗注意到这些柔软的织物除了能承受一点拉力，对压力和剪切力毫无抵抗，后两者都是由木制"骨架"承受的。这样看来，机身蒙皮仅仅是为改善一点机身阻力而存在，这在寸土寸金的飞行器上过于奢侈。

贝切罗决定抛弃这种"骨"和"皮"的区分，将机身做成一个硬壳式结构，就像独木舟一样（见图3-94）。这个硬壳机身作为一个整体承受所有拉力、压力和剪切力，可以比木头框架加上织物蒙皮更加坚固耐用。

图3-94 德珀杜辛工厂的一位工人单手将硬壳机身举过头顶（1912年）

贝切罗设计的机身横截面为圆形，从头部向尾部逐渐变细，像一发子弹，有着非常好的流线型外观。

他的制造方案如下：首先将机身分成两半，用木头做一个临时的机身模具，将郁金香木制成的木条压弯贴合在模具上，并用胶黏合，这样形成第一层，然后第二层木条与第一层木条交叉放置，并用胶粘牢，第三层如法炮制，胶干透后，安装座椅和发动机等设备的固定件。机身两半都造好后合并成一体，然后用织物覆盖全身，刷上涂层，最后打磨光滑。

不过这种硬壳式机身并非贝切罗首创，他的灵感很可能来自另外一位瑞士工程师尤金·鲁孔内（Eugène Ruchonnet，1877—1912）。鲁孔内进入航空领域之前是一位造船匠，1911 年他将船壳的一种建造方法引入了飞机，他自己制造的飞机被当地人戏称为"鲁孔内的雪茄"。可惜的是，他在 1912 年初的一次飞行中因飞机坠毁身亡。

硬壳飞机一出场就成了明星。

1912 年 2 月 22 日，在德珀杜辛硬壳式飞机与 140 马力旋转 14 缸诺姆发动机的双料加持下（见图 3-95），韦德里纳成为第一位驾驶飞机时速超过 100 英里（约 161 千米）的人，将其他选手甩开了一大截。而后一整年便成了他的"挑战自己"之年。

三月份在法国波城，韦德里纳将自己的时速纪录提高到了 167 千米，而 7 月份则超过了 170 千米。

在这年最重要的戈登·贝内特杯（Gordon Bennett Trophy）上，韦德里纳毫无悬念捧杯成功，而且顺带创下了新的速度纪录 173 千米 / 时。大马力发动机的作用立竿见影。

值得一提的是，第二名他的同胞莫里斯·普雷沃斯特（Maurice Prévost，1887—1952）驾驶的也是德珀杜辛硬壳式飞机，但他使用的发动机是 100 马力的诺姆发动机，从动力上已经分出了高下。

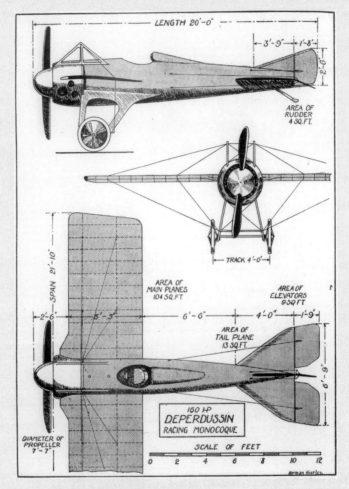

图3-95 德珀杜辛硬壳式飞机（Deperdussin Monocoque 1912）主要尺寸（图中单位为英尺）

　　不过第二年，借助更大功率的诺姆160马力发动机，普雷沃斯特实现了反超。1913年6月17日，普雷沃斯特飞出了179.82千米的时速。

　　在这一年的戈登·贝内特杯上，美国人甚至派不出一架可以一决雌雄的飞机，因此没来参赛，实际上别的国家也拿不出来，于是这届杯赛成为法国人的德比大战。

　　1913年9月29日，普雷沃斯特突破了200千米时速大关，并在随后的比赛中两次刷新自己创造的纪录，最终捧得桂冠，他的最高速度为203.8

千米/时。韦德里纳获得第二名，第三名还是一位法国人（见图3-96）。

图3-96 德珀杜辛飞机与其飞行员合影，右边第一位是普雷沃斯特，右边第二位是韦德里纳

悲剧的是，虽然硬壳式飞机连续两年大放异彩，但公司创始人德珀杜辛在1913年被捕入狱，原因是伪造票据和挪用资金，尽管他辩解说自己是为了发展法国航空业，但法官显然并不这么认为。

幸运的是，他的公司被布莱里奥收购。于是另一家伟大的公司诞生了，这就是斯帕德公司。而在马上就要爆发的第一次世界大战中，法国和他的盟友以及他的敌人都将深深记住这个名字。

# 3.11 从辅助到主力，"一战"中飞机是如何成长为战场中"第三军"的？

第一次世界大战之前关于飞机在战争中可能起到的作用存在着两极分化的观点。

> 著名作家和政治家赫伯特·乔治·威尔斯（Herbert George Wells，1866—1946）在1908年的科幻小说《空中战争》（*The War in the Air*）中将飞机描述为极为强大的武器，并预言了一场世界大战。在这场世界级大混战之后，文明崩溃，社会倒退，最终人类回到了中世纪时的生活状态。

这种"飞机威胁论"并非仅停留在虚构领域。在1911年的马德里会议上，国际法学会（Institute of International Law）提出了禁止将飞机作为进攻型武器的条款。对于飞机可能给人类文明带来的灾难甚至毁灭，一位法学家忧心忡忡："对于科学进步实现了人类航空这件事，我感到非常遗憾。"

这种观点并不新鲜，它是科技进步总是被用于人类战争观点的一个具象。如果这位法学家看到铁路和轮船在战争中的作用，那么他会在一个世纪前对蒸汽机车和蒸汽轮船抱有同样的"遗憾"，火药的发明就更不用说了。

反而是一些军事专家秉持"飞机无用论"的观点。

1910年8月，在看完了一场飞行表演后，当时还是准将的法国元帅费迪南德·福煦（Ferdinand Foch, 1851—1929）评论道："这是一种很好的运动，但对于陆军，飞机毫无价值。"

后来"一战"中的英国远征军总司令道格拉斯·黑格（Douglas Haig, 1861—1928）在1914年还不忘在军校提醒年轻军官："我希望你们不要愚蠢地指望飞机在空中侦察中派上什么大用。指挥官获得战场情报只有一条途径，那就是骑兵。"

不过在"一战"爆发后的第一个月中，飞机就证明了自己的价值。

首先是东线的第一场大战——坦能堡战役。依照"施里芬计划"，战争开始阶段德国在东线采取守势，因此部署的兵力十分薄弱，然而俄国的动员速度却大大超出了德国人的预料。1914年8月17日，在宣战仅仅过去16天后，俄国两个集团军就以2倍的兵力向东线的德军展开了进攻。尽管这一出其不意的行动让德军一开始乱了阵脚，但在德国飞行员的帮助下（见图3-97和图3-98），德军指挥部发现了俄军两个集团军协同不佳，两军之间存在一个"空当"。同时德军还截获了俄军指挥部的电报，证实了北面的俄第1集团军确实行动不积极。于是德军指挥部制定了一个大胆的决策——集中兵力攻其一路，他们只派少量部队牵制俄第1集团军，而集中精锐对付南面的俄第2集团军。

图3-97　这个外形像鸟一样的飞机就是德国的"鸽式"（Taube）侦察机，它的性能并不强大，航程约为140千米，时速仅有约100千米。但即使如此，在远程侦察方面飞机还是比黑格推崇的骑兵队高效得多

图3-98　德国双翼"信天翁"（Albatros）侦察机，性能比"鸽式"略好，时速为120千米，航程约为500千米

在战术上，德军采用了击溃两翼再合围中央的战法，这场胜利被后世誉为坎尼会战的经典重现。

德军之所以能在坦能堡战役中以少胜多取得胜利，除了将领的出色指挥，新兵种空军的作用不可忽视。在这场战役中，德国陆军配有4个野战飞行分队和4个要塞飞行中队，共48架飞机，另外还有3艘飞艇可供调用。他们圆满地履行了各自的侦察任务，从俄军离开波兰后就一直监视其动向，再没有给俄国人出其不意的机会。兴登堡元帅事后对空军大加赞赏："没有空军，就没有坦能堡！"

反观俄军这边对于战场情报的获取就要逊色许多，虽然飞机数量并不少，却不会用。被俘的一名俄军指挥官后来回忆说："我当时没有派出飞机是为了留给更重要的时刻使用。"显然他没能坚持到那个"更重要的时刻"到来。

而在西线上，飞机同样立下奇功。

"一战"伊始，德军依照"施里芬计划"在西线投入百万重兵，"借道"防务虚弱的中立国比利时、卢森堡和荷兰从后面包抄法军主力，以求速战速决。不过比利时人进行了顽强的抵抗，为法军和英国远征军的布防争取到了时间。

1914年8月23日，在比利时蒙斯战役中，英国皇家飞行队在空中侦察到了德军的强大兵力，而之前英法的军事专家都认为德国不可能将这么多部队在这么短的时间内调到前线。更重要的是，飞行员还洞察到了德军对于英国远征军的包围态势，同时法国友军顶不住压力正在全面撤退。危急之际，英军指挥官立即组织撤退避免了被围歼的命运。之后，法军和英军又继续快速撤退到马恩河南，将首都巴黎暴露在了敌军的剑锋之下。

法军和英军指挥官当时应该是急于保住有生力量，但事后诸葛亮的话却是他们"成功地将德军带入一个陷阱"。而紧接着发生的"马恩河奇迹"其实也与德军的失误有关。德军右翼指挥官没有直取巴黎，而是去追逐撤退的法军，更改了预定的从巴黎西边迂回包抄的路线，选择走巴黎东边的近路。

德军的这个重要"转向"被英国和法国空军同时侦察到。值得一提的是，飞机设计师、直升机先驱法国人路易斯·查尔斯·布雷盖（Louis Charles Breguet，1880—1955）自告奋勇执行了这次侦察任务。同时巴黎城内热火朝天，法军主帅马上动用发达的铁路网甚至全城的出租车集结了一支新的集团军。这支新军从背后捅了德军一刀。而为了抵住背后这一刀，德军殿后部队不得不掉头，这又使得德军两个集团军中间出现了一个缺口。此时英国远征军终于发挥了作用，他们摸到了这个缺口处。

德军飞行员也出色地履行了自己的职责，侦察到了英军这一动向，为了避免被分割包围的命运，这一次德军选择了撤退。至此，德国在西线速战速决的计划彻底破灭。

在马恩河战役中，空中侦察对于指挥决策的制定至关重要（见图3-99至图3-101）。对于英国皇家飞行队提供的关于德军右翼主力准确动向的情报，法国主帅霞飞给予了充分肯定，认为这是他做出反击计划的关键依据。而前面提到的福煦和黑格也都在实战中改变了"飞机无用论"的观点。黑格斥责某些炮兵军官忽视空中侦察的作用，像维多利亚时代来的

图3-99 英国皇家飞行队的一位飞行员演示 B.E.2c侦察机上的固定式照相机（1916年）

图3-100 英国皇家飞行队的一位飞行员演示 在后座使用手持式照相机

人。福煦更是指出"空中的胜利是地面胜利的前提"。两位名将最终没有辜负盛名。

我们经常要求指挥官要胸怀战场全局，而空中侦察则给了这种全局观一个最好的物理实现方式。

接下来随着第一次世界大战的展开，飞机也围绕着"侦察"开始了进化。

令人惊讶的是，虽然战壕中双方剑拔弩张，但飞行员中的文化却是充满骑士作风的。侦察机在空中相遇后，两方驾驶员分别点头示意，然后各自离去。

图3-101 一战中炮兵观察炮弹落点的方式

但是随着战争的升级，敌意也在升级，空中的友好问候亦不复存在。驾驶员开始掏出配枪"问候"对方，只是这种方式几乎没什么效果，因为在驾驶飞机的同时瞄准射击非常困难，颇需要骑兵骑射时的那般技巧。此时，一架敌机并不比一只鸟更危险。

由于缺乏合适的武器，第一次世界大战初期俄国飞行员彼得·涅斯捷罗夫（Pyotr Nesterov）在拦截奥匈帝国的侦察机时，使用手枪射击无果，最终采取了同归于尽的方式，驾机撞向敌机。他自己包括敌机的驾驶员和观察员三人全部死亡，堪称悲壮。

英国皇家飞行中队最早尝试将机枪装在飞机上，以进行空对空搏斗，但是这却极大影响了飞机的爬升性能。1914年8月22日，英军一架加装路易斯机枪的法曼型飞机拦截德军一架信天翁侦察机，爬升1000英尺（约305米）的高度竟然用了半小时！这次不成功的行动让飞行队卸下了机枪，飞机上的武器又换回了步枪。

不过人们马上意识到，更有效的空战武器还是机枪。

在拥有三个自由度的空中，合适的攻击时间窗口通常以秒计算，因此能高速连续发射子弹的机枪比步枪击中敌机的概率要大得多，且当时7.7毫米机枪子弹对于"木质结构＋帆布蒙皮"的飞机足以致命。

随着航空发动机技术的飞速进步，机枪的重量可以用更大功率的发动机解决，不过还有一个问题，那就是机枪的安装位置。

对于莱特那种后置螺旋桨的飞机来说，这不算大问题。比如英国皇家飞行队使用的维克斯"F.B.5型"飞机就是后置螺旋桨飞机。这种飞机有两个座位，驾驶员坐在观察员后面，这样做的本来目的是为观察员提供更好的视野，方便空中侦察。但现在只要在机头上固定一挺机枪，观察员就能兼具炮手职能。于是第一架战斗机就诞生了（见图3-102）。

图3-102　维克斯"炮车"飞机（Vickers F.B.5 Gunbus），第一种为了空战目的制造的飞机

后置螺旋桨飞机也被形象地称为推进式螺旋桨飞机（Pusher），莱特兄弟的"飞行者1号"就是一架双翼推进式螺旋桨飞机。到"一战"开打前，飞机制造者们在各种各样的大赛实践中已经发现了后置螺旋桨方案的缺点，那就是相比前置螺旋桨方案（或称牵拉式，Tractor）它的速度不行。

造成这种劣势的主要原因在于，前置螺旋桨位于飞机最前端，无遮无拦，螺旋桨接受的空气来流是平顺的、无干扰的。而后置螺旋桨则在机身和机翼产生的尾流之中工作，这种尾流中湍流的成分较高，因此它的效率比前置螺旋桨要差不少。实验结果表明，两种设置方案的效率最多可相差

十几个百分点。有效功率的损失导致后置螺旋桨飞机在平飞速度和爬升率这两个关键指标上都落后于同马力的前置螺旋桨飞机。所以在"一战"开战前各个国家各种用途的飞机中,后置螺旋桨飞机都属小众。

显然,一个追不上敌机的飞机空有很好的射击角度是没有意义的。前面提到的后置螺旋桨的维克斯"炮车"虽然最早投入战场具有先发优势,但其战绩并不理想。于是,将机枪装在性能更好的前置螺旋桨飞机上成为一个必然选择。

对于双座前置螺旋桨飞机来说,可以在观察员/炮手的位置设置机枪,避开螺旋桨的遮挡(见图3-103)。不过此处的机枪由于只能向侧方或者后方开火,更多属于"防守"性质,在主动追击敌机时,这种机枪位设置就很难发挥作用。

而对于单座飞机来说,飞行员兼炮手,如何在进行瞄准射击的同时不干扰飞机驾驶就成为首要问题。

图3-103 在观察员位置上设置机枪的双座飞机

唯一的问题是，如何让子弹避开高速旋转的螺旋桨叶片？

一个自然的想法是，将机枪朝前固定在机头上，飞行员对准敌机冲过去的同时就完成了瞄准。

法国人加洛斯，这位"一战"前的大奖赛选手、首次飞越地中海的人想出了一个简单粗暴的方案。他认为螺旋桨的叶片很窄，遮挡枪口的概率很低，因此没有对机枪做任何改动，而是跟机械师朱尔斯·休伊（Jules Hue）一起，在自己座驾的螺旋桨上设置了一个子弹偏折器（Deflactor）。

加洛斯的子弹偏折器是一个钢制的楔子，两侧有滑槽。它固定在螺旋桨根部附近，楔子尖端对准机枪口，那些没有躲开螺旋桨桨叶的子弹就会被弹开，并从两侧导走，保证了螺旋桨不被打坏，以及飞行员不会被跳弹误伤（见图3-104和图3-105）。

图3-104　安装在螺旋桨叶片上的子弹偏折器

图3-105　加洛斯坐在装有子弹偏折器的"莫拉纳-索尔尼埃L型"（Morane-Saulnier L）飞机上，机头固定的是一挺气冷式霍奇基斯机枪（Hotchkiss），使用8毫米子弹（1915年）

由于使得"枪机合一"，这个结构异常简单的新发明马上就展现出了威力。

1915年4月1日，加洛斯旗开得胜，击落一架双座德国飞机。此后仅仅两周多时间里，他又两添战功。可惜常在河边走哪能不湿鞋。4月18日，当他飞越战线后被德军地面炮火击中，迫降在了敌方阵地。加洛斯选择了烧毁座机保守秘密，但可惜火烧得不够彻底，他的带有子弹偏折器的螺旋桨还是被德国人截获了。

如获至宝的德国空军找来本国航空工业界的各路专家研究仿造法国人的小装置，其中一位就是荷兰天才飞机设计师安东尼·福克（Anthony Fokker，1890—1939）。据说从未用过机枪的福克看过这个装置后，带领手下团队立刻开工，他们不是仿造，而是开发出了一套更好的螺旋桨机枪同步系统（Synchronization Gear），更神的是开发时间只用了48小时！

螺旋桨机枪同步系统又称射击协调器，它的功能是只允许在螺旋桨没有挡住枪口的空当时间开火。要实现这个功能，最关键的一步是判断某一时刻螺旋桨的位置。

为了获得螺旋桨的位置信息，福克在螺旋桨桨轴上固定了一个凸轮，这个凸轮突起的部分处于螺旋桨桨叶的空当处。然后他在凸轮的上方设置了一根紧贴凸轮的顶杆。我们假设机枪在螺旋桨的正上方。那么当螺旋桨竖过来挡住枪口的时候，凸轮在两侧，顶杆停在原位，而当螺旋桨横过来的时候，凸轮就会顶起顶杆。这样，顶杆的向上移动就传达了螺旋桨处于"安全位置"的信息。

然后便是将这个信息传递给机枪，并触发执行机构扣动扳机。

大体过程如下：将顶杆经过一个"L形"构件将上下运动转换为水平运动。水平顶杆头可以提起或者放平，它的控制线连接到飞机操纵杆的开火按钮上。当开火按钮按下时，顶杆头放平，整个水平顶杆就与机枪扳机滑块挤住，此时顶杆的水平往复运动就会推动滑块触发机枪扳机，而当松开开火按钮时，水平顶杆头抬起，顶杆与扳机滑块失去耦合，这样就不会触发机枪扳机（见图3-106和图3-107）。

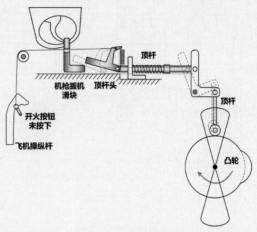

图3-106　福克的射击协调器原理图（开火按钮未按下）

可见，当飞行员按下开火按钮时，机枪的扳机其实是由螺旋桨"自己"扣动的，因此无论发动机在开火过程中转速是否有变化，只要凸轮不松动，扳机便只会在"安全位置"触发。

与加洛斯的方案相比，福克的射击协调器不会让子弹偏折，不仅严格保护了螺旋桨，还节约了弹药，而且全部系统只使用了简单的几个机械结构组合而成，堪称精妙。

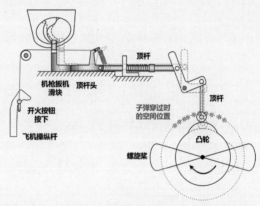

图3-107　福克的射击协调器原理图（开火按钮按下）

不过福克"48小时开发"的传奇故事却不太可靠。这个传说的最初来源是一本福克授权的自传，一般说来这种自传都含有一定的吹捧成分。后世学者根据调查推测福克能在短时间内开发出实用可靠的射击协调器必是有所借鉴。

实际上，螺旋桨和机枪同步的概念并非福克首创。

瑞士工程师弗兰兹·施耐德（Franz Schneider）在第一次世界大战前的1913年就获得了一份专利（见图3-108）。不过按照其工作原理，施耐德的发明称为射击"阻断器"更为合适。这个装置使用锥齿轮将螺旋桨的转动

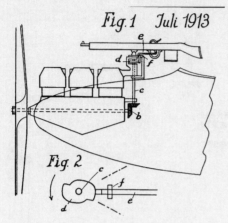

图3-108 施耐德的射击"阻断器"专利（1913年）

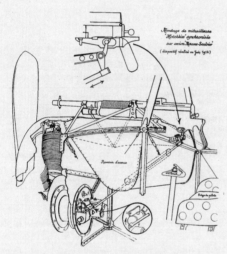

图3-109 索尔尼埃的射击协调器专利（1914年）

传到一个双凸轮上，双凸轮与螺旋桨两个叶片对应。这样当桨叶转到挡住枪口时，凸轮便通过一个连杆顶住扳机使其复位，机枪的射击也就停止。这个专利公开发表在德国的航空期刊上，不过并没有资料显示施耐德的发明被真正制造出来。

除了施耐德，莫拉纳－索尔尼埃飞机公司的创始人之一，法国人雷蒙德·索尔尼埃（Raymond Saulnier，1881—1964）在1914年也获得了一份螺旋桨和机枪同步器专利，这个装置的工作原理与上面说到的福克的发明大同小异，只在传动方式上有差别（见图3-109）。

索尔尼埃对自己的发明进行了实验。可惜效果很不理想，依然有少量子弹击中了螺旋桨叶片，于是他便选择了放弃。

这里需要解释的是，其实索尔尼埃的射击协调器是可以正常工作的，真正要背锅的是其搭配的霍奇基斯机枪。这种枪有一个特性，那就是从触发扳机到发射子弹有一个延时，而且糟糕的是这个延时是变化的，第一发子弹与第二发子弹的发射延时并不完全相同。由于这个延时很短，因此在步兵应用场景下它毫无影响，但在飞机上就不行了，因为螺旋桨的转速太快。

当时机枪的射速普遍在每分钟600发左右，而螺旋桨转速可达每分钟1200转，即第一发子弹发射后到第二发子弹发射前，螺旋桨叶片会4次经过枪口（因为是双叶）。只要子弹发射延时相同，那么就可以合理设置让第一发子弹躲过叶片后，第二发子弹也同样躲过，不会造成问题。但如果延时不同就会出问题，我们无法设置一个触发时机让所有子弹都躲过螺旋桨叶片。

这就是索尔尼埃失败的根本原因——他使用了一挺"无法协调"的机枪。

研发成功后，福克马上就将射击协调器配置到了最新的"福克E.1型"飞机上（见图3-110）。掌握了这一利器后，从1915年8月到第二年的2月，德国人在空战中占据了绝对上风，英国皇家飞行队见到福克战机就跑，甚至有飞行员拒绝出任务，英国人称其为"福克灾难"。

图3-110 "福克E.1型"单翼飞机

如果仔细研究不难发现，"福克灾难"并非德国人在武器装备性能上的碾压，更多的是一种新装备"人有我无"在心理和士气上的打击。

实际上，福克单翼飞机并不是先进机型，它是基于法国"莫拉纳-索尔尼埃H型"飞机仿造而来的，甚至它的奥伯鲁塞尔（Oberursel U.0）旋转7缸发动机也是仿造的法国诺姆发动机。并且由于产能限制，直到1915年12月总共才有40架福克战斗机投入战斗，而这一年底，德军飞机总数是700多架。

从战绩上看，从投入前线到1915年底，福克战机总共击落敌机28架，1916年的头两个月是33架，战绩虽有但算不上惊人。而且这其中大部分战

绩都由王牌飞行员获得，可见"器"的因素确实存在，但"人"的因素更重要些。

这场"福克灾难"随着1916年3月法国"纽波特16型"战斗机的出现而结束（见图3-111）。其实在此之前英国艾科（Airco）公司的后置螺旋桨"D.H.2型"战斗机已经可以与"福克E.1型"周旋，特别是在操控性上前者更胜一筹（见图3-112和表3-2）。

图3-111 法国"纽波特16型"战斗机

图3-112 英国艾科公司的"D.H.2型"后置螺旋桨战斗机

**表3-2 "福克E.1型"飞机与英法三个著名机型的性能对比**

| 机型 | 维克斯F.B.5型 | 福克E.1型 | 艾科D.H.2型 | 纽波特16型 |
|---|---|---|---|---|
| 螺旋桨 | 后置 | 前置 | 后置 | 前置 |
| 发动机 | 诺姆旋转9缸100马力 | 奥伯鲁塞尔旋转7缸80马力 | 诺姆旋转9缸110马力 | 罗纳旋转9缸110马力 |
| 总重 | 930千克 | 563千克 | 654千克 | 550千克 |
| 最高时速 | 110千米 | 130千米 | 150千米 | 165千米 |
| 爬升率 | 1500米/16分 | 2000米/20分 | 3000米/24分45秒 | 2000米/5分50秒 3000米/10分10秒 |

## 3.12 王牌的背后，航空工业如何成就空中英雄？

"一战"伊始，飞机这个诞生仅十年出头的新事物就证明了自己在战场上的价值，而随着第一次世界大战进入白热化，飞行员在人们心中的地位也在迅速攀升，甚至出现了一种新的至高无上的荣誉——击落5架及以上敌机的飞行员会被冠以王牌（Ace）飞行员的称号。

前面提到的"螺旋桨子弹偏折器"的发明人加洛斯经常被说成是第一个王牌飞行员，但拥有官方资料证明的第一个王牌飞行员是法国人阿道夫·佩古德（Adolphe Célestin Pégoud，1889—1915），他的战绩为6架。这位布莱里奥公司的试飞员做了很多危险又有益的尝试，比如弃机跳伞以及头朝下飞行。

第一次世界大战前的1913年9月21日，佩古德成功完成了一次空中"翻筋斗"动作，这让他名声大噪（见图3-113）。他被俄国沙皇请去莫斯科做表演，沙皇的另一个意图是让法国盟友顺便训练一下本国的飞行员。不过到了俄国佩古德发现自己并非空中"翻筋斗"的第一人，

图3-113 一张德国明信片上所绘的佩古德"翻筋斗"飞行动作

一位俄国飞行员彼得·尼古拉耶维奇·内斯特罗夫（Pyotr Nikolayevich Nesterov，1887—1914）早他12天完成了这个惊世骇俗的动作，他驾驶的是一架法国"纽波特4.G型"飞机。在后来的"一战"中，内斯特罗夫也成为第一个在空战中击落敌机的人，但其采用的方式是以座机为炮弹撞向敌机，最终与敌人同归于尽。

1915年8月31日，佩古德在追逐一架德国侦察机时被炮手位机枪打中血染疆场，而这架德国侦察机的驾驶员竟是他在第一次世界大战前的一名学生。几小时后，这位德国学生再次驾驶飞机飞越法国阵线并投下一个写着挽联的花圈，以这种无奈的方式缅怀恩师。

另一位法国王牌飞行员乔治·居内梅（Georges Guynemer，1894—1917）更为传奇。他因身体瘦弱五次报名参军被拒，最终以一名机械师的身份入伍。不像其他飞行员在失去优势时就会择机退出战斗，居内梅绝不退却，即使以一敌众。他在空中2次受伤，并被击落8次，但残酷的第一次世界大战并没有抹杀他的骑士精神。

一次在与一架"信天翁D.5型"战斗机缠斗了20分钟后，居内梅发现对方的机枪卡住了，于是便挥挥手离开了战场，留下惊魂未定的德国飞行员。这位名叫恩斯特·乌德特（Ernst Udet，1896—1941）的飞行员在战后的回忆录中详细记录了此事。而此人也绝非无名之辈，后来他的总战绩为62架，在德军中位列第二。

居内梅的传奇人生在1917年9月11日收尾。这一天，他出发带领一名新手飞行员执行巡逻任务。在巡逻中，他发现一架落单的德国侦察机后就展开了追击。此时跟在后面的新手飞行员突然发现自己上方有四架德国战斗机向他们冲来，于是急忙闪躲，在使出浑身解数摆脱敌机后，新手发现长官的飞机已经不知所踪（见图3–114）。

图3-114 "斯帕德S.7型"战斗机，居内梅失踪时驾驶的就是此型战斗机

　　官方的说法是居内梅在行动中失踪，尽管后来美国红十字会的一份报告证实了居内梅的死亡，但法国官方始终未改失踪的说法。而当问起民族英雄的去向时，法国小学生被告知居内梅飞得太高以至于永远无法降落。他的战绩也就此永远停留在了54架。

　　自封为"复仇者"的法国人勒内·保罗·丰克（René Paul Fonck，1894—1953）其个性与居内梅截然不同。他常被人形容为傲慢甚至冷血，如果说居内梅像一位骑士，喜欢公平的决斗，那么丰克就是一位猎手。他常常做这样的练习：将一枚硬币抛出10步远的距离，然后再用卡宾枪击中它。他的视力极其敏锐，能在很远处发现敌机，并爬升到高处耐心跟踪猎物寻找机会。在战斗中他厌恶风险，讨厌空中缠斗，他总是在形势有利于自己时发动进攻，并在不利时迅速撤退，绝不拖泥带水。他自夸自己的座驾从没被一颗子弹击中过。

　　丰克自称击落过142架敌机，但官方确认的最终战绩只有75架，即使如此，这个数字也足以让他位列协约国阵营第一。

这里需要补充一句，除了击毁，如果将敌机打到失去控制或者逼到己方阵线后迫降，也算作战绩。关于战绩的判定各国都有自己的标准，并不统一，执行的严格程度也不一样，比如严格的战绩确认需要敌机残骸以及独立的目击者。这一点上德国最为严谨，法国次之，而英联邦则较为宽松。由此看来，丰克的破百战绩并不是空穴来风。

不过在他之上还有一位，可谓"王牌中的王牌"，他就是德国人曼弗雷德·冯·里希特霍芬（Manfred von Richthofen，1892—1918）。

里希特霍芬参军时本是一名骑兵，然而骑兵在堑壕战中处境尴尬，进攻与侦察的效率都很低，属于过时的兵种。他不满于总是被安排做一些跑腿儿送信的工作，便申请转岗加入空军。1916年8月，他有幸被奥斯瓦尔德·伯尔克（Oswald Boelcke，1891—1916）看中，选进了新组建的战斗机中队。在这位"空中战术之父"的教导下，里希特霍芬很快便展露出了过人的才华。

1916年11月23日，在缠斗了半小时之后，初出茅庐三个月的里希特霍芬将英国第一个王牌飞行员拉诺·乔治·霍克（Lanoe George Hawker，1890—1916）击落，名声大振。其实在遭遇霍克之前，新人里希特霍芬的战绩就已经上双。

1917年初，里希特霍芬开始指挥自己的飞行中队。这时，他将座机漆成招摇的红色，因此获得绰号"红男爵"（见图3-115）。他的队员看到后也纷纷效仿用红色涂装自己的座机，除了彰显集体自豪感，还能让自己的

图3-115 "红男爵"里希特霍芬的座驾——"福克Dr.1型"三翼飞机（复制品）

长官在行动中不那么显眼。由于战斗机部队的高机动性,他们经常流转于各个战场,人送外号"飞行马戏团"。

担任指挥官后,里希特霍芬依然频繁出战。在1917年的"血腥四月"中,他一人就击落22架英国战机,其中还包括一天击落4架敌机的纪录。"红男爵"的称号在西线可令协约国飞行员闻风丧胆。

此时王牌成为双刃剑,由于影响力太大,德国军方高层担心其一旦陨落对于本方士气会造成严重打击,便想方设法将其从一线撤下,但这些命令都被里希特霍芬明里暗里拒绝了。

一年后,神话迎来终结。

1918年4月21日,索姆河附近,里希特霍芬在低空追击英军一架"索普维斯骆驼"战机时胸部中弹,在勉强迫降后不幸身亡。协约国这边为其举办了相当隆重的葬礼,并在挽联上写着"献给我们英勇可敬的对手"。

关于到底是谁射出的那发终结之弹颇有一番争论。英国将此荣誉授予了加拿大空军上尉亚瑟·罗伊·布朗(Arthur Roy Brown,1893—1944),当时他发现自己的同僚被"红男爵"追击后马上就展开了"螳螂捕蝉黄雀在后"的行动,并在俯冲的过程中射中了"红男爵"。

不过解剖和弹道证据显示"红男爵"是被地面的防空机枪击中的,而枪手很可能属于附近防守的澳大利亚部队,这个结论被今天很多历史学家所认可。

当时的王牌飞行员犹如今天的体育明星,事实上很多王牌飞行员都将空战比作一种竞赛,比如比利·毕晓普(Billy Bishop,1894—1956)、詹姆斯·艾拉·托马斯·琼斯(James Ira Thomas Jones,1896—1960)等人,而很多人也将他们在空中的搏杀视为"表演"。王牌飞行员的个人魅力与飞行的浪漫结合起来,让很多人将空战与地面的堑壕"绞肉"战区别对待,忘记了战争的残酷性。

英国皇家飞行队在1917年年中的一个统计数据是:侦察机和轰炸机飞

行员的预期寿命是 3.5 个月，而战斗机飞行员只有 2.5 个月。第二年一份更详细的调查给出：在 1917 年下半年陆续送往法国的空军新兵，到了 1918 年 10 月底有 65% 战死、伤病或者失踪，还有 25% 转回国内，仅有 10% 还留在法国继续执行任务。

还有一个数据显示出了早期空军的危险性，那就是训练时的伤亡率。法国在战争最后 6 个月的统计显示，法国空军一共伤亡 2327 人，其中 371 人是在后方事故中丧生，占比达到了 16%。在这个指标上英国也是半斤八两，他们后方的空军训练场 1918 年的一个季度损失了近 300 名学员！

王牌飞行员光环背后的另一个事实是，尽管他们可以用精湛的技艺主导某场战斗，但对于世界大战这种级别的战争，战局的走向并非他们所能左右。在这场持久且巨量的消耗战中，后方的航空工业才是关键因素。

前面提到的居内梅与斯帕德公司的飞机设计师贝切罗就是好友。居内梅经常从前线写信，描述自己的战斗过程以及给飞机改进提出意见。他甚至有"个人定制版"的"SPAD12 型"飞机，这架飞机的螺旋桨轴中空，里面藏有 37 毫米的霍奇基斯加农炮炮管，尽管这种炮需要手动装填炮弹，发射效率很低，但由于口径大，瞄得准的话，拥有"一锤定音"的效果。居内梅的"复仇者"丰克也有此项特权（见图 3-116）。

图 3-116　特制的西斯巴诺-苏伊扎（Hispano-Suiza）发动机，为了给机炮安装留位置，两排气缸上面的进气管被抬高了一些

"王牌中的王牌"里希特霍芬更是深谙此理，他甚至可以直接影响德国军方对于飞机的采购。1917年7月，里希特霍芬就给上级写信，建议用福克新研发的三翼机替换掉信天翁D.3型以及D.5型双翼机，因为D.5型相对于D.3型只有一些小改动，性能几乎没什么提升（见图3-117）。他甚至将自己的驾驶偏好反馈给飞机设计师，比如他宁肯牺牲飞机的最高速度去换取更好的操控性。

图3-117 "信天翁D.3型"飞机，站在前面的是德国王牌飞行员乌德特

战争对于人类社会发展所起到的作用是一个复杂而沉重的话题，尤其是像世界大战这种规模的战争，它起的作用到底是正面还是负面可能永远不会有一个明确的结论。

相对来说，战争对于科技发展的作用容易解释一些，首先是它的"加速"和"减速"效应。其根本在于战争激烈地改变了社会资源的配置，实用科学技术尤其是军事价值较高的分支会得到充沛的资金和人力，而其他对于胜利没有明显效果的研究和创造则遭到冷遇或被挤占资源。

一个著名的反面例子是卢瑟福。"一战"中英国牛津和剑桥有三分之二的学生上了战场，卢瑟福的学生也不例外。这里就有著名的"金箔散射实验"的两位作者盖革和马斯登，其中盖革因为是德国人不得不站到了对面阵营。未来中子的发现者查德威克则在访问时被当成间谍囚禁在柏林。更加悲剧的是，年仅27岁的亨利·莫塞莱刚上前线几个月就命丧沙场，而这位才华横溢的年轻人的工作被认为可拿诺贝尔奖。实验室留下卢瑟福一个光杆司令，于是就有了他缺席国际反潜艇战争大会的那条著名"道歉"："我有理由相信，分裂原子比战争更为重要。"

作为培养了世界上最多诺奖获得者的人，卢瑟福的不满的确值得重视。

与第一次世界大战期间原子与核物理研究的惨况相比，航空算是非常正面的例子。第一次世界大战初期的交锋马上就让双方明白这样一个道理：掌握制空权，你不可能输，而丢了制空权，你就赢不了。于是航空成为各国政府不可或缺甚至不敢或缺的领域。

早在1914年初英国皇家航空俱乐部的一次晚宴上，丘吉尔就曾坦言："没什么能比战争需求以及纳税人所提供的洪水般的资金，更能带领航空业走向世界前列。"

这一点在飞机产量上体现得淋漓尽致。

第一次世界大战伊始，五个主要参战国中，俄国有244架飞机，14艘飞艇，总数排在第一。德国有245架飞机，10艘飞艇。法国在前线有141架飞机，还有136架预备役飞机。这三国空军纸面实力相当，处于第一梯队。英国远征军随军配置了63架飞机，国内还有预备役飞机116架，实力逊色不少。而奥匈帝国只有48架飞机，另有27架只能作为训练机使用，实力垫底。

不过飞机"保有量"完全不能说明问题，因为战争的巨大消耗能力马上就显示出了威力。以俄国为例，头一个月打下来，俄国的飞机数量就被削掉了100多架。其他参战国的情况也没有好到哪去。

此时双方无论是政界高层还是军方将领都深知，制空权的掌握不仅在于前方的战场，更在于后方的工厂。

到了1914年年底，德国和法国的飞机产量在"一战"开战后的五个月中都达到了500多架，两国空军都得到了扩充。英国和俄国这段时期的飞机产量都不到200架，必须依赖从法国进口才能将将弥补前线的损耗。而奥匈帝国这五个月的飞机产量只有60多架，如果没有德国的帮助，奥匈帝国的空军甚至面临萎缩的尴尬局面。

航空工业人数从一个方面预言了上述结果。

　　"一战"开战之前，法国的飞机制造业规模最大，9家企业有员工3000人。德国其次，11家企业有2500人。英国有1000人，分布在12家企业中，但只有一家皇家飞机制造厂是成熟企业。奥匈帝国只有区区218人，其中150人都在一家工厂。俄国的情况与其对手奥匈帝国半斤八两，其国内没有建立系统的航空制造业，十分依赖从法国和英国进口。最讽刺的是美国，作为飞机的诞生国，其航空工业规模小到不值一提，由于缺乏军方订单，1914年美国的飞机制造业工人还不足200人。

　　随着战争对于本国工业的全面动员，资源配置向航空工业倾斜的效果凸显。仅仅一年后，德国、法国和英国的飞机年产量就惊人地提升了近一个数量级！

　　又过了一年，这三国的飞机年产量又翻了一番。1916年，德国生产了超过8000架飞机，法国有7500多架，而英国奋起直追接近6000架，产量数据与各国的工业实力相匹配。此后这三国牢牢地占据了第一梯队的位置。

　　而从"一战"开始，俄国两年多的飞机总产量只有约2000架，奥匈帝国更是只有1000多架，两国被远远地甩在了后面。

　　同时，在处于核心地位的航空发动机的产量上，法国一枝独秀，达到了16000多台，超过了其他所有国家的产量之和。德国有接近8000台，英国有5000多台，均少于飞机机体的产量，存在一定缺口。英国通过从法国进口发动机来弥补产能的不足，而俄国的飞机制造业更是依赖法国，俄国只能生产机体数量一半的发动机。

　　1917年，第一梯队三国的飞机年产量均破万架。

　　在"一战"的最后一年1918年，法国的飞机产量达到了约25000架，航空发动机约有45000台，平均每15分钟可出产一架飞机，每10分钟可出产1台发动机，无论昼夜。高产的背后是法国航空业18.5万名工人的努力工作，而此时德国的航空业的工人人数在10万~14万人之间，飞机机体与发动机产量双双逊色于法国在预料之中。

进步最大的当数英国。"一战"开战初期英国空军还属第二梯队，不过到了1917年年底英国航空工业人数就已经增加到了17万多人，追平法德。而仅仅一年过后这个数字就又几乎暴增了一倍，达到了近35万人！与此匹配，英国空军人数在"一战"结束时超过29万人。仅从人力规模上看，英国在"一战"后一跃成为拥有最大规模航空工业和空军的国家。

另外值得一提的是意大利，其于1915年5月参战，从最初的飞机年产量几百架一年后迅速攀升到1000多架，并在"一战"结束时达到了6000架以上。不仅如此，意大利的发动机产量约是飞机机体数量的一倍，其工业实力不俗。

航空工业的实力最终决定了各国空军的力量对比。

1918年，德国在前线的飞机数量约为2400架，而对手法国约有4500架，英国约有3300架，意大利约有1200架，俄国由于国内革命已经于一年前退出了"一战"，取而代之的是美国，约有700架。这样，总的实力对比是1∶4，这是依靠战术难以扳回的劣势。

1918年11月"一战"结束。在这四年多的时间中，参战国共生产飞机16万多架，航空发动机20多万台，其中德法英三国占了近九成。

因战争需求倾泻而来的资源催熟了原本稚嫩的航空工业。法国空军司令杜瓦尔直陈："航空技术在'一战'时获得的进步放到平常时期需要花费半个世纪。"这是战争给科技带来"加速"作用的最佳例证。

不仅如此，战争对于科技发展还有另外一个重要影响。借用进化论中的概念来说，面对大量技术路线分支，战争还发挥了"人工选择"的作用。

例如，"一战"初期可以看到军用飞机的性能指标大幅落后于民用飞机的奇怪现象。因为军方一开始给飞机的职能是空中侦察和火炮定位，因此军方偏好速度不高且非常稳定的双座飞机。1914年的军机最高速度只有100～120千米/时，而1913年的飞机速度纪录就已经超过了200千米/时。

不过这个怪象随着战斗机的出现而消失。

战争对航空技术更显著的一个"人工选择"是：飞机在动力上的进步要远远大于在空气动力学以及结构上的进步。

新的翼型和机体的空气动力学研发需要大量实验和测试，失败风险大，由于战争需求的急迫性，这类研发通常不被看好。而航空发动机功率的提升则有章可循，比如增大气缸容积、增加气缸数量和提高转速等，研发过程更为可控。

于是就能看到一些经典机型有很多衍生版本出现，这些版本大同小异，主要区别就在于发动机配置。虽然后来很多经典机型的空气动力学外形以及结构均已过时，但通过升级发动机"加力"，依然能够达到一些基本的性能需求。

比如首次飞越英吉利海峡的"布莱里奥11型"飞机在进入"一战"后就有许多改版，它的发动机从最初的25马力的安扎尼发动机升级为50马力的诺姆旋转7缸发动机，后来在一个双座版本（Blériot XI-2 Génie和Artillerie）中配置了70马力的诺姆发动机，甚至还有一个三座版本配置了诺姆旋转14缸发动机，功率提升到了140马力。

## 3.13 打败转缸，西-苏发动机是如何成为"量产之王"的？

在航空发动机的研发上，各国都走出了自己的道路。

法国青睐诺姆公司的旋转气缸技术。凭借着风冷系统的重量优势以及短曲轴带来的紧凑结构，诺姆发动机实现了很高的功重比。

从最初的5缸34马力的实验机开始，诺姆公司在7缸50马力上一路攀升，最终实现了80马力的功率输出，同时由于发动机曲轴短机身薄，诺姆公司又将2台发动机前后"串接"在一起轻松实现功率倍增。2排14缸160马力的诺姆旋转气缸发动机曾创造了多个赛事冠军，并将飞行速度纪录保持到了"一战"前。

凭借出色的设计和制造工艺，旋转气缸发动机大获成功。到了1914年"一战"开打前，有多达43种不同型号的旋转气缸发动机被制造出来，多家公司挤入市场参与竞争，这其中就有著名的罗纳（后与诺姆公司合并）公司、克莱热公司，后者在"一战"时将旋转发动机技术授权给了英国的宾利公司，并成为一代名机"索普维斯骆驼"的首选动力之一。

除了功重比优势，旋转气缸发动机相较使用水冷的直列或V型发动机还有一个额外的好处，那就是不存在冷却系统漏液问题，这使得它的可靠性较为出色。而在战场环境中，这一点是重要的优势，因为散热水套一旦被子弹击中发生破损，那么发动机很快就会因为过热而停转。因此

"一战"前的法国军机中，有近三分之二使用的是旋转气缸发动机。

　　进入1914年，诺姆公司在新研发的单阀门发动机结构的基础上又将气缸数增加到9缸，实现了100马力的功率输出。接着通过增加气缸冲程提升排气量，诺姆公司将9缸发动机的功率提升到了170马力。使用这款发动机的著名机型有"莫拉纳–索尔尼埃AI型"以及"纽波特28型"战斗机。

　　不仅是法国飞机，诺姆旋转9缸发动机也出现在了很多英国飞机机身上，比如"一战"前期的"Vickers F.B.5型"（"炮车"）、"Avro 504型"和"Airco D.H.2型"飞机，而"一战"后期的名机"索普维斯骆驼"也有配置此款发动机的版本（见图3–118）。

图3–118 "索普维斯骆驼F.1型"战斗机，机头装有旋转9缸发动机，具体型号为"Bentley A.R.1型"（后被改名为"Bentley BR.1型"），功率为150马力

　　通过让气缸旋转，发动机的散热以及振动问题都得到了有效解决，可谓一石二鸟。可惜没有一种技术只有优点没有缺点。

　　诺姆旋转气缸发动机独特的设计产生了一些独特的问题，第一个问题就是油门控制。诺姆发动机没有化油器，燃油在进入中空的曲轴时与空气完成混合，然后油料依靠离心力甩到气缸中，因此在需要减速时（比如降落）必须采用关闭部分气缸点火的方式来降低功率。对于一个9缸发动机来说，可以只让其中的6缸或者3缸点火工作。这种控制方式造成了浪费，因为未燃烧的油料会从排气门放出。

第二个问题是装有旋转气缸发动机的飞机较难操控，这是因为气缸高速旋转带来的陀螺效应。

我们知道，陀螺有保持自转轴方向的特性。这个源自角动量守恒原理的特性会让陀螺对外力做出一些违背直觉的反应。比如对于一个静止的自行车车轮，当我们将轮轴的一端吊起来时，在重力的作用下，整个车轮会面朝下翻。但当车轮高速旋转时重做上述实验，就会惊奇地发现整个车轮并不会下翻，而是保持原有的姿态绕着吊绳旋转，在此过程中轮轴也会继续保持水平（见图3-119）。

图3-119　陀螺效应的一个精彩演示

这是因为重力力矩产生的角动量增量位于水平面上并且与车轮原有的角动量方向垂直，两者叠加就会让车轮原始角动量不断旋转。这类似于一根绳上的向心力对于绕圈小球的作用。

对于一架机头装有旋转气缸发动机的飞机来说，陀螺效应产生的一个独特现象是向一侧做倾斜转动比向另一侧更加容易，下面来简要解释一下原因（见图3-120）。

假设驾驶员看过去气缸是顺时针旋转，即产生的角动量 $L$ 指向机头正前方。当驾驶员让飞机做倾斜左转时，由于机身向左的滚转产生了一个角动量增量 $\Delta L$，这个增量与原有的方向相反，这相当于减弱了陀螺效应。而当飞机倾斜右转时，角动量增量与原有的方向相同，这就加强了陀螺效应，使得向右转弯比向左更为困难。

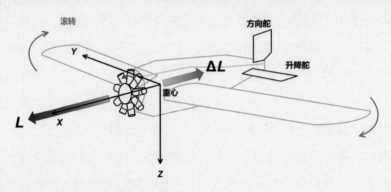

图3-120 旋转气缸发动机陀螺效应示意图

除了左右转弯的难度不对称，陀螺效应还会给飞机操控带来额外的困难。比如，飞行员调节方向舵让飞机左右平转时，机头会因为陀螺效应上抬或者下压，而当驾驶员调节升降舵让飞机俯仰时，机头则会因为陀螺效应向左或者向右转动。

尽管对于老手来说，利用陀螺效应能让他们在空中搏斗时做出一些出其不意的动作。但装有旋转气缸发动机的飞机对于新手非常不友好，在训练时造成了大量的飞行事故。

第三个问题是它的润滑油消耗很高。旋转气缸发动机使用的是"全损耗"润滑方式，即润滑油随着燃料从中空的主轴进入曲轴箱，并随着燃烧后的尾气排出，并不进行循环利用。因此旋转气缸发动机的外面会罩一个罩子，其并非用于整流（当时人们还没有意识到整流罩的减阻作用），而是防止油烟扑脸影响飞行员的视线。为了达到足够的润滑效果，机油的消耗量通常可达到燃油的七分之一甚至四分之一。

伴随着这种润滑方式还产生了一个令人哭笑不得的缺点。当时的无机润滑油性能不够好，因此被广泛使用的是蓖麻油。蓖麻油有强烈的通便作用，这或许可以解释很多飞行员不合时宜的迫降行为。

不过上述三个问题并不是致命的，比如陀螺效应就可以采用让曲轴和气缸朝相反方向旋转的方法去缓解，这种发动机被称为对旋式（Counterrotary）发动机。

旋转气缸发动机最大的问题还是功率上不去。

提升功率的两个常用手段——增加气缸数量和气缸容积都会受到明显的制约。

从前面的图 3-73 中不难看到，旋转气缸发动机是"盘状"的，9 个缸已经很挤了，在不改变中央曲轴箱直径的情况下，增大气缸直径不可能，只能增加气缸长度。增加气缸长度通常会降低发动机的转速，而转速降低会降低发动机的输出功率。同时，更长的气缸也会增加飞机机头的迎风面积，增大阻力。

增加气缸数量必须增加中央曲轴箱的直径，而这同样会增加飞机机头的迎风面积。可行的办法是使用"双排"气缸，但这会让后排的气缸散热变差。在实际运行时，人们发现甚至同一气缸的迎风面与背风面的温度都相差很大，长时间运行后气缸经常会变形降低气密性，甚至被卡住。这就是为什么双排旋转气缸发动机在"一战"中很不常见的原因。

更糟糕的是，气缸旋转产生的风阻会消耗可观的动力。实验结果显示，旋转气缸产生的风阻消耗可占总功率输出的 10%。气缸越大，转速越高，风阻消耗占比也越高，对于 200 马力的发动机来说，风阻消耗可达 30 马力。

由于气缸处于高速旋转中，受到离心力的作用，很多部件要承受 100 倍重力加速度以上的加速度，这对材料和结构提出了额外的要求。

200 马力成为旋转气缸发动机一道迈不过去的坎。

于是到了"一战"第二年，法国人的注意力又回到了"传统"的水冷直列或 V 型发动机上来。此时一款外国发动机走进了法国人的视野，这就是瑞士工程师布马克·莱克特（Marc Birkigt，1878—1953）设计的"西斯巴诺-苏伊扎（Hispano-Suiza）8 系"发动机（见图 3-121）。这个复杂的名字其实很好理解，其前半部分的意思是西班牙，代表投资人的国籍，而

图3-121　西-苏8A型发动机

后半部分的意思是瑞士，代表工程师布莱克特的国籍。下文将"西斯巴诺-苏伊扎"简称为"西-苏"。

1915年2月，"西-苏8系"发动机通过了法国战争部组织的15小时不间断满负荷测试。不仅如此，之后在另一场台架测试中，这台发动机又全速连续运行了50个小时之久。而这个台架测试当时没有一台法国发动机可以跑下来。

这位在西班牙造跑车的瑞士工程师给最会造航空发动机的法国人上了一课。

这台水冷V8发动机的功率为150马力，排量为11.8升，转速为1450转/分，干重为212千克。虽说在功重比上与诺姆旋转气缸发动机还有差距，但比之前的水冷发动机有了巨大的进步。而且这只是西-苏发动机的起步功率，很快它就突破了200马力，并且还有最大300马力的版本，而这个版本的功重比已经快追上旋转气缸发动机的了。

功重比的提高得益于布莱克特发明的整体式气缸制造技术。

之前的发动机制造都是把一个个气缸单独做好再固定到曲轴箱体上去，而布莱克特则将气缸与曲轴箱用铝一体浇铸，接着在气缸内壁用钢制的气缸套进行加固。这样制造的发动机连接部更少刚性更好，且由于铝的大量使用，其重量也比之前的发动机更轻（见图3-122）。

意义更为深远的是，整体式气缸有利于快速生产，就这样"一战"发动机的"量产之王"诞生了。

除了使用整体式气缸，造就"量产之王"的另一个原因是零部件数量少。

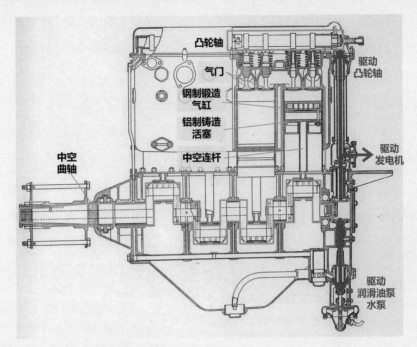

凸轮轴

气门

钢制锻造
气缸

铝制铸造
活塞

中空连杆

中空
曲轴

驱动
凸轮轴

驱动
发电机

驱动
润滑油泵
水泵

图3-122　西-苏V8发动机侧剖面图，其中有多项减重措施，比如铸铝活塞以及中空曲轴和连杆，润滑油泵与冷却水泵垂直排列非常紧凑

　　西-苏V8发动机的零部件数量只有400多个，而同级别的梅赛德斯发动机则有900多个，差了一倍多，并且据称在材料重量上前者还比后者少用了三分之一，堪称规模化生产的福音。不仅如此，由于设计师布莱克特在一开始就瞄准了批量生产，因此还配套设计了专用工具用来生产那些复杂和精细的零部件。

　　可惜前卫的设计与优秀的性能依然没能打动满怀偏见的法国航空界。这些人不希望法国飞机拥有一颗外国心脏，但又拿不出与之匹敌的产品。磨叽了几个月后，眼见空中优势不再，霞飞将军终于出手干预，他按下了法国航空界高傲的头。于是仅法国国内就出现了多达14家西-苏发动机的授权制造商，其中7家是像标致这样的汽车制造公司。

　　正是围绕着西-苏发动机，法国斯帕德公司研发出了"SPAD V型"战斗机，这就是日后大火的"SPAD VII型"战斗机的前身。在此型号基础上

更上一层楼的"SPAD XIII型"战斗机其标配发动机也是西-苏发动机。西-苏发动机虽然有着较为脆弱的水冷系统,但由于有传统的化油器和油门,因此在速度控制上比旋转气缸发动机更胜一筹。而使用这两种发动机的战斗机都能在"最好的'一战'飞机排行榜"中稳获一席之地。

图3-123 配置西-苏发动机的RAF"S.E.5型"战斗机

看到西-苏发动机在法国获得认可,英国马上跟法国公司签下了一笔8000台的采购大单,并将西-苏发动机装配到了最新款的索普维斯和RAF战斗机上(见图3-123)。

考虑到战时市场的特殊性,像航空发动机这种紧俏商品有钱也未必能保障供应,还有出于历来对法国产品质量的不信任,英国政府让本国的汽车制造公司沃尔斯利(Wolseley)和阳光(Sunbeam)公司都购买了西-苏发动机的授权。

事实证明英国人的未雨绸缪确有道理。西-苏母公司可说是"慢工出细活",产品质量无可挑剔,但法国授权公司制造的发动机质量却很差。英国政府直接通过官方渠道抱怨说,从法国布拉西耶(Brasier)公司买来的发动机与其说是发动机不如说是一大堆零部件,因为它们需要在英国被完全重新组装一遍!

不过英国自己的工厂其实也不怎么争气。沃尔斯利和阳光公司制造的西-苏发动机不是断轴就是漏水,曾在1918年年初导致几百架"S.E.5型"飞机出厂后没有发动机可用(见图3-124)。

而在美国,飞机鼻祖莱特公司(当时已经合并为莱特-马丁公司)在制造西-苏发动机时遇到了自己的问题,那就是功率上不去。

图3-124 英国沃尔斯利公司生产的西－苏V8发动机

　　莱特－马丁公司制造的额定200马力的发动机只能跑到150马力，经过一番研究发现是出现了气门烧蚀问题。气门烧蚀产生的原因在于气门需要排出气缸内燃烧完但温度依然很高的废气，虽然气门材料采用了耐高温的钨钢合金，但由于工作环境过于恶劣，长时间还是会导致气门变形或者破损，从而降低气密性，而用一个撒气漏风的气缸做功，功率自然是上不去的。

　　气门烧蚀问题都出在排气门上，因为进气门每次循环都会接触从外界进来的低温混合气，不会一直工作在高温中。可见要想根治气门烧蚀问题，首先就要做好气门散热。

　　莱特－马丁公司的工程师研究发现，西－苏发动机的设计中有一个问题：它的气缸内套的顶部是封闭的（除了气门的井口处），内套的材料是钢，排气门在闭合时必须通过钢内套才能把热量传递给外面的铝制气缸盖，而钢的导热性比铝差很多，并且一旦钢内套的顶部变形与铝盖接触不良，那么气门上的热量就无法及时散出去。

　　改进的方案是：将钢内套的顶部切掉，在铝制气缸盖上直接用铜合金做一个气门座。由于铜和铝都是热的良导体，这样气门的散热问题就得到

图3-125　美国莱特-马丁公司生产的西-苏V8发动机

了解决（见图3-125）。

虽然被授权公司生产的西-苏发动机遇到了各式各样的问题，但这些公司依然功不可没。1918年生产的15000多台发动机中，对于200马力型，西-苏母公司的产量不到1000台，剩下都是授权公司制造的，而在高端的300马力型上，西-苏母公司的份额也不足一半。

在法国，西-苏代表V型发动机取代了旋转气缸发动机，扛起了飞机发动机主力的大旗（参见图3-126）。而在整个"一战"中，西-苏发动机总产量为25000多台，为各家之最。

图3-126　"一战"中法国各型航空发动机的产量

# 3.14 意法德殊途，为何在"一战"中三国航空发动机路线有如此大的差异？

　　与法国航空发动机领域多种技术路线以及众多制造公司的热闹相比，德国的情况则要"冷清"许多。

　　德国人从一开始就选定了水冷直列作为技术路线，无论飞机还是飞艇，甚至连缸数都固定为6个。只有奔驰公司造过少量V8发动机，不过这只是一次对于西-苏发动机不成功的仿制。戴姆勒试过直列8缸发动机，同样也不成功。唯一的例外是奥伯鲁塞尔授权制造的诺姆旋转气缸发动机获得了一些应用成果。

　　德国在"一战"时航空发动机的基本结构源自1912年戴姆勒奥地利公司的水冷直列6缸发动机"Austro-Daimler 6"，其设计出自斐迪南·保时捷（Ferdinand Porsche，1875—1951）之手（见图3-127）。这台发动机气缸直径为130毫米，冲程为175毫米，排量为13.9升，相对于120马

图3-127 斐迪南·保时捷设计的水冷直列6缸发动机（1912年）

力的输出功率来说，这个排量可算是不小。主要问题在于发动机的转速比较低，只有1200转/分。不过低转速发动机有一个好处是可以直连螺旋桨，而高转速发动机需要配置减速齿轮，否则螺旋桨的推进效率就会降低。

与西-苏发动机的整体式气缸不同，戴姆勒奥地利公司发动机的气缸每一个都是独立制造的。这种方式会造成气缸间的间距较大，不够紧凑，而且刚性也不如整体式气缸，但它也有一个额外的优点那就是易于维护，一个气缸出了问题不用把整个发动机都拆开。

齐柏林飞艇上的机械师曾做出过一个今天看起来不可思议的操作——在飞行中如果发动机的一个气缸出现问题时，他们会将其拧下来，然后用剩下的五个继续工作！

戴姆勒奥地利公司发动机的气缸材料是铸铁，活塞也是铸铁制的。散热水套采用电镀薄铜板制造，只有下方的曲轴箱使用铝铸造，因此自重不轻，达到了260千克。但得益于当时较高的压缩比（接近5∶1），它的油耗非常不错，只有250克/千瓦时。这对于战时燃油供给短缺的德国来说十分重要。

图3-128 "梅赛德斯D.II型"发动机（1914年），值得注意的一点是，保时捷的设计中，凸轮轴在曲轴箱中，然后通过顶杆控制气门。而在梅赛德斯发动机中，凸轮轴被移到了上方，这是更为现代的设计

戴姆勒德国公司的"梅赛德斯D.II型"（Mercedes D.II）发动机就是以奥地利公司的发动机为基础开发的（见图3-128）。两者的不同之处在于，"梅赛德斯D.II型"发动机的气缸材料从铸铁换为了钢，并用锻造工艺制作，而散热水套也从铜板换成了更为廉价的钢板。

而由"梅赛德斯D.II型"很快进化出的"梅赛德斯D.III型"

发动机是德国从1917年到一战结束这段时间中的绝对主力。它的功率提升为170~180马力，排量约为14.8升，干重约为310千克，功重比约为433瓦/千克。著名的福克D.VII型战斗机以及后期的信天翁和Pfalze战斗机都是用的此款发动机。只有"一战"快结束时出现的"宝马III型"发动机的性能才最终超越了它。

图3-129　英国"S.E.5型"战斗机，装有西-苏V8发动机

对比协约国这边的"西-苏8B型"发动机——功率为220马力，排量为11.76升，干重约为236千克，功重比为695瓦/千克。这比"梅赛德斯D.III型"的功重比高了不少，但不能单看这个指标，还得结合飞机机体设计。由于西-苏发动机是V形结构，迎风面积大，阻力也大，这导致实际飞机的性能并不比德国飞机高（见图3-129至图3-131）。

图3-130　法国"斯帕德XIII型"战斗机，装有西-苏V8发动机

"梅赛德斯D.III型"这台当时效率最高最可靠的发动机不仅成为德国航空发动机的模板，也深刻影响了协约国的直列发动机设计。

"一战"时的技术发展路线是

图3-131　德国"福克D.VII型"战斗机，装有梅赛德斯直列发动机，易见其拥有更瘦的机头

一道高风险的选择题，决策者经常徘徊于先进性与产量之间。

将全部生产能力押注一种成熟机型可以极大地提高产量，弥补战场耗损并扩充军备，迅速形成数量优势。但是此机型一旦被敌方超越，其性能潜力也无可挖之处后，空有数量只会徒增敌方战绩。于是整条生产线就会被淘汰，而新生产线的建立、生产设备的改造与技术工人的再学习都将耗费宝贵的时间。

不过在"一战"时追求先进技术同样也蕴藏着巨大的风险。具有整体式气缸的西–苏发动机就给各国冶金和机械加工业带来了不小的挑战，比如浇铸整个无缺陷的铝制缸体、锻造能承受更大扭矩的坚固曲轴以及耐热耐腐蚀的气门等。因此在引入先进的西–苏发动机初期，法国、英国都遇到了产能低谷，发生了"出厂飞机无发动机"的尴尬情况。这种不足让前线指挥官在制定作战计划时显得捉襟见肘。

显然，拥有多样性的技术路线可以降低"押注一处"的风险，留出更多的回旋余地。

"一战"时法国的航空发动机可谓百花齐放。在旋转气缸路线上有诺姆、罗纳和克莱热发动机，星型路线上有风冷的安扎尼发动机、水冷的莎尔玛生（Salmson）发动机，V型路线虽由引进的西–苏发动机挑大梁，但本国并非一片空白，像雷诺公司不仅有水冷还有风冷的V型发动机。可以说，除了德国的水冷直列发动机，法国基本上把发动机技术路线占全了。

而德国则在水冷直列6缸发动机的模板上一路修修补补，显得过分保守缺乏创新。

不过创新并非无中生有的智力活动，除了设计，验证与生产都需要相当的工作量，尤其是对于一项实用技术。其实德国人不是不想在其他的发动机技术路线上进行探索，而是被资源条件所制约。

首先，在原材料供给的数量和稳定性上，德国都差协约国一方一大截。很多制造发动机的关键材料在德国都是紧缺的，特别是铝。铝的制备需要耗费大量的电能，其产能的提高要求新建发电厂进行配套。雪上加霜的是，不仅航空发动机需要铝，齐柏林飞艇的制造也需要大量的铝，而后者用掉了大部分的德国铝产能。

其次，发动机生产中需要大量的技术工人，"一战"时的人力供给形势很严峻。技术路线相差较大的发动机，例如直列和星型，水冷和风冷，发动机很多零部件技术要求不同，同时掌握多种技术对工人的技能要求较高。型号少、结构简单的产品对技术工人的要求也低，更容易保证人力供给。

因此在上述两条的夹击下，德国的航空制造业失去了多样化的资本。德国放弃了追求先进性，而是在前线需求的压力下选择成熟技术以保证产量。可以看到，德国不仅在技术路线上单一，在生产制造上也非常集中。戴姆勒和奔驰（"一战"时并未合并）两家公司的航空发动机产量占比约为3/4，宝马公司只是在"一战"最后一年才挤进来。

法国这边除了在航空工业领域起步较早，还拥有英国、意大利、比利时等工业底子扎实的盟友，"一战"后期更是有美国加入，其充足的自然资源和规模化的汽车工业为协约国阵营提供了坚实的后盾。因此，尽管法国军方也在积极寻求标准化以提升产量，但其没有也无须舍弃任何一条技术路线。

可见法德殊途除了"民族个性"的原因，其自身和背后阵营的工业实力和潜力是更为重要的因素。

唯一在法国没有得到发展的技术路线——水冷直列发动机在半路参战的意大利这里得到了发扬光大。

1916年，意大利著名汽车制造商菲亚特推出了一款飞机发动机——菲亚特A.12（见图3-132）。不要被名字中的"12"误导，这其实是一台水冷直列6缸发动机。从这台发动机身

图3-132　菲亚特A.12发动机（进气侧）

上可以看到很明显的梅赛德斯发动机的印记。

与梅赛德斯发动机相同，菲亚特A.12发动机也采用独立气缸，缸体用钢锻造，散热水套也由薄钢板制成，但活塞采用铝制。它的气缸尺寸比梅赛德斯发动机的大很多，直径为160毫米，冲程为180毫米，排量达到了21.73升，后者只有14.8升。发动机额定功率为200马力，但在1500转/分的转速下，其最大输出功率可达255马力。

菲亚特A.12发动机用6缸实现了西－苏8缸发动机才能输出的动力，代价就是使用大气缸。

这里需要注意的是，大气缸容积给发动机设计带来的难点——奥托标准循环中的吸气和排气冲程在实际运行中都是要花费时间的，越大的气缸容积其吸气和排气的时间越长。类比我们在剧烈运动时，鼻孔和嘴巴都会张大促进呼吸。为了更好地让气缸"呼吸"，菲亚特A.12发动机的进气门和排气门各设有两个（见图3-133）。

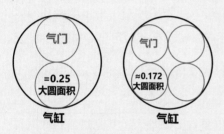

图3-133 发动机2气门与4气门进气面积对比，2气门设计时，进气门最大进气面积占气缸横截面积的25%，而4气门设计时这个比例提高到了34.4%

菲亚特A.12发动机的化油器也有两个，而且进气道歧管经过仔细设计，保证每个气缸的油气均匀分配。同时为了保证可靠点火，它使用了2套火花塞和两台永磁发电机。

菲亚特A.12发动机的后续改进型为A.12 bis，在气缸尺寸相同的情况下，通过提高压缩比和转速，将输出功率提高到了300马力（1600转/分的转速下）。

菲亚特A.12系发动机被应用在"SIA 7型"侦察轰炸两用飞机以及自家的"菲亚特R-2"侦察机上。同时它也成为协约国一些著名机型的替补发动机。比如美国与比利时进口的法国布雷盖14轰炸机有多达半数配置了菲亚特发动机，这是由于标配的雷诺发动机产能不足。同样由于罗－罗发动机产量太少，英国的 Airco DH.4 轰炸机也用到了意大利的发动机。

菲亚特 A.12 发动机比较著名的应用是被用在卡普罗尼重型轰炸机上。值得一提的是，尽管在战斗机方面依赖从法国进口，但意大利对制造重型轰炸机颇有心得。

以 Ca.44 型轰炸机为例，它的机长为 12.6 米，翼展为 23.4 米，载员 4 人，包括驾驶、副驾驶以及前后各一名机枪手，以及半吨多的炸弹，起飞重量达到了 4.6 吨。为了让这个庞然大物不至于成为同盟国战斗机的靶子，它配有 3 台菲亚特发动机（见图 3–134），最高时速可达 160 千米，"一战"时最好的战斗机时速不过 200 千米左右。

图 3–134　卡普罗尼 Ca.44 型轰炸机，配有 3 台菲亚特 A.12 发动机，三个螺旋桨的配置是"两拉一推"

菲亚特 A.12 发动机的生产持续到"一战"后的 1919 年，总产量超过了 13000 台。

菲亚特 A.12 发动机的后续 A.14 是一台水冷 V12 发动机，显然 12 个气缸如果直列其布置过长，必须采用更加紧凑的 V 形布置。这是当时最大的量产航空发动机，气缸直径为 170 毫米，冲程为 210 毫米，排量为 57.2 升，最大输出功率为 725 马力，自重也达到了 800 千克，这基本上是当时独立气缸的极限。由于"一战"时的战斗机还无法承受如此高的动力和自重，菲亚特 A.14 发动机主要用在"SIA 9B 型"双翼轰炸机上，"一战"后还用在卡普罗尼的大型三翼客机身上。

除了菲亚特，意大利的另一家车企伊索塔－弗拉西尼（Isotta-Fraschini）公司也能造出性能不俗的水冷直列 6 缸发动机。

图3-135　安装在卡普罗尼Ca.36型轰炸机上的伊索塔-弗拉西尼"V.4B型"发动机

图3-136　伊索塔-弗拉西尼"V.6型"发动机

图3-137　卡普罗尼Ca.36型轰炸机

以下要注意，意大利人的起名规则容易让人迷惑，因为这个"V"并非V型发动机中的意思，而是代表"volo"航班的意思。

伊索塔-弗拉西尼的"V.4B型"发动机气缸直径为130毫米，冲程为180毫米，排量为14.34升，在转速1450转/分下，输出功率可达170马力（见图3-135）。而其后续的"V.6型"发动机增大了10毫米的气缸直径，排量相应增大为16.62升，输出功率在1650转/分时可达250马力。此款发动机被安装在卡普罗尼轰炸机以及麦基（Macchi）和SIAI公司的水上飞机上（见图3-136～图3-138）。

伊索塔-弗拉西尼"V.8型"发动机则是在"V.6型"的基础上进一步增大了气缸直径，达到了150毫米，但冲程缩短到170毫米，总排量增加到18.04升，输出功率在1800转/分时可达300马力，与菲亚特发动机的性能不分伯仲。

意大利在技术路线上的专精带来了一个有趣的结果，虽然意

图3-138　麦基M.5水上飞机（1917年）

大利飞机的性能平平，但其航空发动机却成了抢手货，以至于"一战"后期意大利航空发动机的产量大大超过了飞机的产量（见图3-139），而在英法德这边，航空发动机始终保持着供不应求的状态。

　　从图3-139中可以看到，意大利空军在西南战线对阵奥匈帝国的成功与本国航空工业的实力密不可分。

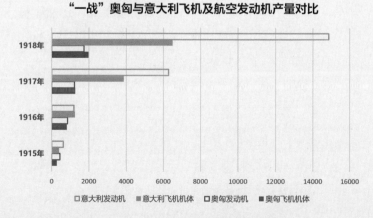

图3-139　"一战"中奥匈帝国与意大利飞机及航空发动机产量对比

# 3.15 / 急起直追，英美的航空发动机工业是如何诞生的？

尽管前有凯利爵士早在19世纪中期就留下的先驱工作，但英国人在航空领域可谓后知后觉。

英国比空气重的飞行器研发是由一个美国牛仔重启的。这位叫作塞缪尔·富兰克林·科迪（Samuel Franklin Cody，1867—1913）的美国牛仔拥有一个"狂野西部"主题的马戏团，并在美国和欧洲巡回演出。虽说职业看上去离技术研发相去甚远，但科迪的飞行之梦却绝非儿戏。

1901年，据说是从一位中国厨子那里学到的制作风筝的技巧，科迪发明了一种可载人的大型风筝，其用途是作为侦察氢气球的替代品。这种风筝解决了气球充气耗时太长以及在大风天气无法使用的问题，由此得名"科迪战争风筝"（Cody War-Kites）。1903年，科迪甚至说动了保守的英国皇家海军动用军舰进行了风筝飞行实验（见图3-140）。

继英国皇家海军采购了他的风筝之后，1907年科迪又说服了英国陆军资助他进行飞机的研发。一

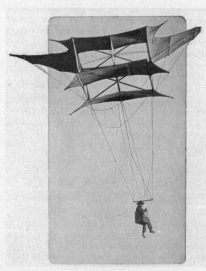

图3-140 "科迪战争风筝"

年后的1908年10月16日，他再一次出人意外地成功交出了答卷，这就是英国陆军1号飞机（British Army Aeroplane No. 1），又称"科迪1号"飞机（见图3-141）。试飞中，他驾驶飞机在空中持续飞行了近半分钟，飞行距离约420米。这是英国官方记录的第一架有动力的、可载人的重飞行器，比莱特兄弟的"飞行者1号"晚了近五年时间。

不过令英国人汗颜的事实除了科迪是一位美国人，还有英国第一架飞机的动力来自一台法国的安托瓦内特发动机。此后"英国飞机配备法国心脏"的情况一直持续到了第一次世界大战。

在战争中亲眼看见了飞机的作用并意识到其在未来的巨大潜力后，奉行实用主义的英国人才急起直追。他们开始大力扶持本国的飞机制造业，而一家车企正是在这样的契机下成长为日后航空发动机界的巨星，这就是罗尔斯-罗伊斯公司（Rolls-Royce Limited），简称罗-罗公司。

罗-罗公司的名称来自它的两位创始人，前者查尔斯·斯图尔特·罗尔斯（Charles Stewart Rolls，1877—1910）是一名贵族，而后者弗雷德里克·亨利·罗伊斯（Frederick Henry Royce，1863—1933）则是一位出身贫寒的工程师。

这是一个英国版的俞伯牙与钟子期的故事。

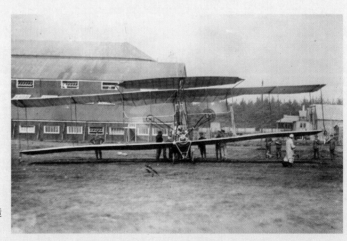

图3-141 科迪制造的英国陆军1号飞机

> 1904年，两人第一次会面。在此之前，罗尔斯是一名汽车发烧友，驾驶过各种牌子的汽车参加过众多国际大赛，而罗伊斯则是曼彻斯特当地的一个电器制造商。此次会面的契机是罗伊斯业余时间制造了一辆小轿车，在友人的撮掇下，准备让资深车迷罗尔斯品鉴一下。

罗伊斯小轿车的动力只有10马力，通常说来，见多识广的罗尔斯应该不会对这种"小马"有什么兴趣，但他却惊奇地发现这台1.8升排量水冷双缸发动机的运行极其平顺安静。

如果没有此次会面，已步入不惑之年的罗伊斯大概率会一直专注电器主业，而造车也会止步于一项业余爱好。罗尔斯发现了这位腼腆中年人在制造方面所展现出的惊人才华。

出于对汽车同样的热爱，这两位出身、经历和性格均迥异的男人一见如故。两人迅速决定：罗伊斯转型汽车制造，而罗尔斯则会买下所有罗伊斯造出来的车并进行独家销售。前面说到的10马力罗伊斯小轿车则在这一年年底就被罗尔斯带到了巴黎车展的国际舞台上，从此"劳斯莱斯"品牌闪亮登场。

有了罗尔斯的支持，罗伊斯以双缸10马力为蓝本，通过增加气缸数量，很快就推出了三缸15马力、四缸20马力、六缸30马力的三款新车。罗尔斯驾驶着这些车参加各种大赛并捧回不少奖杯，让"劳斯莱斯"品牌深入人心。两人天分尽展，珠联璧合。

不过罗-罗公司的成功还离不开一个人的功劳，那就是克劳德·古德曼·约翰逊（Claude Goodman Johnson，1864—1926），他也是公司创始人之一，此人后来曾幽默地评价自己是公司名字中的那个连字符。1906年，时任公司总经理的约翰逊做了一个大胆的决定，他将公司之前的所有在售车型无论销量如何全部砍掉，只保留了一款新研发的50马力车型。这款车是罗伊斯的得意之作，他曾说这是自己设计过的最好的一款车，这就是后来鼎鼎大名的"银魅"（Silver Ghost）（见图3-142和图3-143）。

目睹"银魅"完成了一项24000多千米的耐力测试并自始至终保持了绝佳的状态后，媒体对此车赞不绝口，罗-罗公司从此获得"只造世界上最好的车"的称号，而"银魅"更是名扬海外，持续生产长达19年。

1910年7月12日，罗尔斯因自己的第二个爱好——航空而失去了生命。他驾驶的莱特飞机在伯恩茅斯航空大会（Bournemouth Aviation Meeting）的精准降落比赛中尾翼折断后坠落，罗尔斯当场丧生。

图3-142 劳斯莱斯"银魅"

图3-143 劳斯莱斯"银魅"配置的7.428升排量的水冷直列6缸发动机，输出功率为50马力

　　尽管对其倾注了大量热情并因此献出了生命，但航空仅仅停留于罗尔斯的个人兴趣，罗-罗公司从未计划涉足此领域。罗尔斯曾上书董事会建议公司购买莱特兄弟的授权制造飞机，但这项提议被董事会驳回了，据说这是罗尔斯决定离开董事会的一个原因。罗伊斯也认为罗尔斯对于航空的展望只是一厢情愿，这个领域目前并没有什么商业前途。

　　不过随着第一次世界大战的到来，形势发生了变化。

　　战争期间，豪华车的销售几乎停摆。虽说有军方装甲车的少量订单，但已具规模的罗-罗公司难以靠此项收入维持生计。与此同时，军方飞机订单激增，英国政府也把航空业提到了前所未有的高度，鼓励各大车厂制造飞机，尤其是要大力研发航空发动机。英国皇家海军曾多次明示暗示罗-罗公司直接购买授权，制造口碑不错的法国雷诺发动机。据说英国皇家海军航空部的一位主管甚至直接把一辆展厅里陈列的大奖赛梅赛德斯汽车拖到罗-罗工厂让其仿制。

　　罗伊斯改变心意的原因他从未明说。或许是为了迎合军方大客户，或许是觉得亏欠罗尔斯，又或许单纯是一位天才工程师对于技术挑战来者不拒的态度，继不惑之年转型造车后，已入天命之年的罗伊斯又做出了一个重大转变——他将亲自研发一款航空发动机。

　　1914年8月，罗伊斯正式启动了发动机项目。他没看上法国的雷诺发动机，但他的确参考了梅赛德斯发动机的部分设计。他将之前劳斯莱斯的轿车发动机与梅赛德斯水冷直列发动机的特点相结合，开发出了一台水冷V12发动机。它的曲轴箱、曲轴、齿轮、连杆等部件来自劳斯莱斯汽车发动机，而活塞、气缸、气门等部件则借鉴了梅赛德斯发动机。

　　这台发动机的每个气缸都是单独用钢锻造的，气缸顶部并非平面而是球冠形，当活塞运行到上止点时，这块球冠形区域就形成了燃烧室。两排气缸交角为60°。散热水套和2个气缸为一个单元，用薄钢板制作，并焊接到位。

半年后，试验机上台架测试，转速为1800转/分时，输出功率达到了225马力。其他的技术指标为：气缸直径为114毫米，冲程为165毫米，排量为20.3升，发动机干重为408千克（包含变速器29千克），水套容积为14.1升，发动机外形尺寸为160.7厘米×81.3厘米×99.1厘米（长×宽×高）。

总经理约翰逊以猛禽的名字为其命名，这就是"鹰"（Eagle）发动机（见图3-144）。又过了半年多，第一批"鹰"发动机已经完成交货。从设计到量产仅仅用了一年多的时间，这在和平时期是不可想象的高速。

不仅如此，"鹰"发动机还在不断进化。从试验机的225马力起步，量产第二年，"鹰1"发动机的输出功率就增加到了240马力，然后是260马力、275马力、300马力，"一战"后这个数字最终增长到了"鹰8"发动机的360马力。

图3-144　罗-罗的"鹰"发动机，360马力版本，其尺寸比220马力的大一圈，发动机外形尺寸为184.2厘米×108.2厘米×113厘米（长×宽×高）

考虑到"鹰"发动机较重，它主要用在大型轰炸机和水上飞机上，很难装到当时轻型的战斗机上。于是罗伊斯又设计了一款缩小版的发动机，沿用了猛禽系列命名，称其为"隼"（见图3-145）。

"隼"发动机同样为水冷V12发动机，气缸直径减小为101.6毫米，冲程减小为146毫

图3-145　罗-罗的"隼"发动机

米，于是其排量降低到14.2升，发动机干重为311千克，比"鹰"发动机轻了将近100千克，水套容积为11.4升，外形尺寸为172.7厘米×102.4厘米×94.5厘米（长×宽×高）。

"隼"发动机体积虽小，但动力并未缩水太多，1700转/分的转速下输出功率有200马力。后续"隼2"发动机的输出功率提高到了250马力，"隼3"则是275马力，最高可到300马力。"隼"发动机用在"一战"后期著名的布里斯托"F2B型"战斗机上。

图3-146 罗-罗的"小鹰"（Hawk）发动机

继"鹰""隼"发动机之后，猛禽系列发动机还有一款更小的，它就是哈维-贝利（R. W. Harvey-Bailey）设计的75马力"小鹰"（Hawk）发动机（见图3-146）。

"小鹰"发动机的缸数比前两款少了一半，为水冷直列6缸，转速为1350转/分，气缸直径为101.6毫米，冲程为152.4毫米，排量为7.41升，发动机干重为183.7千克，散热水套容积为6.4升，外形尺寸为118.7厘米×58.4厘米×73厘米（长×宽×高）。

这款发动机本是用于教练机的，不过由于可靠性很高也被用到了软式飞艇上。

有缩小就有放大。更大动力的"鹫"（Condor）发动机以"鹰"发动机为基础放大而来，输出功率最高可达750马力，是"一战"末期最大的发动机（见图3-147）。

"鹫"同样是水冷V12发动机，气缸直径为139.7毫米，冲程为190.5毫米，排量为35.03升，转速为1900转/分，干重为653千克（包含变速器64千克），散热水套容积为22.7升，外形尺寸为180.3厘米 × 83.8厘米 × 106.7厘米（长 × 宽 × 高）。

但由于来得太晚，"鹰"发动机并未上过战场，但它很长寿，一直生产到了1930年左右。

"一战"中，罗-罗公司共制造了约4500台猛禽系列发动机，其中的主力机型"鹰"的

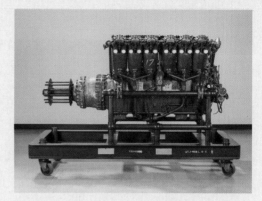

图3-147　罗—罗的"鹰"发动机（Rolls-Royce Condor IA，1921年）

生产延续到了战后的1922年，总共制造了4681台。

与"量产之王"西-苏发动机相比，罗-罗发动机的产量一直是一个问题。从1915年10月首批发动机交货，到了1917年，"鹰"和"隼"发动机的周产量为24台和16台。工厂经过扩张后，到了1918年"一战"结束前的几个月，上述两种发动机的周产量不过增加到38台和18台，需求与供给之间的缺口依旧很大。最终反映到总产量上，罗-罗发动机不及西-苏发动机的五分之一。

产量差距的主要原因在于罗-罗公司始终没有开放授权制造模式，即允许别的制造厂生产罗-罗发动机。时任总经理的约翰逊曾说即使撕毁图纸并去坐牢也不能开放授权模式。这里除了保护商业机密防止技术外泄的私心，还有一点在于授权厂商的制造能力参差不齐，产品质量无法控制，容易给品牌带来不好的影响。法国授权厂布拉西耶生产的西-苏发动机就曾受到过来自英国官方的尖刻批评。

与整体式气缸的西-苏发动机相比，罗-罗发动机为独立气缸结构，并且标配齿轮变速器，其零件更多、设计也更为复杂，比较考验制造能力。1916年，德国人在索姆河战役中曾缴获过几台罗-罗发动机，其复杂性甚至让德国人直接放弃了仿制的念头。

在罗-罗公司的高标准严要求下，罗-罗发动机的出色质量赢得了口碑。装有罗-罗发动机的DH4轰炸机有着更好的速度和升限，而同样是布里斯托战斗机，装有罗-罗发动机的就比装有阳光（Sunbeam）发动机的性能要好一些。

在自研航空发动机这件事上，还有一个国家颇有野心，这就是美国。

作为飞机的创始国，美国的情况可谓凄凉。从莱特兄弟1908年轰动欧洲的大巡演到1914年"一战"开打，6年间除了柯蒂斯在水上飞机领域有所建树，美国飞机已经全面落后于法德。其航空工业规模不仅距离法德差距很大，甚至也不如英国、意大利和奥匈帝国。

一些美国人将这种局面归咎于莱特兄弟的专利垄断，可谓"成也萧何，败也萧何"。但科技创新并非一劳永逸，领先往往是暂时性的，追赶者有确定的努力方向，他们的速度更快，先行者必须通过持续的进化保持优势。因此将黑锅全扣在莱特兄弟身上有失偏颇，更大的原因在于美欧在投入上的差距。美国人指望市场需求，但普通消费者对不成熟的飞机技术并没有兴趣，这就陷入了一个"需求少——投入少"的死结。而欧洲有着庞大的军备需求，这才是欧洲的飞机制造业不断前进的动力之源。

1917年4月6日美国宣布参战。宣战后的美国军方提出了一项庞大的计划，要在一年时间中用12000架作战机、5000架教练机以及24000台航空发动机武装美国空军。

这个计划的制定者显然没有看清美国飞机制造业的家底。在1917年之前，美国军方总共只买了142架飞机。1916年美国军方找本国企业订购的并不算多的366架飞机中，到货仅仅64架。而1917年整个美国航空工业只有不超过12家公司，从业人员约1万人，其中只有两家大公司——柯蒂斯和莱特-马丁。认识到问题严重性的美国国家航空咨询委员会（NACA）主席查尔斯·杜利特尔·沃尔科特（Charles Doolittle Walcott，1850—1927）直接泼了一盆凉水："钱买不来时间。"

实际上到"一战"结束，美国空军总共采购了6624架飞机，其中只有2成多一点是本国制造的，而且绝大部分都是授权制造的外国飞机。这与计划中的数字相去甚远。

本国制造业不行就只有求助外国。在非美国制造的飞机中，有高达8成来自法国。可见尽管英美较为亲近，但美国人还是比较务实的。第一批轰炸机飞行员驾驶的是法国的布雷盖轰炸机。美国飞行员普遍认为，法国的布雷盖轰炸机比英国的DH4要好，而在侦察机上，皮实的法国产莎尔玛生（Salmson 2A2）是最好的。

美国飞行员偏爱法国轰炸机还因为一处细节——法国轰炸机油箱的外层包裹着一层由石棉网和橡胶（asbestos-rubber）制成的保护层，石棉耐高温耐腐蚀，而橡胶具有很好的弹性。当油箱被子弹贯穿后，这层弹力很大的物质可以堵住孔隙，达到"自愈"的效果。当时的航空燃料是易挥发的汽油，漏油的油箱很容易引起火灾。英国DH4轰炸机的油箱就没有这个保护层，而且它还使用了加压供油，一旦穿孔汽油就会喷出，因此美军送其外号"燃烧棺材"。

不过在核心的航空发动机上，法德都存在缺口，此时在国际市场上是有钱也难买到好货，因此美国人决定自主研发。于是就有了两人一周在酒店开发出一款航空发动机的传奇故事。

传奇的主人公之一是霍尔-斯科特汽车公司（Hall-Scott）的合伙人埃尔伯特·J.霍尔（Elbert J. Hall），另一位是帕卡德汽车公司（Packard）的副总裁兼总工程师杰西·格尼·文森特（Jesse Gurney Vincent, 1880—1962）。

1917年5月28日，霍尔和文森特被召唤到华盛顿，在这里陆军和海军成立的一个联合技术委员会开了一次会议。会议的宗旨是就是要搞出一

台美国自主研发的航空发动机。为了避免欧洲出现的那种公司各自为政、型号标准杂乱的状态，委员会想通过顶层干预先设计一个"标准"的发动机，然后发给各家制造企业大量生产。

"一战"时"时间就是生命"这句话绝非比喻。于是5月29日在酒店套房中，此前素未谋面的两位设计师开始了通力合作。

仅仅一天过后，两人就定出了发动机的总体规格。接着华盛顿汽车工程师协会提供了一位制图员，三人开始绘制图纸。又过了一天，两位放样人员加入，五人一起制定了关于制造方面的细节。6月4日发动机的全部设计图纸被提交给了军方，美国人引以为豪的"自由"（Liberty）发动机就此诞生。

霍尔和文森特为"自由"发动机设计了两款型号，分别是V型8缸和V型12缸。两排气缸成45°夹角，这个夹角比西-苏发动机的90°更小，更加紧凑的结构有助于降低机头的横截面积。气缸直径为127毫米，冲程为178毫米，V8排量为18升，V12排量为27升。最高转速为1700转/分，V8输出功率为290马力，V12输出功率可达400马力。

考虑到空战已经迫使发动机走向大功率化，比如西-苏发动机从开始的200马力已经增加到了300马力，法国雷诺、英国罗-罗公司紧随其后也都推出了300马力的发动机，290马力的"自由V8型"发动机可能面临一出生就落后的尴尬窘境，因此美国军方只将400马力的"自由L-12"发动机投入了量产（见图3-148）。

图3-148 "自由L-12"发动机

8月25日，"自由L-12"发动机通过了50小时的连续运行测试。12月底，第一批22台发动机已经交付飞机制造厂。从设计到量产不到半年时间，的确堪称传奇。

不过在传奇故事的背后我们

也应注意到两个事实。

首先就是"自由"发动机在设计上并无创新之处。实际上，美国军方负责人一开始对两位设计师提的要求就是新发动机要瞄准制造，不要使用新技术。从总体方案上说，V8发动机从飞机刚发轫的安托瓦内特以及柯蒂斯时代就是明星，而西–苏发动机就是眼前的榜样，V12发动机也有新秀罗–罗公司的"鹰"，其成功有目共睹。

具体到主要部件，钢制独立锻造气缸以及薄钢板焊接的水套都是梅赛德斯发动机上用过多时的，单凸轮轴加双气门的控制结构也很类似梅赛德斯的，不过由帕卡德公司改进过。

"自由"发动机采用的电点火系统来自戴尔科公司（Delco Electronics），化油器来自顶点公司（Zenith），这俩都是霍尔–斯科特公司的供货商。因为霍尔并非航空领域的新手，在此之前，霍尔–斯科特公司已经出品了4缸和6缸的航空发动机（见图3-149），并且还有一款V12的发动机已经完成开发。

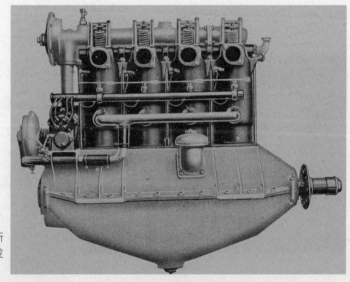

图3-149 霍尔–斯科特水冷直列4缸发动机，100马力

简而言之，两位设计师就是使用检验过的设计单元"攒"出了一台新发动机，但这丝毫没有减弱"自由"发动机的传奇色彩。

1918年，"自由"发动机的产量从1月份的39台，猛增到5月份的620台，一个月后又增加了近一倍，最终在"一战"结束前的一个月达到了3800多台，最高峰时1天就可出厂150台。1917年年底到1918年年底的一年时间中，"自由"发动机总产量为15000多台，"一战"后又额外生产了5000多台，总产量超20000台。与之对比，西-苏发动机三年的总产量约为25000台，如果"一战"再持续一年，"量产之王"的名号恐怕就要易主。工业化大生产锋芒初露。

除了产量，"自由"发动机在质量上也值得一提。

欧洲发动机的生产还属于"大型手工作坊模式"，非常依赖有技术底子的熟练工人，工人的水平决定了产品质量。比如西-苏发动机的众多授权制造厂出产的发动机质量参差不齐，甚至一个厂不同批次生产的发动机质量差异也很大。到了飞机制造厂这里，最头痛的事情就是在开箱之前无法知道新来的发动机是好是坏。但美国送来的"自由"发动机情况则不同，它的性能上限不高，但下限也不低，无论是哪家制造厂的产品，其实际性能与铭牌十分接近。这种出色的一致性令欧洲的同行非常惊讶。

由此可见，美国的真正强项在于制造，而美国汽车制造业有着当时全球最成熟最高效的生产线，他们雇用大量的低技术工人，而这些高速流转的生产线依靠的是专业分工、定制机器以及严格的生产流程。这些著名的车企除了霍尔和文森特的老

图3-150 "自由L-12"发动机（福特制造）

东家，还有福特、林肯、别克和玛蒙（Marmon）等，它们对于"自由"发动机的量产功不可没（见图 3-150）。

例如福特就研发出了使用大型锻机将气缸头与气缸壁挤压在一起的气缸成型工艺，类似于给罐头扣上一个密封盖子。这使得气缸产量从每天一百多个暴增一个数量级到上千个。

开足马力后的美国航空制造业出现了欧洲人闻所未闻的情况，那就是发动机比飞机机体造得还快。"一战"一结束，"自由"发动机大量过剩，以至于"一战"后数千台发动机被低价抛售，流入民间。

这产生了一个令美国政府始料未及的影响。"一战"后美国颁布禁酒令，由于价格便宜动力足，一些走私船装配上了"自由"发动机，这些船的速度令当时的美国海岸巡逻队望尘莫及。

与航空发动机取得突破相比，美国的仿制机计划则遭遇滑铁卢。1918年 4 月，陆军与海军联合技术委员会授命柯蒂斯公司制造英国的 SE5 战斗机，但原型机在 8 月的测试中遇到了问题，到 11 月"一战"结束，柯蒂斯公司仿制的 SE5 战斗机仅仅出厂了 1 架。仿制布里斯托战斗机的事业更惨，5 月、6 月和 7 月，连续三次测试中样机都坠毁了。很可能是 400 马力的"自由"发动机对布里斯托战斗机动力过大，而且动力大，振动也大，容易导致机身结构疲劳受损。例如装有"自由"发动机的 DH4 飞行员不敢将油门开到最大，因为害怕震碎脆弱的木制机身。将更大的发动机搬到成熟机身上的确可以缩短研发时间，但这种缺乏配合的设计也会带来致命问题。

"一战"中，美国没有自己制造的战斗机，只有教练机。有人说"一战"中的美国对现代战争还一窍不通，而美国对欧洲战场的最大贡献就是做出了"自由"发动机，虽是调侃但确实正中要害。